CAX工程应用丛书

2024 中文版

SolidWorks

基础入门与案例详解

（视频教学版）

丁 源 编著

清華大学出版社

北 京

内 容 简 介

本书以SolidWorks 2024版本为蓝本，融合编者多年深耕SolidWorks的丰富经验，详尽解析了软件中每一项核心命令的功能与操作精髓。本书共14章，内容包括二维草图绘制、特征建模、曲线与曲面建模、钣金设计、装配体设计、工程图绘制及出详图等。每章开篇均以命令的基本操作为起点，随后通过精心设计的综合实例，逐步引导读者深入理解并实践这些命令的具体应用，手把手教授如何按照逻辑清晰的步骤完成模型创建。此外，书中还特别设置了自主练习环节，旨在鼓励读者将所学理论知识灵活运用于实际操作之中，真正实现学以致用的目标。

为了提升学习效果，本书还特别配备了教学视频及所有案例和自主练习所需的模型素材文件，供读者免费获取使用。

本书理论与实际应用紧密结合，既适合广大工程技术人员和三维设计爱好者自学，也非常适合作为培训机构或高等院校计算机辅助设计课程的教学用书。

图书在版编目（CIP）数据

SolidWorks 2024中文版基础入门与案例详解 ：视频教学版 / 丁源编著. -- 北京 ：清华大学出版社，2024.8. -- （CAX 工程应用丛书）. -- ISBN 978-7-302-67038-4

Ⅰ. TH122

中国国家版本馆 CIP 数据核字第 2024A22V44 号

责任编辑： 王金柱
封面设计： 王　翔
责任校对： 闫秀华
责任印制： 宋　林

出版发行： 清华大学出版社
　　网　　址： https://www.tup.com.cn, https://www.wqxuetang.com
　　地　　址： 北京清华大学学研大厦 A 座　　　　　　　　　　　**邮　编：** 100084
　　社 总 机： 010-83470000　　　　　　　　　　　　　　　　　**邮　购：** 010-62786544
　　投稿与读者服务： 010-62776969, c-service@tup.tsinghua.edu.cn
　　质量反馈： 010-62772015, zhiliang@tup.tsinghua.edu.cn
印 装 者： 三河市科茂嘉荣印务有限公司
经　　销： 全国新华书店
开　　本： 203mm×260mm　　　　**彩　插：** 2　　　**印　张：** 22　　　**字　数：** 636 千字
版　　次： 2024 年 10 月第 1 版　　　　　　　　　　　　　　　　**印　次：** 2024 年 10 月第 1 次印刷
定　　价： 89.00 元

产品编号：107332-01

[前言]
Preface

SolidWorks 是由达索系统（Dassault Systemes S.A）下的子公司——SolidWorks 公司面向个人及中小企业用户推出的 CAD 集成设计软件，以通用的 Windows 操作系统为开发平台，人机界面友好，便于用户操作和使用。

SolidWorks具有功能强大、易学易用和技术创新三大特点，可极大地提高广大工程技术人员的设计效率，在国内外具有较高的市场占有率。目前，SolidWorks软件涉及航空航天、机车、食品、机械、国防、交通、模具、电子通信、医疗器械、娱乐工业、日用品/消费品、离散制造等。

本书特色

讲解由浅入深：本书以 SolidWorks 初学者为对象，首先介绍 SolidWorks 的基础知识，然后以 SolidWorks 应用实例引导读者逐步深入，帮助他们快速提升操作能力。

操作步骤详尽：结合作者多年 SolidWorks 产品设计经验，详细讲解 SolidWorks 软件的使用方法与技巧。本书在讲解过程中步骤详尽，并辅以相应的图片，使读者在阅读时一目了然，从而可以快速掌握书中所讲的内容。

提供实例演练：动手操作是掌握 SolidWorks 最好的方式，本书每章都有大量实例详细介绍 SolidWorks 各模块的应用，并配套教学视频供读者实时在线学习。

配书资源丰富：本书提供教学视频和所有案例的模型素材文件供读者免费使用，还设有微信公众号技术服务，为读者解答本书学习过程中遇到的问题。

本书内容

本书基于 SolidWorks 2024 中文版编写，全面详细地讲解了 SolidWorks 的基础知识、建模方法、钣金设计、装配体、工程图设计等内容。本书共分为 14 章，具体章节安排如下：

第 1 章　SolidWorks 基础　　　　第 2 章　绘制草图

第 3 章　编辑草图　　　　　　　　第 4 章　拉伸与旋转

第 5 章　扫描与放样　　　　　　　第 6 章　参考几何体

第 7 章　实体附加特征　　　　　　第 8 章　实体编辑

第 9 章　曲线曲面设计　　　　　　第 10 章　曲面编辑

第 11 章　钣金设计　　　　　　　　第 12 章　装配体设计

第 13 章　工程图设计　　　　　　　第 14 章　出详图

配套资源下载

本书提供一整套详细的教学视频，读者可以扫描书中各章节的二维码观看，快速、直观、轻松地学习。另外，本书还提供所有实例和自主练习的模型文件，扫描下面的二维码即可下载。如果你在下载过程中遇到问题，请发邮件至 booksaga@126.com，邮件主题为 "SolidWorks 2024 中文版基础入门与案例详解（视频教学版）" 获得帮助。

读者可关注 "仿真技术" 公众号，发送关键词 **107332** 即可获取素材文件的下载链接。为帮助读者系统学习，该公众号会不定期提供综合应用示例，以帮助读者进一步提高作图水平。

读者对象

本书可供以下读者使用：

- 从事产品设计的初学者
- SolidWorks 爱好者
- 高等院校的教师和学生
- 广大科研工作人员
- 相关培训机构的教师和学员

虽然编者尽心竭力使本书更臻完美，但限于水平，书中欠妥之处在所难免，希望读者和同仁能够提出宝贵的建议或意见。

最后，感谢你选择了本书，希望你在阅读过程中获得乐趣，同时也能够从中获益。在学习过程中，如遇到与本书有关的问题，可以访问 "仿真技术" 公众号获取帮助，编者会尽快给予解答。

编者
2024 年 7 月

Contents

第 1 章

SolidWorks基础

SolidWorks有功能强大、易学易用和技术创新三大特点，这使得SolidWorks成为领先的、主流的三维CAD解决方案。SolidWorks能够提供不同的设计方案，减少设计过程中的错误，提高产品质量。同时，对每个工程师和设计者来说，其操作简单方便、易学易用。本章重点介绍SolidWorks操作界面的各个组成部分。

学习目标

❖ 了解SolidWorks软件的工作界面。
❖ 掌握SolidWorks的启动、退出和文件基本操作。
❖ 掌握SolidWorks的操作方法和自定义基本环境。

1.1 SolidWorks简介

SolidWorks是世界上第一个基于Windows平台的优秀三维设计软件，其独有的拖曳功能使用户能在比较短的时间内完成大型装配设计。SolidWorks资源管理器是与Windows资源管理器一样的CAD文件管理器，用它可以方便地管理CAD文件。

在当前市场上的众多三维CAD解决方案中，SolidWorks以其简洁的设计流程和用户友好的界面，被认为是最为简便易用的工具之一。在强大的设计功能和易学易用的操作协同下，使用SolidWorks可使整个产品设计百分之百地可编辑，零件设计、装配设计和工程图之间是全相关的。

SolidWorks采用了参数化和特征造型技术，能方便地创建复杂的实体，快捷地组成装配体，灵活地生成工程图，并可以进行装配体干涉检查、碰撞检查、钣金设计、生成爆炸图；利用SolidWorks插件还可以进行管道设计、工程分析、高级渲染、数控加工等。

可见，SolidWorks不只是简单的三维建模工具，而是一套高度集成的CAD/CAE/CAM一体化软件，是产品级的设计和制造系统，为工程师提供了功能强大的模拟工作平台。

1.2 启动和退出

要使用一个软件，首先要了解该软件在操作系统中如何启动和退出。SolidWorks软件的启动和退出方法与微软其他软件的启动和退出方法类似。

软件的安装方法请通过"仿真技术"公众号获取。

1.2.1　启动

在安装完SolidWorks后，可以通过以下3种方法启动SolidWorks。

（1）安装完SolidWorks后，双击Windows桌面上的快捷图标 📟 。

（2）依次单击"开始"→SOLIDWORKS 2024→ 📟 SOLIDWORKS 2024 最近添加 （SOLIDWORKS 2024），如图1-1所示。

（3）双击带有.sldprt、.sldasm、.slddrw等后缀的SolidWorks文件。

启动SolidWorks后，会出现如图1-2所示的启动界面。

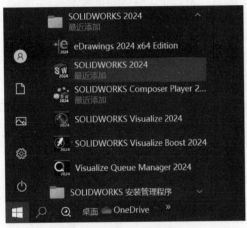

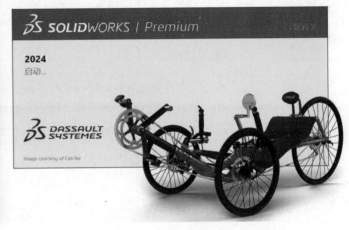

图 1-1　"开始"菜单启动　　　　　　　　　图 1-2　启动界面

启动后的SolidWorks界面如图1-3所示，图中显示了SolidWorks用户界面的主要组成部分，包括菜单栏、标准工具栏、任务窗格等。

图1-3　SolidWorks初始界面

　　界面右侧包含文件探索器、设计库等弹出面板（位于任务窗格中）。在界面上单击可隐藏该面板；将鼠标置于面板左边线处，鼠标指针变为 ⇔ 时，向右拖动鼠标可调整面板。

　　首次启动时，在SolidWorks界面的上方会出现如图1-4所示的"欢迎"窗口，用于引导用户新建或者打开最近的文档。勾选左下角的"启动时不显示"复选框，即可在后续启动时不再显示该对话框。

图1-4　"欢迎"窗口

1.2.2　退出

　　通过以下4种方法可以退出SolidWorks。

　　（1）单击SolidWorks界面右上角的 ✕ 按钮。
　　（2）执行菜单栏中的"文件"→"退出"命令。
　　（3）在键盘中按快捷键Alt+F4。
　　（4）在菜单栏左侧的 **⅃S SOLIDWORKS** 上右击，在弹出的快捷菜单中执行"关闭"命令。

　如果有尚未保存的文件，就会弹出SolidWorks提示框，提示保存文件。单击"全部保存"选项，将保存所有修改的文档；单击"不保存"选项，将丢失对未保存文档所做的所有修改。

1.3　文件的基本操作

　　SolidWorks文件的基本操作一般包括新建文件、打开文件、保存文件等。

1.3.1　新建文件

　　通过以下3种方法可以新建一个SolidWorks文件。

（1）执行菜单栏中的"文件"→"新建"命令。

（2）单击标准工具栏中的 🗋（新建）按钮。

（3）在键盘中按快捷键Ctrl+N。

【例1-1】新建一个SolidWorks文件。操作步骤如下：

01 单击标准工具栏中的 🗋（新建）按钮，新建SolidWorks文件。系统会弹出"新建SOLIDWORKS文件"对话框，如图1-5所示，根据需要选择新建文件的类型。

 该对话框中有各个文件模板的文字说明，适合初学者使用。单击对话框左下角的"高级"按钮，界面变化如图1-6所示，该对话框适合熟练用户使用。

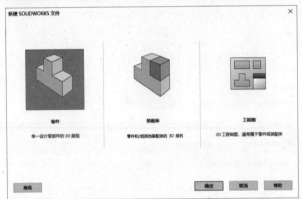

图1-5 "新建 SOLIDWORKS 文件"对话框 1

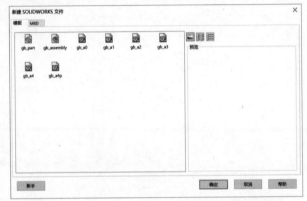

图1-6 "新建 SOLIDWORKS 文件"对话框 2

02 单击"确定"按钮，即可进入SolidWorks相应的工作环境。例如，选择 🗐（零件）文件模板后，再单击"确定"按钮就可以进入新零件的工作界面，如图1-7所示。

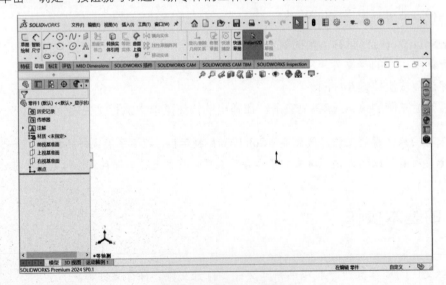

图1-7 新零件的工作界面

 "新建SOLIDWORKS文件"对话框中显示了3种类型的文件模板，包括零件、装配体和工程图。读者可以根据需要设计自己的工程图模板，这将在后续"工程图设计"中进行讲解。

1.3.2　打开文件

打开现存文件有以下3种方法。

（1）执行菜单栏中的"文件"→"打开"命令。

（2）单击标准工具栏中的 （打开）按钮。

（3）在键盘中按快捷键Ctrl+O。

【例1-2】打开SolidWorks文件。操作步骤如下：

01 单击标准工具栏中的 （打开）按钮，系统弹出"打开"对话框。在查找范围选择文件所在的文件夹，在文件类型中选择"SOLIDWORKA零件（*.prt;*.sldprt）"，在列表中选择"基座"文件，如图1-8所示。

⚠ **注意** 单击 （显示预览窗格）按钮，可以在打开前确认模型，如图1-9所示。

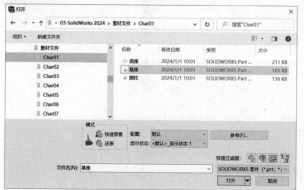

图 1-8　"打开"对话框

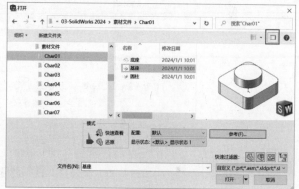

图 1-9　显示预览窗格

02 单击"打开"按钮，即可在窗口中显示"基座"文件，如图1-10所示。

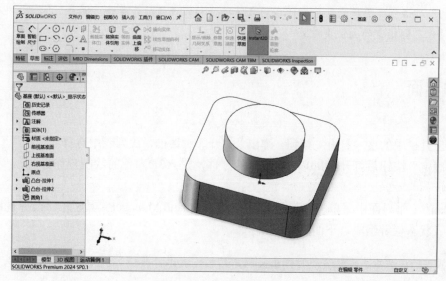

图1-10　显示"基座"文件

1.3.3 保存文件

保存创建的SolidWorks文件，有以下3种方法。

（1）执行菜单栏中的"文件"→"保存"命令。

（2）单击标准工具栏中的 按钮。

（3）在键盘中按快捷键Ctrl+S。

【例1-3】 保存SolidWorks文件。操作步骤如下：

01 单击标准工具栏中的 按钮，在弹出的"另存为"对话框中输入要保存的文件名"圆柱"，并设置文件保存路径，如图1-11所示。

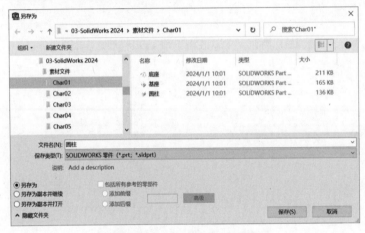

图1-11　"另存为"对话框

02 单击"保存"按钮，便可以保存当前文件。

 单击 按钮旁的 按钮，在下拉菜单中单击 按钮，也可弹出"另存为"对话框，用户更改将要保存的文件路径和文件名后，单击"保存"按钮，即可将创建好的文件保存到指定的文件夹中。

1.4　工作界面

单击标准工具栏中的 按钮，弹出"打开"对话框，在列表中选择"底座"文件，单击"确定"按钮后打开SolidWorks绘制的零件，进入3D零件的绘制工作界面，如图1-12所示。

SolidWorks的工作界面由菜单栏、工具选项卡（Command Manager工具栏）、前导视图工具栏、控制区、绘图区、状态栏等组成，下面将详细介绍。

 在操作的过程中，系统会随时弹出关联工具栏（迷你工具栏）和快捷菜单，在一定的状态下，按快捷键也可显示关联工具栏。

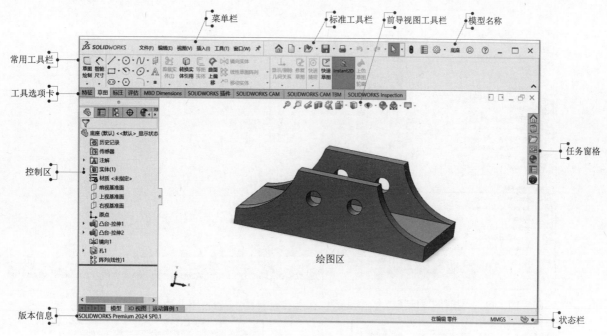

图1-12　SolidWorks工作界面

1.4.1　菜单栏

在菜单栏中几乎可以使用所有SolidWorks的指令。菜单栏主要包括"文件""编辑""视图""插入""工具""窗口"等菜单，如图1-13所示。

图1-13　菜单栏

（1）SolidWorks的菜单栏默认被隐藏，只要把鼠标放在SolidWorks图标右侧的▶按钮上，就可以自动显示菜单栏。单击菜单栏右侧的 ➡ 按钮，其形状变为 📌 ，像一颗图钉被按下一样，就可以一直显示菜单栏了。

（2）执行菜单栏中的"工具"→"插件"命令，可以弹出"插件"对话框，勾选常用的插件复选框，可以将其添加到菜单栏中。例如，勾选SOLIDWORKS Simulation复选框（见图1-14），单击"确定"按钮，菜单栏显示如图1-15所示。

（1）"文件"菜单。单击菜单栏中的"文件"菜单，可以弹出如图1-16所示的下拉菜单。通过"文件"菜单可以对SolidWorks文件进行新建、打开、关闭、保存、打印、退出等操作。

执行菜单栏中的"文件"→"自定义菜单"命令，可以弹出如图1-17所示的"自定义菜单"界面。通过该界面可以对"文件"菜单栏中的命令进行添加和删除。在其他的菜单栏中，也可以通过"自定义菜单"命令对对应菜单栏中的命令进行添加和删除。

（2）"编辑"菜单。单击菜单栏中的"编辑"菜单，可以弹出"编辑"下拉菜单。通过该菜单可以进行撤销、剪切、复制、粘贴、重建模型、退回、压缩、外观编辑等操作。

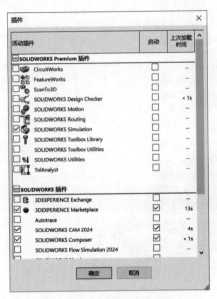

图 1-14　"插件"对话框

图 1-15　新菜单栏

图 1-16　"文件"菜单

图 1-17　"自定义菜单"界面

（3）"视图"菜单。单击菜单栏中的"视图"菜单，可以弹出"视图"下拉菜单。通过该菜单可以进行显示或隐藏参考基准、草图、草图几何关系、显示和调整工具栏等操作。

（4）"插入"菜单。单击菜单栏中的"插入"菜单，可以弹出"插入"下拉菜单。通过该菜单可以进行各种特征命令操作。

（5）"工具"菜单。单击菜单栏中的"工具"菜单，可以弹出"工具"下拉菜单。通过该菜单可以使用草图命令、分析命令、插件命令以及进行选项设置等。

（6）"窗口"菜单。单击菜单栏中的"窗口"菜单，可以弹出"窗口"下拉菜单。通过该菜单可以对打开的文件进行排列操作。

1.4.2　控制区

控制区在工作界面的左侧，包括特征管理器（FeatureManager）、属性管理器（PropertyManager）、配置管理器（ConfigurationManager）、尺寸管理器（DimXpertMananger）和外观管理器（DisplayManager）等。下面重点对特征管理器和属性管理器进行介绍。

1．特征管理器

特征管理器也称为FeatureManager设计树，位于SolidWorks窗口的左侧，是SolidWorks软件窗口中比较常用的部分，如图1-18所示。它提供了激活的零件、装配体或工程图的大纲视图，从而可以方便地查看模型或装配体的构造情况，或者查看工程图中的不同图纸和视图。

在特征上右击，可以对每一步进行重新定义、退回、隐藏、压缩或删除等操作，如图1-19所示。

图 1-18　SolidWorks 控制区

图 1-19　右击快捷菜单

特征管理器与图形区域是动态链接的，如图1-20所示。在使用时可以在任何窗格中选择特征、草图、工程视图和构造几何线。

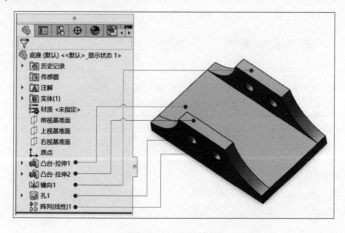

图1-20　动态链接

特征管理器主要用来组织和记录模型中的各个要素及要素之间的参数信息和相互关系，以及模型、特征和零件之间的约束关系等，几乎包含所有设计信息。其主要功能包括以下几种。

1）选择模型中的项目

设计树按照时间记录了各种特征的建模过程，设计树中每个节点代表一个特征。单击该特征前的节点，特征节点就会展开，显示特征构建的要素。

在设计树中单击特征节点，绘图区中与该节点对应的特征就会高亮显示。同样地，在绘图区中选择某一特征，设计树中对应的节点也会高亮显示。

在选择时，若按住Ctrl键，则可以逐个选择多个特征；当选择两个间隔的特征时，按住Shift键，其间的所有特征都将被选取。

2）确认和更改特征的生成顺序

通过拖曳设计树中的特征名称，可以改变特征的构建次序。由于模型特征的构建次序与模型的几何拓扑结构密切相关，因此改变特征的生成顺序将直接影响最终零件的几何形状，如图1-21所示。

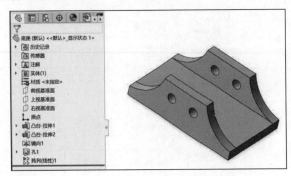
（a）改变特征次序前

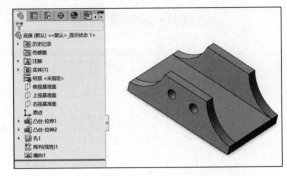
（b）改变特征次序后

图1-21　改变特征次序

 建议初学者不要随意改变特征的生成顺序。

3）显示特征的尺寸

当单击设计树中的特征节点或者特征节点目录下的草图时，绘图区会显示相应的特征或者草图的尺寸，并能显示关联工具栏（迷你工具栏），如图1-22所示。

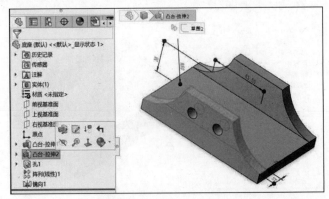

图1-22　显示特征的尺寸

4）更改项目名称

单击两次特征的名称，此时用户可为该特征取一个有实际意义的名称，如图1-23所示。

5）压缩和隐藏

单击或在特征名称上右击，系统弹出关联工具栏和快捷菜单，如图1-24所示，在其中单击 ↓▣（压缩）按钮或 ◈（隐藏）按钮，可以对特征或零部件进行压缩、隐藏等操作。

回退控制条可以往上拖，也可以往下拖；可以临时压缩被添加的特征，并且让模型回到原来的状态，如图1-25所示。回退之后如果要添加新的特征，就可以在回退状态下在其后插入特征。

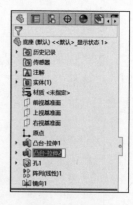

图1-23　修改名称

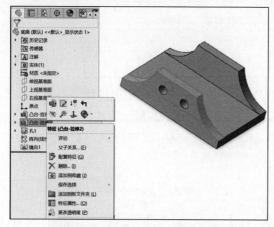

图 1-24　关联工具栏和快捷菜单

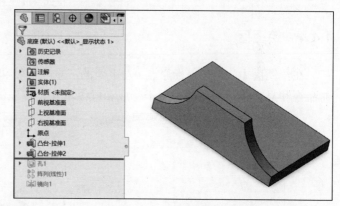

图 1-25　回退控制条的使用

2. 属性管理器

属性管理器用于显示当前进行的命令操作或编辑实体的参数设置，该管理器在编辑实体时会自动显示。属性管理器中的内容和当前命令是相关的，不同的命令有相应的属性管理器。

当控制区切换到属性管理器时，特征管理器会自动出现在绘图区左上角。单击特征左侧的 ▶（展开）按钮可以将其展开，如图1-26所示。

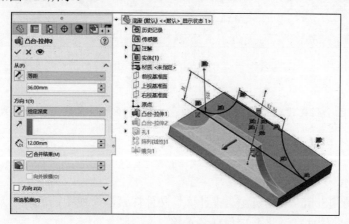

图1-26　属性管理器

1.4.3　工具选项卡

工具选项卡又称为CommandManager工具栏，在不同的工作环境中会显示不同的种类，主要包括"草图""特征""曲面""钣金""焊件"和"装配体"等工具栏，其中图1-27显示的是"特征"选项卡下的工具栏。

图1-27　"特征"选项卡下的工具栏

1.4.4　绘图区

在绘图区中，包含坐标原点、左下角的三重坐标轴和自定义视图的方向。绘图区提供了动态显示当前命令和显示模型等功能，用于生成和操纵零件、装配体或工程图等。图1-28所示为典型的绘图区。

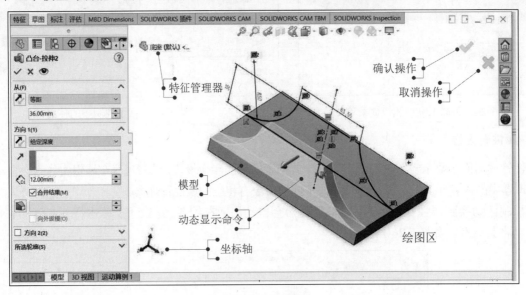

图1-28　绘图区

 用户可以自己个性化设置绘图区的背景颜色、模型颜色和模型显示的方式。

1.4.5　任务窗格

任务窗格提供了访问SolidWorks资源、设计库、文件探索器、视图调色板以及其他有用项目和信息的方法。打开SolidWorks软件时，将会出现任务窗格。

1.4.6 状态栏

状态栏如图1-29所示，位于绘图区的右下方，可以显示草图的绘制状态（如欠定位）、正在编辑的内容，以及草图绘制过程中光标的坐标位置等。

图1-29 状态栏

1.4.7 前导视图工具栏

使用前导视图工具栏的图标调整和操控视图，可对绘图区域的模型进行扩大、缩小、旋转，如图1-30所示。

图1-30 前导视图工具栏

前导视图工具栏中的部分按钮的含义如表1-1所示。

表1-1 前导视图工具栏中的部分按钮的含义

按 钮	按钮名称	按钮的作用
	整屏显示全图	单击此按钮，屏幕上的零部件会整屏显示
	局部扩大	在绘图区域中框选需扩大显示的部分
	上一视图	可以从最后显示的视图回到之前的10种不同视图形态
	剖面视图	显示零件的剖面视图，以切除状态显示
	动态注解视图	用于切换动态注解视图
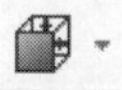	视图定向	单击展开右边的小箭头，可更改当前视图定向
	显示样式	单击展开右边的小箭头，为活动视图改变显示样式
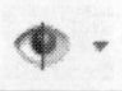	隐藏/显示项目	单击展开右边的小箭头，可在图形区域中更改图形显示状态
	编辑外观	改变模型的外观
	应用布景	单击展开右边的小箭头，可循环使用或应用特定的布景
	视图设定	单击展开右边的小箭头，可切换各种视图设定，如RealBiew、阴影效果遮蔽及透视图

1.5 基本操作方法

用户可以使用鼠标、键盘和命令按钮来操作SolidWorks。

1.5.1 鼠标功能

在SolidWorks中，鼠标被赋予了特殊的功能，如表1-2所示。

表1-2　鼠标的功能

按　键	功能作用	操作方法
左键	选择、拖动键	在模型上选择面或边等要素、菜单按钮、特征管理器中的对象时使用
右键	求助键	单击右键会依据当前的状况出现所需要的快捷菜单
中键	旋转、缩放或平移画面等	（1）将光标置于模型要放大或缩小的区域，前后拨动滚轮，即可实现模型的放大或缩小 （2）将光标置于模型上，按下滚轮不松开，前后、左右移动鼠标，实现模型的翻转 （3）双击滚轮，可实现模型的全屏显示 （4）Shift+中键：在绘图区按Shift键，并用鼠标中键拖动，让模型放大或缩小 （5）Ctrl+中键：在绘图区按Ctrl键，并用鼠标中键拖动，让模型平移
——	推测鼠标点	在模型移动鼠标点时，鼠标点会随选择对象的要素而改变

1.5.2　键盘功能

SolidWorks中的命令可以由快捷键来启动，表1-3列出了几个常用的键盘操作快捷键。

表1-3　常用的快捷键

命令作用	快　捷　键	命令作用	快　捷　键
旋转	方向键	关闭/打开激活的过滤器	F6
缩小	Z	过滤边线	E
放大	Shift+Z	过滤顶点	V
平行移动	Ctrl+方向键	过滤面	X
绕某轴旋转	Shift+方向键	画面重绘	Ctrl+R
弹出视图"方向"工具栏	空格键	整屏显示	F
启动帮助文件	F1	弹出相应的工具"快捷栏"	S
切换过滤器工具栏	F5	放大镜	G

在不同状态下按S键，会弹出相应的工具"快捷栏"。

- 在新建零件或新建特征时，按S键可在光标旁边弹出常用的特征工具快捷栏。
- 进入草图编辑状态后，按S键可在光标旁边弹出草图绘制工具快捷栏。
- 在装配体中，按S键可在光标旁边弹出常用的装配工具快捷栏。

1.5.3　结束当前命令

在草图模式下，结束当前使用的命令有以下3种方法。

（1）双击左键：重复上一次的命令状态。
（2）单击右键：在弹出的快捷菜单中执行"选择"命令，处于待命状态。
（3）按Esc键：处于待命状态。

1.5.4　模型显示样式

单击前导视图工具栏中的 ⬚·（显示类型）按钮，展开右边的小箭头，可以改变活动视图的当前显示样式。模型的显示样式按钮包括 ⬚（带边线上色）、⬛（上色）、⬚（消除隐藏线）、⬚（隐藏线可见）和 ⬚（线架图）5个，各显示样式的效果如图1-31所示。

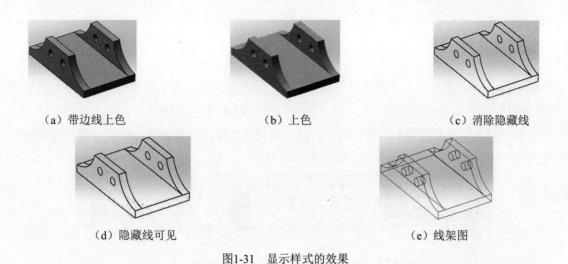

（a）带边线上色　　　　　　　　（b）上色　　　　　　　　　（c）消除隐藏线

（d）隐藏线可见　　　　　　　　　　　　　　（e）线架图

图1-31　显示样式的效果

1.5.5　视图方向切换

在SolidWorks中，使用视图方向切换可以从各个方向查看模型。单击前导视图工具栏中的 ⚑·（视图定向）按钮，可以调整视图方向。视图定向按钮下包含视图方向切换的绝大多数工具，如图1-32所示。

模型的7个基本视图方向的视图定向效果如图1-33所示。

图1-32　视图方向工具栏

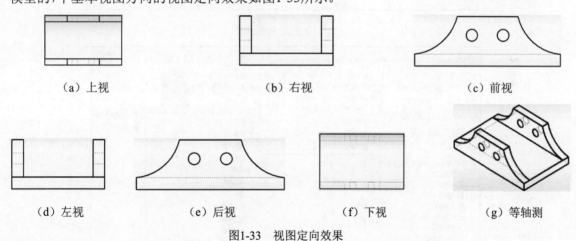

（a）上视　　　　　　　　　　（b）右视　　　　　　　　　　（c）前视

（d）左视　　　　　　（e）后视　　　　　　（f）下视　　　　　　（g）等轴测

图1-33　视图定向效果

 在绘图过程中，为了绘图方便，需要某个面平行于屏幕。用户可以在选择了该平面后，单击 ⚓（正视于）按钮。

1.6　自定义基本环境

读者可以根据自己的需要显示或者隐藏SolidWorks的工具栏，并添加或者删除工具栏中的命令按钮；还可以根据需要设置零件、装配体和工程图的工作界面。

1.6.1　设置工具栏

SolidWorks并不是将所有工具栏都显示在界面中，读者可以自定义工具选项卡（或称为常用的工具栏），将常用的工具栏显示在界面中。下面介绍3种自定义工具栏的方法。

（1）将光标置于工具选项卡中并右击，在弹出的快捷菜单中选择"工具栏"（或"选项卡"）子菜单中的相应工具栏（或选项卡）即可，如图1-34所示。

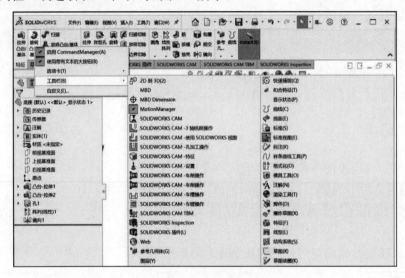

（a）工具栏快捷菜单

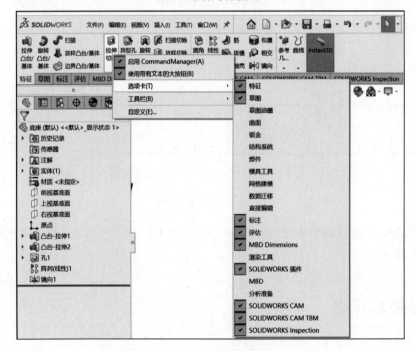

（b）选项卡快捷菜单

图1-34　自定义快捷菜单

（2）在常用工具栏（或工具选项卡）空白处右击，在弹出的快捷菜单中执行"自定义"命令，弹出如图1-35所示的"自定义"对话框。在该对话框中选中需要显示的工具栏即可。

图1-35　"自定义"对话框

　工具选项卡中并没有将相应的命令全部显示在界面上，在"自定义"对话框中打开"命令"选项卡，如图1-36所示。找到要显示的命令图标，按住鼠标左键，可以将其拖动到相应的工具栏中。

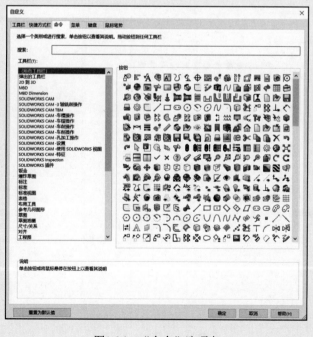

图1-36　"命令"选项卡

（3）在菜单栏中执行"工具"→"自定义"命令，在弹出的"自定义"对话框中选中需要显示的工具栏即可。自定义工具栏的方法和上述方法一样。

 在菜单栏、工具选项卡和自定义工具栏中使用命令，所执行的结果是完全一样的，读者可以按照自己的习惯进行操作。

"自定义"对话框中包含工具栏、快捷方式栏、命令、菜单、键盘、鼠标笔势6个选项卡，功能分别说明如下。

1）"工具栏"选项卡

"工具栏"选项卡如图1-35所示，读者可以根据自己的习惯设定窗口中显示的工具选项卡、工具图标的大小、关联工具栏以及是否显示工具的文字提示。

在左侧"工具栏"列表框中勾选相应工具栏前的复选框即可将该工具栏添加到操作界面中，取消勾选即可从界面中删除。

 建议初学者勾选"激活CommandManager"复选框和"使用带有文本的大按钮"复选框，便于快速理解和掌握。

2）"快捷方式栏"选项卡

"快捷方式栏"选项卡如图1-37所示。在执行一些操作时，按S键会弹出快捷工具栏，读者可根据需要自行设置相应的快捷工具栏。在"快捷方式栏"选项卡右侧中间处选择要自定义的快捷方式工具栏为（装配体），此时出现"装配体快捷方式工具栏"。

用户可以在左侧的"工具栏"区选择工具类型，并在右侧的"按钮"区选择要添加的按钮，按住鼠标左键将其拖至装配体快捷方式工具栏中。图1-38所示是自定义的装配体快捷方式工具栏。

图1-37 "快捷方式栏"选项卡

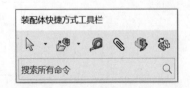

图1-38 装配体快捷方式工具栏

3）"命令"选项卡

"命令"选项卡如图1-39所示，在左侧的"工具栏"区选择要自定义命令的工具栏，在"按钮"区的命令按钮上按住鼠标左键并将其拖动到相应的工具栏中，即可向该工具栏添加命令按钮。

在工具栏中相应的命令按钮上按住鼠标左键将其从工具栏拖动到按钮区，即可从工具栏中删除该命令按钮。

4）"菜单"选项卡

"菜单"选项卡如图1-40所示，该选项卡列举了所有主菜单及其对应子菜单的内容和命令。

图 1-39 "命令"选项卡

图 1-40 "菜单"选项卡

在"类别"区选择主菜单，在"命令"区选择需要进行更改的选项。单击右侧的按钮可以对命令进行"重新命名""移除"等操作。在选项框下面的区域也有具体的提示命令。

 建议用户采用默认的"菜单"选项设置。

5）"键盘"选项卡

"键盘"选项卡如图1-41所示，在该选项卡内可以设定命令的快捷键。在"类别"列和"命令"列选择要修改或添加快捷键的命令，在"快捷键"列相应的文本框中输入新设定的字母或字母组合。

 建议初学者不要进行快捷键的设置。

6）"鼠标笔势"选项卡

在"鼠标笔势"选项卡中可以设置"鼠标笔势"的打开或者关闭，也可以设置鼠标笔势的显示数量，如图1-42所示。默认情况下，"鼠标笔势"功能是打开的，笔势的显示数量是4个。

图 1-41　"键盘"选项卡　　　　　　　图 1-42　"鼠标笔势"选项卡

读者可以通过在图形区域中右击拖动使用鼠标笔势功能，以便从工程图、零件、装配体或草图调用原来使用过的工具或视图的样式。图1-43所示为4笔势状态下的鼠标笔势。

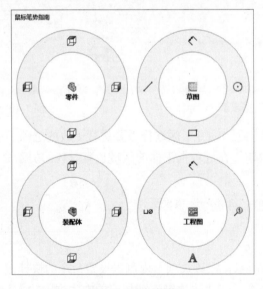

图1-43　鼠标笔势

1.6.2　系统选项设置

在"系统选项"对话框中可以设置"系统选项"和"文档属性"。启动"系统选项"对话框有以下两种方式。

（1）执行菜单栏中的"工具"→"选项"命令。

（2）单击标准工具栏中的 ⚙ ▾（选项）按钮。

　　"系统选项"选项卡主要是对系统环境进行设置，如普通设置、工程图设置、颜色设置、显示设置、性能设置等，如图1-44所示。"系统选项"中所做的设置保存在系统注册表中，它不是文件的一部分，对当前和将来所有文件都起作用。

　　"文档属性"选项卡是对零件属性进行定义，使设计出的零件符合一定的规范，如注解、尺寸等，如图1-45所示。"文档属性"中所做的设置只作用于当前文件，常用于建立文件模板。

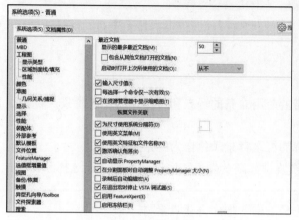

图 1-44　系统选项　　　　　　　　　　　　　　　　　图 1-45　文档属性

1.6.3　设置工作区背景颜色

　　读者可以根据自己的喜好选择颜色、定制工作区和控制区的背景色。

　　【例1-4】设置工作区背景颜色。操作步骤如下：

01　单击标准工具栏中的 ⚙ ·（选项）按钮，弹出"系统选项"对话框。

02　在左侧的"系统选项"选项卡中，选择"颜色"选项，如图1-46所示。

03　在右侧的"颜色方案设置"选项框中选择"视区背景"，然后单击"编辑"按钮，系统弹出如图1-47所示的"颜色"对话框。选择要设置的颜色，单击"确定"按钮完成设置。

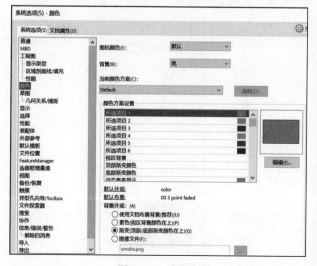
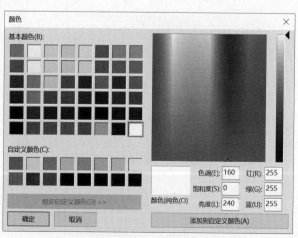

图 1-46　系统选项　　　　　　　　　　　　　　　　　图 1-47　"颜色"对话框

为了能够显示清楚，这里选择"白色"。

04　在"背景外观（B）"区中选择"素色（视区背景颜色在上）"选项，单击"确定"按钮，完成背景颜色设置。

　（1）其他选项的颜色方案也可逐一设定，例如"工程图，纸张颜色""装配体，编辑零件"等。
（2）读者也可以通过前导视图工具栏中的 ⚙️▾（应用布景）按钮设定系统界面。
（3）在本书的讲述中，统一使用白色背景。

下面对"背景外观"的4个选项进行说明。

（1）使用文档布景背景（推荐）：使用系统自带的应用布景的场景和颜色作为视区背景。资源比较丰富，一般能够满足用户的常规需要。

（2）素色（视区背景颜色在上）：使用用户设置的视区背景颜色作为背景颜色。

（3）渐变（顶部/底部渐变颜色在上）：需要先设置顶部渐变颜色和底部渐变颜色。选择渐变后，背景颜色顶部和底部为两种不同的颜色渐变而来。

（4）图像文件：以图像作为工作区背景，需要选择一幅图像作为背景素材。

1.6.4　设置模型颜色

在SolidWorks中，默认的模型颜色为灰色，零件的颜色和外观可以根据要求更改。读者可以为整个零件、所选特征（包括曲面或曲线）或所选模型面添加颜色，也可以通过编辑模型的上色外观来修改颜色。

1. 设置零件模型的颜色

【例1-5】设置零件模型的颜色。操作步骤如下：

01　在特征管理器中的零件模型名称上右击，在弹出的快捷菜单中单击 🔴▾（外观）按钮，在弹出的下拉列表中单击 🔴（编辑零件）按钮，如图1-48所示。

02　将特征管理器切换到"颜色"属性管理器。在"颜色"属性管理器的"所选几何体"栏中的 🧊（选择零件）中出现"底座"，如图1-49所示。

图1-48　编辑零件　　　　　　　　　　图1-49　"所选几何体"栏

在"颜色"栏中单击，弹出"颜色"对话框，选择要设置的颜色，如图1-50所示。单击"确定"按钮，完成零件模型的着色，得到的模型效果如图1-51所示。

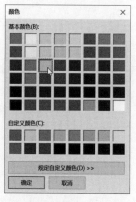

图 1-50　"颜色"对话框

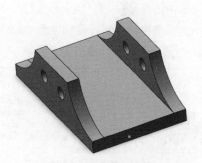

图 1-51　模型效果

 单击"颜色"属性管理器左上角的 ✅（确定）按钮，完成模型颜色的设置。

2. 设置模型特征的颜色

【例1-6】设置模型特征的颜色。操作步骤如下：

01　在特征管理器零件模型的特征（如"凸台-拉伸1"）上右击，在弹出的快捷菜单中单击 🍡▪（外观）按钮，在弹出的下拉列表中选择"凸台-拉伸1"，如图1-52所示。

> 也可以直接在模型零件的特征上单击，在弹出的关联工具栏中执行操作。

02　此时会将特征管理器切换到"颜色"属性管理器。在"颜色"属性管理器的"所选几何体"栏中的 🔂（选择特征）中出现"凸台-拉伸1"，如图1-53所示。

03　在"颜色"栏中单击，弹出"颜色"对话框，选择要设置的颜色，如图1-54所示。单击 ✅（确定）按钮，完成零件模型的着色，得到的模型效果如图1-55所示。

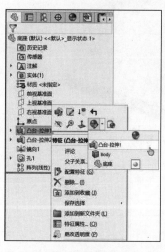

图1-52　编辑外观

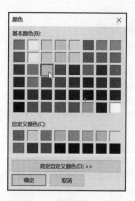

图1-53　"颜色"属性管理器

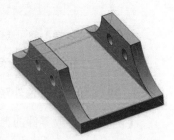

图1-54　"颜色"对话框

图1-55　模型效果

3．设置所选模型面的颜色

【例1-7】 设置所选模型面的颜色。操作步骤如下：

01 在选择的模型零件的侧面上右击，在弹出的快捷菜单中单击 🎨·（外观）按钮，在弹出的下拉列表中选择 ■（面<1>@镜像1），如图1-56所示。

02 此时会将特征管理器切换到"颜色"属性管理器。在"颜色"属性管理器的"所选几何体"栏中的 🔲（选取面）中出现"面<1>"，如图1-57所示。

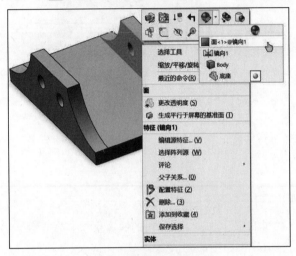

图1-56　选择面<1>@镜像1

图1-57　选择面<1>

在"颜色"栏中单击，弹出"颜色"对话框，选择要设置的颜色，如图1-58所示。单击"确定"按钮，完成模型面的着色，得到的模型效果如图1-59所示。

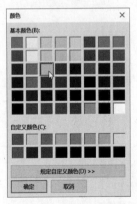

图1-58　选择颜色

图1-59　模型效果

03 单击 ✓（确定）按钮，完成模型面颜色的设置。

4．更改零件的上色外观

【例1-8】 更改零件的上色外观。操作步骤如下：

01 单击标准工具栏中的 ⚙·（选项）按钮，弹出"文档属性"对话框，在"文档属性"选项卡中选择"模型显示"。

02 在"模型/特征颜色"区中选择"上色"选项，如图1-60所示。

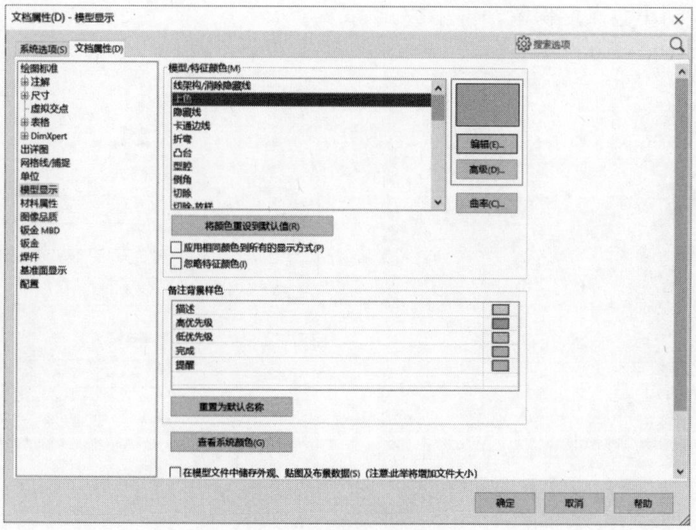

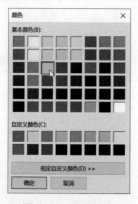

图1-60　模型/特征颜色

03 单击"编辑"按钮，打开"颜色"对话框，选择一种颜色或自定义颜色，如图1-61所示。单击"确定"按钮，关闭"颜色"对话框。

04 单击 ✅ （确定）按钮，完成零件模型的着色，得到的模型效果如图1-62所示。

图 1-61　选择颜色

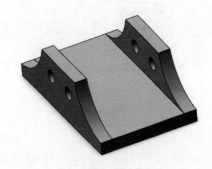

图 1-62　模型效果

1.6.5　设置单位

根据自己的绘图习惯，读者可以参考国家标准来设置模型的绘制单位。在SolidWorks中，默认的单位系统为MMGS（毫米、克、秒），读者也可以设置其他单位系统或自定义设置。

【例1-9】通过更改模型单位系统为IPS（英寸、磅、秒）并更改模型的尺寸精度，说明如何在SolidWorks中进行单位设置。操作步骤如下：

01 单击标准工具栏中的 ⚙ ▾（选项）按钮，在弹出的"文档属性"对话框中选中"文档属性"选项卡，然后在左侧选择"单位"。

02 在"单位系统"区中选择"IPS（英寸、磅、秒）"选项，如图1-63所示。

03 在单位系统的参数表中，单击"角度"单位的小数位数选择框，如图1-64所示，将小数精度设置为".1"，表明小数点后保留一位小数。

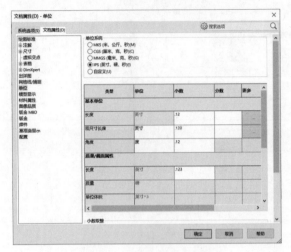
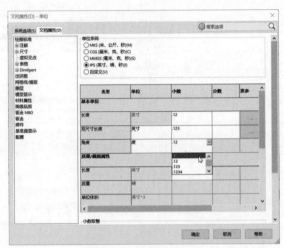

图 1-63   "单位系统"设置   图 1-64   小数位数选择框

04 单击"确定"按钮，完成系统单位和精度的设置。

在MMGS（毫米、克、秒）和IPS（英寸、磅、秒）两个单位系统下对模型同一几何元素进行测量，结果显示对比如图1-65所示。

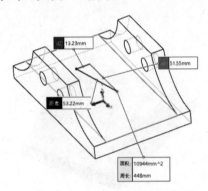
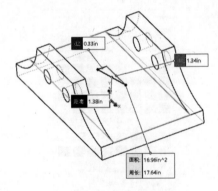

（a）以 MMGS 为单位的效果   （b）以 IPS 为单位的效果

图1-65   单位对比

 除个别选项外，建议初学者不要轻易对"系统选项"和"文档属性"中的各选项进行设置。当对 SolidWorks有了进一步的认识后，可根据需要对"系统选项"和"文档属性"中的各选项进行设置。

1.7   本章小结

通过本章的学习，读者应了解SolidWorks的软件工作界面，熟练掌握SolidWorks的启动、退出和文件基本操作，掌握SolidWorks的操作方法和自定义基本环境。

第2章

绘制草图

在SolidWorks中，大部分的特征命令都是基于草图进行的，因此草图是建模的基础。这些草图由基本的草图实体绘制而成，再通过添加驱动尺寸和草图几何关系来约束这些草图实体的大小和位置，以达到设计要求的效果。

学习目标

❖ 了解草图绘制基础。
❖ 掌握草图绘制实体的方法。
❖ 熟练为草图添加几何关系。
❖ 熟练应用草图尺寸标注。

2.1 草图绘制基础

在绘制草图前，首先要了解草图绘制的基本概念、草图绘制的流程和原则，养成良好的绘图习惯。

2.1.1 基本概念

1. 草图构成

- 草图实体：由图元构成的基本形状，草图中的实体包括直线、矩形、平行四边形、多边形、圆、圆弧、椭圆、抛物线、样条曲线、中心线和文字等。
- 几何关系：表明草图实体之间、实体与参照物之间的几何关系。
- 尺寸：标注草图实体的尺寸，可以用来驱动草图实体的形状变化。

2. 草图状态

- 欠定义（-）：蓝色，可以拖动并改变大小。
- 完全定义：黑色，不能拖动，也不能改变大小。
- 过定义（+）：红色，过约束。
- 无解（?）：粉红色，无法计算，找不到解。

- 无效解：黄色，无效的草图元素。

3．推理线和捕捉

- 推理线：显示指针和现有草图实体之间的几何关系。采用蓝色和黄色来区分推理线的两个状态。黄色的推理线可以自动添加几何关系，而蓝色的推理线则提供一个端点与另一个端点的参考，不自动添加几何关系。
- 捕捉：在绘制草图的过程中，光标移动到特定的实体上时会自动捕捉相应的实体，这些捕捉可以自动建立几何关系。

4．草图绘制平面

在SolidWorks中，零件是三维的，因此在绘制草图前需要为草图选择绘制平面。草图绘制平面可以是视图基准面、模型面或添加的基准面。草图包含草图绘制平面和草图实体两部分。要绘制草图，就必须先选择一个平面。

5．草图绘制的开始和结束

进入草图绘制的方式有以下两种。

（1）选择绘制草图的平面，然后单击"草图"工具选项卡中的 🖳（草图绘制）按钮，或执行菜单栏中的"插入"→🖳（草图绘制）命令。此时，在图形区的右上角产生一个 ↳（退出草图）按钮，单击该按钮即可开始创建一幅新的草图，如图2-1所示。

（2）单击"草图"工具栏上的 🖳（草图绘制）按钮，此时系统提示进入选择基准面，如图2-2所示。随后在绘图区选择基准面，此时在图形区的右上角产生一个 ↳（退出草图）按钮，单击该按钮即可开始创建一幅新的草图。

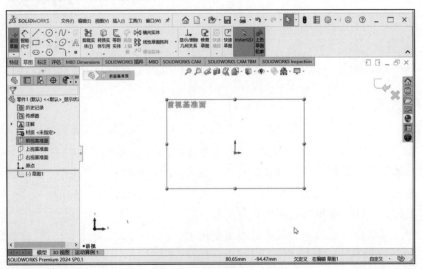

图 2-1　草图界面

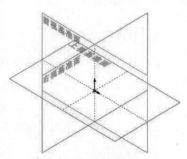

图 2-2　选择基准面

退出草图绘制的方式有以下3种。

（1）单击"草图"工具栏上的 🖳（草图绘制）按钮。

（2）单击绘图区右上角"草图确认区"的 ↳（退出草图）按钮。

（3）右击，从弹出的快捷菜单中选择 ⤶（退出草图）命令。

2.1.2　绘制流程

绘制草图的基本操作步骤如下：

01 进入草图绘制环境。单击草图平面选择草图绘制平面，单击"草图"工具选项卡中的 ▭（草图绘制）按钮，进入草图绘制环境。

02 绘制草图大致轮廓。草图轮廓尺寸要与原始尺寸相接近。

03 检查和添加几何关系。首先检查自动添加的几何关系，了解绘制的草图轮廓是否符合设计意图。如果草图轮廓中的相关几何关系不正确，需人工添加相应的几何关系。

04 标注尺寸。通过标注尺寸，不仅可以确定草图实体的大小、长度，还可以确保完全定义草图。

05 退出草图绘制或者直接开始特征操作。

为提高绘图效率，需掌握的草图绘制要点与技巧如下：

（1）不要在一个界面中绘制多个零件草图。

（2）绘制的草图状态要尽量完全定义，否则在尺寸驱动时草图容易发生变形。

（3）尽量把草图中心或定位点固定在原点上，以便在对称或镜像时可充分利用3个默认基准面。

（4）灵活运用相切关系对圆弧定位，不要拘泥于传统的圆心半径绘图法。

（5）在添加几何关系时，注意多使用Ctrl键，提高绘制效率。

（6）按空格键，弹出"方向"对话框，可进行视图切换；按S键，弹出快捷草图工具栏，可选择草图工具。

2.1.3　绘制原则

为了规范化绘制草图，在绘图过程中需要遵守以下绘制原则。

（1）根据特征的不同及特征间的相互关系，确定草图的绘图平面和基本形状。

（2）零件的第一幅草图应该和原点定位，以确定特征在空间的位置。

（3）每幅草图应尽量简单，不要包含复杂的嵌套，这有利于草图的管理和特征的修改。

（4）要清楚草图平面的位置，在绘制过程中可使用 ↧（正视于）命令使草图平面和屏幕平行。

（5）尽量绘制完全定义的草图，合理地标注尺寸和添加几何关系，以反映设计者的思维方式及机械设计的能力。

（6）任何草图在绘制时只需要绘制大概形状及位置关系，要利用几何关系与尺寸标注来确定几何的大小和位置，有利于提高工作效率。

（7）首先确定草图各元素间的几何关系，其次确定位置关系和定位尺寸，最后标注草图的形状尺寸。

（8）合理使用中心线（构造线）定位或标注尺寸，中心线不参与特征的生成，但能起到辅助作用。

（9）绘制实体的时候要尽量使用SolidWorks的系统反馈和推理线，可以在绘制的过程中确定实体间的关系。

2.2　草图绘制实体

SolidWorks 提供了一些基本的命令来生成草图实体，如直线、圆、长方形等；另外，还提供了各种草图编辑工具，使用户可以更加方便、快捷地编辑草图。草图实体命令位于"草图"工具选项卡及"草图"工具栏中，如图 2-3 所示。

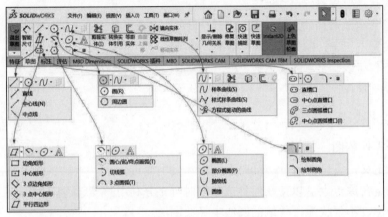

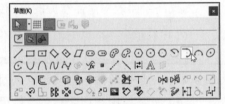

（a）"草图"工具选项卡　　　　　　　　　　（b）"草图"工具栏

图2-3　草图实体命令

　"草图"工具栏可以按照1.6.1节讲解的方法显示。本书侧重以"草图"工具选项卡进行讲解。

2.2.1　直线和中心线

利用直线工具可以在草图中绘制直线，在绘制过程中可以通过光标的不同形状来绘制水平线或竖直线。

1. 打开命令

通过以下3种方式可以调用"直线"命令。

（1）单击"草图"工具选项卡中的 ╱（直线）按钮。

（2）执行菜单栏中的"工具"→"草图绘制实体"→"直线"命令。

（3）按S键，在快捷工具栏中选择 ╱（直线）命令。

　其他草图实体工具的调用方式和直线命令类似，不再赘述。

2. 绘制步骤

【例2-1】绘制直线。操作步骤如下：

01 单击"草图"工具选项卡中的 ╱（直线）按钮，将光标移动到绘图区，鼠标指针的形状变为 ╲。

02 在绘图区域单击确定第1点后，移动光标，光标旁的数值提示直线的长度。系统有以下反馈：

① 绘制的直线为斜线时，如图2-4（a）所示。

② 绘制的直线为水平线时，系统自动添加"水平"几何关系，如图2-4（b）所示。

③ 绘制的直线为竖直线时，系统自动添加"竖直"几何关系，如图2-4（c）所示。

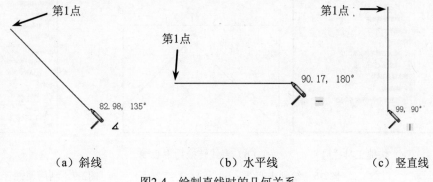

（a）斜线　　　　　　　　（b）水平线　　　　　　　（c）竖直线

图2-4　绘制直线时的几何关系

03 单击确定第2点，继续绘制直线。图中虚线为推理线，反映推理绘制的直线和之前绘制的实体或原点的约束关系。

04 在适当位置单击确定第3点。

05 双击、按Esc键或者右击，在快捷菜单中选择"结束链"命令，结束直线的绘制，如图2-5所示。

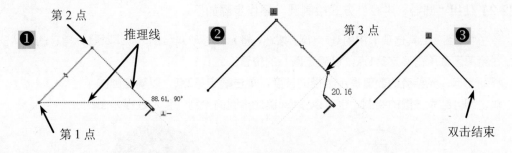

图2-5　直线绘制

 按Esc键将直接退出直线的绘制。但双击或选择"结束链"命令后，并不会退出"直线"命令。

3. 绘制中心线

单击"草图"工具选项卡中的 ✍（中心线）按钮。中心线的绘制方法和直线相同，唯一的区别是绘制出来的线是辅助的中心线，不能用于创建实体模型。

 读者也可以在绘制直线后，将其转换为"构造线"，来实现中心线的绘制。具体有以下两种方法。

（1）右击（或直接单击）要转换成"构造线"的直线，在弹出的快捷工具栏中单击 ⇄（构造几何线）按钮，绘制的中心线如图2-6所示。

（2）单击选择要转换成"构造线"的直线，在属性管理器的"选项"区勾选"作为构造线"复选框，如图2-7所示。

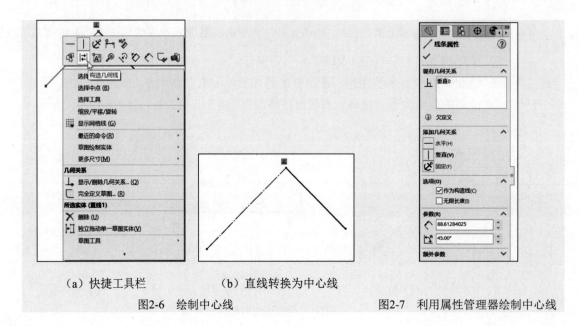

（a）快捷工具栏　　　　　　（b）直线转换为中心线

图2-6　绘制中心线　　　　　　　　　　图2-7　利用属性管理器绘制中心线

2.2.2　圆

根据圆的定义方式，SolidWorks提供了两种绘制圆的方式："圆心、半径"方式和"周边圆"方式。

1. 使用"圆心、半径"方式绘制圆

【例2-2】使用"圆心、半径"方式绘制圆。操作步骤如下：

01 单击"草图"工具选项卡中的 ⊙（圆）按钮，将光标移动到绘图区，此时鼠标指针的形状变为 。

02 在绘图区域单击确定第1点，以确定圆心的位置。

03 移动光标，光标旁的数值提示半径的长度，单击确定第2点，以确定圆的半径。

04 双击即可结束该圆的绘制，也可以按Esc键退出圆的绘制。整个过程如图2-8所示。

（a）确定圆上的点　　　　　　　　（b）结束绘制

图2-8　使用"圆心、半径"方式绘制圆

2. 使用"周边圆"方式绘制圆

【例2-3】使用"周边圆"方式绘制圆。操作步骤如下：

01 单击"草图"工具选项卡中的 （周边圆）按钮，将光标移动到绘图区，鼠标指针的形状变为 。

02 在绘图区域单击，确定圆上的第1点。

03 移动光标，光标旁的数值提示半径的长度。单击确定圆上的第2点。

04 继续移动光标，光标旁的数值提示半径的长度。在适当的位置单击确定圆上的第3点，完成圆的绘制。

05 双击或按Esc键退出圆的绘制。整个过程如图2-9所示。

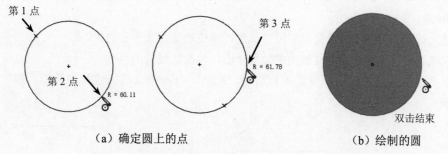

（a）确定圆上的点　　　　　　　　　　（b）绘制的圆

图2-9　使用"周边圆"（确定圆上的点）方式绘制圆

　确定了圆上的两个点后，右击即可绘制一个圆，确定的两点之间的距离为圆的直径。

2.2.3　圆弧

根据圆弧的定义，SolidWorks给出了3种绘制圆弧的方式：圆心/起/终点画弧、切线弧和3点圆弧。下面分别介绍这3种绘制圆弧的方法。

1. 使用"圆心/起/终点画弧"方式绘制圆弧

【例2-4】使用"圆心/起/终点画弧"方式绘制圆弧。操作步骤如下：

01 单击"草图"工具选项卡中的 ⟲（圆心/起/终点画弧）按钮，将光标移动到绘图区，鼠标指针的形状变为 ✎。

02 在绘图区域单击确定第1点，以确定圆心的位置。

03 移动光标，光标旁的数值提示半径的长度，单击确定第2点，以确定圆弧的起点。

04 继续移动光标，在合适的角度位置单击确定第3点，以确定圆弧的终点。

05 双击或按Esc键退出圆弧的绘制。整个过程如图2-10所示。

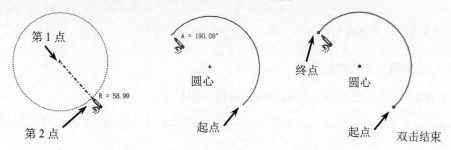

图2-10　使用"圆心/起/终点画弧"方式绘制圆弧

2. 使用"切线弧"方式绘制圆弧

使用"切线弧"方式绘制圆弧需要确定切点，因此在绘图前要确保已绘制一条直线或者一条圆弧。

【例2-5】使用"切线弧"方式绘制圆弧。操作步骤如下：

01 单击"草图"工具选项卡中的 🕥（切线弧）按钮，将光标移动到绘图区，鼠标指针的形状变为 ➤。

02 在绘图区域已有的直线（或圆弧）上单击线段或边线端点，放置圆弧的端点。单击确定切线弧上的第1点。

03 移动光标，光标旁的数值提示半径的长度，单击确定切线弧上的第2点。

04 继续绘制连续的切线弧，在适当的位置单击，确定切线弧的第3点。

05 继续在适当的位置单击，确定第4点，即终点。按Esc键退出切线弧的绘制。整个过程如图2-11所示。

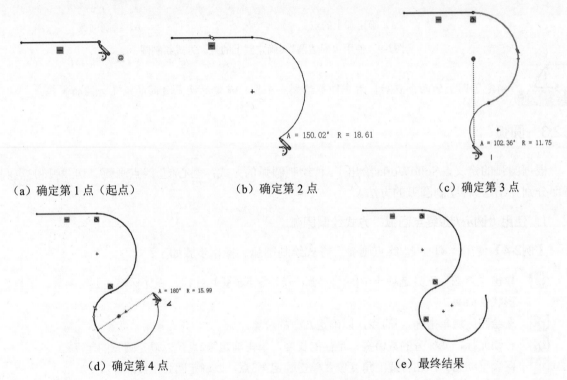

（a）确定第 1 点（起点）　　　（b）确定第 2 点　　　（c）确定第 3 点

（d）确定第 4 点　　　　　　　（e）最终结果

图2-11　使用"切线弧"方式绘制圆弧

 绘制草图时，系统自动添加几何关系。

3. 使用"3点圆弧"方式绘制圆弧

【例2-6】使用"3点圆弧"方式绘制圆弧。操作步骤如下：

01 单击"草图"工具选项卡中的 ⌒（三点圆弧）按钮，将光标移动到绘图区，鼠标指针的形状变为 ➤。

02 在绘图区域单击第1点，确定圆弧的起点位置。

03 移动光标，光标旁的数值提示弦长。单击第2点，确定圆弧上的终点。

04 继续移动光标，光标旁的数值提示圆弧的圆心角和半径的长度。单击第3点，确定圆弧的位置和形状。

05 按Esc键退出圆弧的绘制。整个过程如图2-12所示。

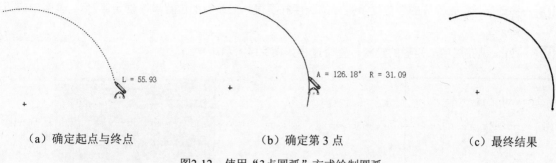

（a）确定起点与终点 （b）确定第 3 点 （c）最终结果

图2-12 使用"3点圆弧"方式绘制圆弧

2.2.4 矩形和平行四边形

矩形系列包括矩形和平行四边形，矩形有多种绘制方式。在 SolidWorks 中，通过矩形类型可以选择不同的方式绘制矩形。

1. 使用"边角矩形"方式绘制矩形

【例2-7】使用"边角矩形"方式绘制矩形。操作步骤如下：

01 单击"草图"工具选项卡中的 □ （边角矩形）按钮，将光标移动到绘图区，鼠标指针的形状变为 ▷。

02 在绘图区域单击确定第1点，确定边角矩形的第1个角点。

03 移动光标，光标旁的数值提示矩形的长度和宽度。在适当的位置单击第2点，确定边角矩形的第2个角点。

04 按Esc键完成边角矩形的绘制。整个过程如图2-13所示。

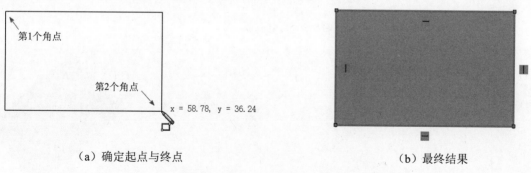

（a）确定起点与终点 （b）最终结果

图2-13 使用"边角矩形"方式绘制矩形

2. 使用"中心矩形"方式绘制矩形

【例2-8】使用"中心矩形"方式绘制矩形。该操作可以在绘制矩形草图时添加中心线，操作步骤如下：

01 单击"草图"工具选项卡中的 ▣ （中心矩形）按钮，将光标移动到绘图区，鼠标指针的形状变为 ▷。

!!! 说 明 在矩形属性管理器中选择"添加构造性直线"，然后选择"从边角"或"从中点"后开始绘制。

02 在绘图区域单击确定第1点，确定中心矩形的中心点。

03 移动光标，光标旁的数值提示矩形的长度和宽度，在适当的位置单击确定第2点，确定中心矩形的角点。

04 按Esc键完成中心矩形的绘制。整个过程如图2-14所示。

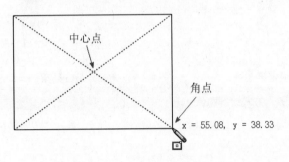

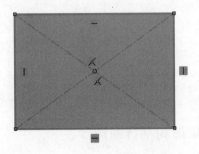

（a）确定中心点（第1点）与角点（第2点）　　　　　　（b）最终结果

图2-14　使用"中心矩形"方式绘制矩形

3．使用"3点边角矩形"方式绘制矩形

【例2-9】 使用"3点边角矩形"方式绘制矩形。操作步骤如下：

01 单击"草图"工具选项卡中的 ◇（3点边角矩形）按钮，将光标移动到绘图区，鼠标指针的形状变为 ◇。

02 在绘图区域单击，确定矩形的第1个角点。

03 移动光标，光标旁的数值提示矩形的长度和与X轴的夹角，单击确定矩形的第2个角点。

04 继续移动光标，光标旁的数值提示矩形的宽度和与X轴的夹角，在适当的位置单击，确定矩形的第3点。

05 按Esc键完成矩形的绘制。整个过程如图2-15所示。

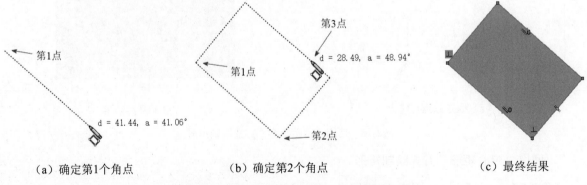

（a）确定第1个角点　　　　　　（b）确定第2个角点　　　　　　（c）最终结果

图2-15　使用"3点边角矩形"方式绘制矩形

4．使用"3点中心矩形"方式绘制矩形

【例2-10】 使用"3点中心矩形"方式绘制矩形。操作步骤如下：

01 单击"草图"工具选项卡中的 ◇（3点中心矩形）按钮，将光标移动到绘图区，鼠标指针的形状变为 ◇。

02 在绘图区域单击第1点，确定矩形的中心点。

03 移动光标，光标旁的数值提示矩形的中心点到边线的距离和与X轴的夹角，单击第2点确定矩形长度方向上的点。

04 继续移动光标，光标旁的数值提示矩形的宽度和与X轴的夹角，单击第3点确定矩形的角点。

05 按Esc键完成矩形的绘制。整个过程如图2-16所示。

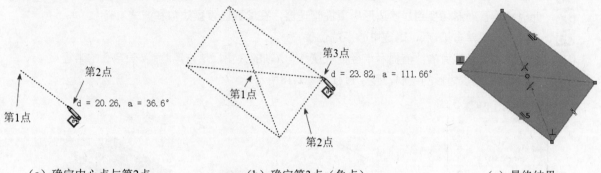

（a）确定中心点与第2点　　　　（b）确定第3点（角点）　　　　（c）最终结果

图2-16　使用"3点中心矩形"方式绘制矩形

5. 绘制平行四边形

【例2-11】绘制平行四边形。操作步骤如下：

01 单击"草图"工具选项卡中的 ▱ （平行四边形）按钮，将光标移动到绘图区，鼠标指针的形状变为 ▷。

02 在绘图区域单击第1点，确定平行四边形的第一个角点。

03 移动光标，光标旁的数值提示平行四边形的长度和与X轴的夹角，单击第2点确定平行四边形长度方向上的点。

04 继续移动光标，光标旁的数值提示矩形的宽度和与X轴的夹角，单击第3点确定平行四边形宽度方向上的点。

05 按Esc键完成平行四边形的绘制。整个过程如图2-17所示。

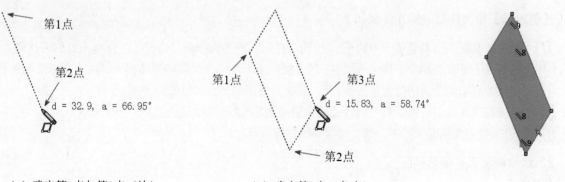

（a）确定第1点与第2点（边）　　　　（b）确定第3点（角点）　　　　（c）最终结果

图2-17　绘制平行四边形

　矩形其实是4条直线，而不是一个整体。

2.2.5　多边形

"多边形"命令用于绘制正多边形，为多边形设定中心点和边数即可生成所需的正多边形。

【例2-12】绘制多边形。操作步骤如下：

01　单击"草图"工具选项卡中的 ⬡ （多边形）按钮，将光标移动到绘图区，鼠标指针的形状变为 ⯒。

02　此时特征管理器切换到"多边形"属性管理器，在参数区设置边数和方式。

03　在绘图区域单击第1点，确定中心点的位置。

04　移动光标，光标旁的数值提示半径的长度和与X轴的夹角，单击第2点以确定圆的半径。

05　按Esc键完成多边形的绘制。整个过程如图2-18所示。

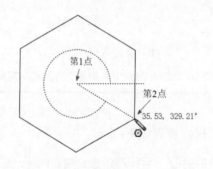
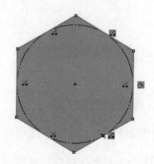

（a）"多边形"属性管理器　　　　（b）确定中心点的位置　　　　（c）最终结果

图2-18　绘制多边形

2.2.6　椭圆和椭圆弧

绘制椭圆时需要为椭圆指定中心、短半轴长和长半轴长，若两个轴长相等，则生成圆。

1．绘制椭圆

【例2-13】绘制椭圆。操作步骤如下：

01　单击"草图"工具选项卡中的 ⬭ （椭圆）按钮，将光标移动到绘图区，鼠标指针的形状变为 ⯒。

02　在绘图区域单击第1点，确定椭圆中心的位置。移动光标，光标旁的数值提示短半轴和长半轴的长度。

03　将鼠标移动到合适的位置单击第2点，以指定椭圆的一个半轴长和方向。

04　继续移动光标，将鼠标移动到合适的位置单击第3点，以指定椭圆的另一半轴长。

05　按Esc键完成椭圆的绘制。整个过程如图2-19所示。

2．绘制椭圆弧（部分椭圆）

【例2-14】绘制椭圆弧（部分椭圆）。操作步骤如下：

01　单击"草图"工具选项卡中的 ⬭ （部分椭圆）按钮，将光标移动到绘图区，鼠标指针的形状变为 ⯒。

02　在绘图区域单击第1点，确定椭圆中心的位置。

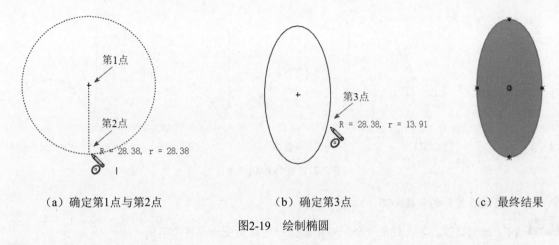

（a）确定第1点与第2点　　　　（b）确定第3点　　　　（c）最终结果

图2-19　绘制椭圆

03 移动光标，光标旁的数值提示短半轴和长半轴的长度。将鼠标移动到合适的位置单击第2点，以指定椭圆的一个半轴长和方向。

04 将鼠标移动到合适的位置单击第3点，以指定椭圆弧的一个端点。

05 在适当的位置单击第4点，以确定椭圆弧的另一个端点。

06 按Esc键结束椭圆弧的绘制。整个过程如图2-20所示。

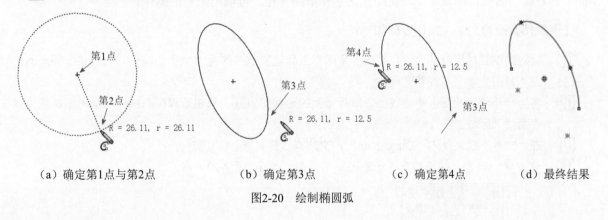

（a）确定第1点与第2点　　（b）确定第3点　　（c）确定第4点　　（d）最终结果

图2-20　绘制椭圆弧

2.2.7　样条曲线

可以通过单击添加两个或多个指定样条曲线的控制点，以某种插值方式绘制样条曲线。

【例2-15】绘制样条曲线。操作步骤如下：

01 单击"草图"工具选项卡中的 Ⓝ（样条曲线）按钮，将光标移动到绘图区，鼠标指针的形状变为 ⤳ 。

02 在绘图区域单击确定第1点，即样条曲线的起点。

03 移动光标，单击确定样条曲线的第2点。

04 继续移动光标，单击确定样条曲线的第3点。

05 继续移动光标，单击确定样条曲线的第4点。

06 继续移动光标，单击确定样条曲线的第5点，即终点（读者可根据需要确定样条曲线的控制点）。

07 按Esc键结束样条曲线的绘制。整个过程如图2-21所示。

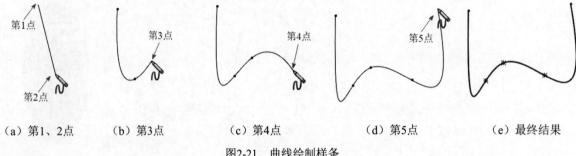

（a）第1、2点　　　（b）第3点　　　（c）第4点　　　（d）第5点　　　（e）最终结果

图2-21　曲线绘制样条

应用连续关系的步骤如下：

（1）绘制圆弧，单击样条命令，在距圆弧一定距离处绘制样条草图。

（2）捕捉圆弧端点并双击以终止样条，在关联工具栏中选择 ⤴（相切）。

2.2.8　文字

在草图中绘制文字，需要为文字选择依附的曲线。可以在任何连续曲线或边线组上绘制文字，包括零件上的直线、圆弧、样条曲线或轮廓。文字和草图一样，可以用于特征操作。

【例2-16】绘制文字。操作步骤如下：

01 针对绘图区域已有的曲线。单击"草图"工具选项卡中的 𝔸（文字）按钮，此时特征管理器切换到"草图文字"属性管理器。

02 将光标移动到绘图区的曲线上，鼠标指针的形状变为 ↖ₙ，单击选择现有曲线，此时该曲线出现在"曲线"区域。

03 在"文字"区域输入"DingJinbin"，文字样式选择 ▤（两端对齐）。

04 单击 ✔（确定）按钮即可得到草图文字。整个过程如图2-22所示。

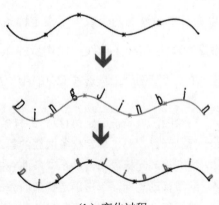

（a）"草图文字"属性管理器　　　　　　　　　　（b）变化过程

图2-22　草图文字

2.2.9 槽口

槽口命令主要用来绘制键槽草图,包括直槽口和圆弧槽口。SolidWorks提供了4种槽口类型。其中,"直槽口"命令按钮最为常用。下面以"直槽口"命令为例来说明键槽的绘制方法。

【例2-17】绘制直槽口。操作步骤如下:

01 单击"草图"工具选项卡中的 ⚌ (直槽口) 按钮,此时特征管理器切换为"槽口"属性管理器,槽口类型中的 ⚌ (直槽口) 命令处于选中状态,选择槽口标注类型为 ⚌ 。

02 将光标移动到绘图区,鼠标指针的形状变为 ↘ 。

03 在绘图区域选定位置后单击,确定槽口的第1点。

04 移动光标,单击确定第2点,即确定槽口的长度。

05 继续移动鼠标来改变槽口宽度,随后单击确定第3点,即确定槽口的轮廓。

06 单击 ✓ (确定) 按钮完成槽口的绘制。整个过程如图2-23所示。

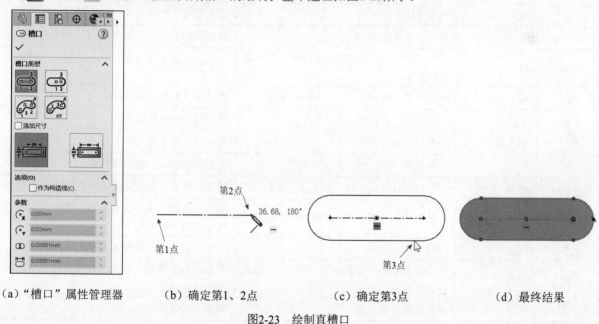

| (a)"槽口"属性管理器 | (b) 确定第1、2点 | (c) 确定第3点 | (d) 最终结果 |

图2-23 绘制直槽口

2.2.10 点

点主要用于尺寸定位和添加几何关系等,一般不参与零件建模。

【例2-18】绘制点。操作步骤如下:

01 单击"草图"工具选项卡中的 ▪ (点) 按钮,将光标移动到绘图区,鼠标指针的形状变为 ↘ ,在绘图区域单击即可。

02 在"点"的属性管理器中输入点的坐标可以对点进行精确定位。

03 单击 ✓ (确定) 按钮,完成点的绘制。

2.3　为草图添加几何关系

几何关系是草图实体之间或草图实体与参考对象之间的关系，如圆弧之间的同心关系、直线之间的平行关系等。SolidWorks中的几何关系如表2-1所示。

表2-1　SolidWorks中的几何关系

图　　标	几 何 关 系	适 用 对 象	结　　果
一	水平	一条或多条直线，两个或多个点	直线会变成水平线，点会在水平方向上对齐
|	竖直	一条或多条直线，两个或多个点	直线会变成垂直线，点会在竖直方向上对齐
/	共线	两条或多条直线	实体位于同一条直线上
○	全等	两个或多个圆弧	实体的半径相等
⊥	垂直	两条直线	两条直线互相垂直
＼	平行	两条和多条直线	直线保持平行
⌀	相切	圆弧、椭圆和样条曲线，直线和圆弧，直线和曲面	两个实体保持相切
◎	同心	两个或多个圆弧，一个点和一个圆弧	圆或圆弧共用相同的圆心
＼	中点	一个点和一条直线	使点位于直线段的中点
✕	交叉点	一个点和两条直线	使点位于两条直线的交点
⼈	重合	一个点和一条直线、圆弧或椭圆	使点位于直线、圆弧或椭圆上
＝	相等	两条或多条直线，两个或多个圆弧	使直线段的长度或圆弧的半径相等
◨	对称	一条中心线和两个点、直线、圆弧或椭圆	实体会保持与中心线等距离，并位于与中心线垂直的一条直线上
⼌	固定	任何实体	实体的大小和位置固定
✍	穿透	一个草图点和一个基准轴、边线、直线或样条曲线	草图点与基准轴、边线或样条曲线在草图基准面上穿透的位置重合
✓	合并	两个草图点或端点	两个点合并成一个点

在SolidWorks中，有些几何关系可以在绘制草图时自动添加，如直线的水平或垂直、直线与圆弧相切、点与点的重合等。对于不能自动产生的几何关系，可以通过SolidWorks提供的"添加几何关系"命令来添加。

在SolidWorks中绘制草图时，不需要确定草图实体的确切尺寸和位置关系，而是通过几何关系和尺寸来修改草图的位置和大小，以驱动草图。所谓驱动，就是修改草图实体的尺寸或几何关系，草图实体将随之改变。

2.3.1　自动添加

自动添加几何关系主要通过绘制的草图实体和捕捉的几何元素来实现。绘制草图时，能够捕捉草图的端点、终点、圆心、中点、相切点等几何元素。

1. 自动添加水平/垂直关系

绘制一条水平线，如图2-24（a）所示。在绘制过程中，光标旁的 ▬（水平）符号表示系统自动给直线添加水平的几何关系，这样该直线就被限制为一条水平线。

同理，绘制一条垂直线，如图2-24（b）所示。在绘制过程中，光标旁的 ▮（垂直）符号表示该直线被限制为一条垂直线。

 当给近似水平或垂直的直线添加水平或垂直几何关系时，单击选择该直线，系统会在关联工具栏中突出显示草图关系，选择几何关系命令按钮，如图2-24（c）所示。

（a）水平关系　　　　　　　（b）垂直关系　　　　　　　（c）关联工具栏

图2-24　自动添加水平/垂直关系

2. 自动添加重合/中心关系

绘制草图时，若光标和现有的实体重合，则光标旁会显示 ✕（重合）符号，表示系统自动添加重合的几何关系，如图2-25（a）所示。

 若光标和现有的实体中心重合，如图2-25（b）所示，光标旁会显示 ✎（中心）符号，表示系统自动添加中心的几何关系。

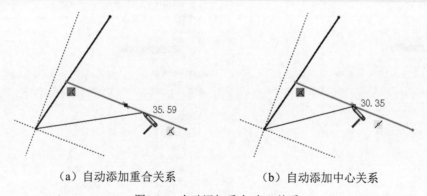

（a）自动添加重合关系　　　　　　　（b）自动添加中心关系

图2-25　自动添加重合/中心关系

3. 自动添加垂直/相切关系

绘制草图时，若绘制的线段与现有的实体垂直，如图2-26（a）所示，光标旁会显示 ⊥（垂直）符号，表示系统自动给直线与已存在的直线一个垂直的条件。

从已存在的圆弧端点处绘制一条与之相切的直线，如图2-26（b）所示，光标旁会显示 ⌒（相切）符号，表示系统自动给直线与已存在的圆弧一个相切的条件。

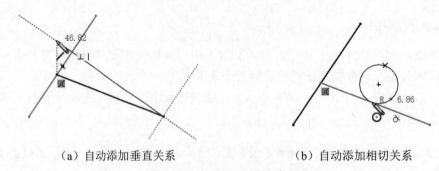

（a）自动添加垂直关系　　　　　　（b）自动添加相切关系

图2-26　自动添加重直/相切关系

2.3.2　手动添加

对于不能自动产生的几何关系，可以通过SolidWorks提供的"添加几何关系"命令来添加。添加几何关系时，随着所选取的图形实体的不同，会出现不同的几何关系。

下面以添加"垂直"和"同心"的几何关系为例，讲解添加几何关系的方法。

1．添加"垂直"几何关系

【例2-19】添加"垂直"几何关系。操作步骤如下：

01 单击"草图"工具选项卡中的 ⊥ （添加几何关系）按钮，此时特征管理器切换到"添加几何关系"属性管理器。

02 单击选择两条直线，则选择的直线会出现在"所选实体"列表框中，单击"添加几何关系"面板中的 ⊥ （垂直）几何关系。

03 单击 ✓ （确定）按钮，完成几何关系的添加。整个过程如图2-27所示。

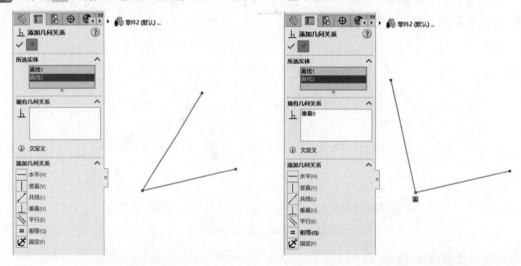

（a）添加几何关系前　　　　　　（b）添加几何关系后

图2-27　添加"垂直"几何关系

 按住Ctrl键的同时，选择要添加几何关系的实体，在左侧属性管理器中单击 ⧄ （平行）几何关系，可以快速为需要添加几何关系的实体添加几何关系，如图2-28所示，这样可以大大提高绘图效率。

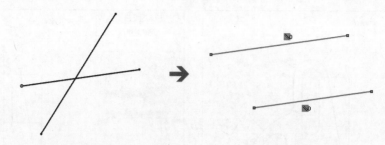

（a）添加几何关系前　　　　　　（b）添加几何关系后

图2-28　添加"平行"几何关系

2. 添加"相切"或"同心"几何关系

【例2-20】为两个圆添加"相切"或"同心"几何关系。操作步骤如下：

01 按住Ctrl键，依次选择两个圆，在左侧属性管理器中选择 $\mathbf{\mathcal{d}}$（相切）几何关系，得到约束后的草图。也可以通过单击 ◎（同心）按钮添加"同心"几何关系。

02 单击 ✔（确定）按钮，完成几何关系的添加。整个过程如图2-29所示。

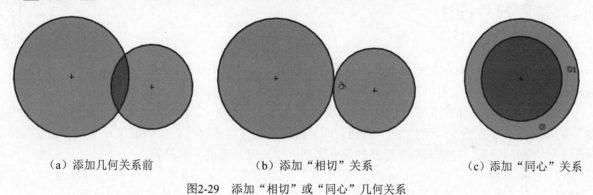

（a）添加几何关系前　　　　　（b）添加"相切"关系　　　　　（c）添加"同心"关系

图2-29　添加"相切"或"同心"几何关系

2.3.3　显示或隐藏

在SolidWorks中，可以对已经添加的几何关系进行显示、隐藏和删除等操作。

【例2-21】显示几何关系。操作步骤如下：

01 打开一幅草图（如打开本章的"草图实例"），单击"草图"工具选项卡中的 ↳（显示/删除几何关系）按钮。

02 将特征管理器切换到"显示/删除几何关系"属性管理器，在"几何关系"过滤器中默认选择"全部在此草图中"，草图中的几何关系全部显示在"几何关系"列表框中，如图2-30（a）所示。

03 此处选择"所选实体"选项，并在草图中选择如图2-30（b）所示的线条。

04 此时草图中所选线条的几何关系将全部显示在"几何关系"列表框中。

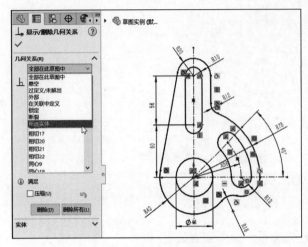

<table>
<tr><td>（a）"几何关系"过滤器</td><td>（b）选择"所选实体"的几何关系</td></tr>
</table>

图2-30 "几何关系"列表

2.4 草图尺寸标注

在SolidWorks中，几何关系是一种特殊的草图驱动，通常与尺寸标注配合使用来完成草图的绘制。通过标注尺寸，用户不仅可以确定草图实体的大小、长度，还可以保证完全定义草图。

在SolidWorks中，标注草图尺寸最常用的是"智能尺寸"命令，它能满足大部分标注要求。单击"草图"工具选项卡中的 ✎ （智能尺寸）按钮，即可进行草图尺寸的标注。"智能尺寸"命令通过选择的草图实体之间的关系，自动判断要标注的尺寸类型，如长度、距离、半径等。

 对于某些类型的尺寸标注（距离、角度、圆），放置尺寸的位置也会影响所添加的尺寸类型。

下面介绍在草图中使用"智能尺寸"命令进行标注的方法和技巧。

2.4.1 标注直线长度

【例2-22】标注直线长度。操作步骤如下：

① 在草图绘制界面，利用 ╱ （直线）工具绘制一条直线。

② 单击"草图"工具选项卡中的 ✎ （智能尺寸）按钮，单击选择直线。向直线的法线方向移动光标并单击确定尺寸位置。

③ 将特征管理器切换到"尺寸"属性管理器，在"主要值"输入框中修改尺寸值。也可以在弹出的"修改"对话框中输入尺寸值。

④ 单击 ✔ （确定）按钮，完成尺寸的修改。整个过程如图2-31所示。

 光标沿直线法线、水平或垂直方向移动并单击，可以分别标注直线的长度、宽度和高度，如图2-32所示。

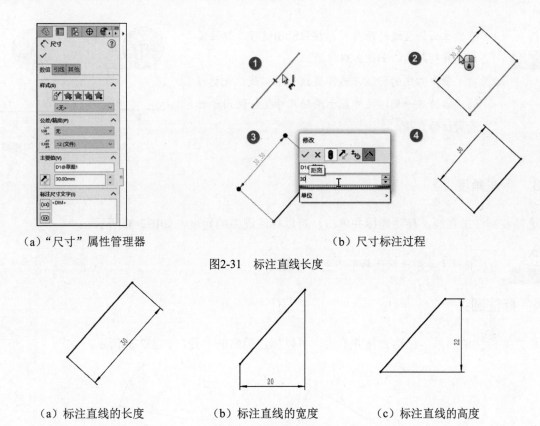

（a）"尺寸"属性管理器 （b）尺寸标注过程

图2-31 标注直线长度

（a）标注直线的长度 （b）标注直线的宽度 （c）标注直线的高度

图2-32 直线标注方法

"尺寸"属性管理器中的3个选项卡的含义如下：

- "数值"选项卡主要用来修改尺寸值、添加公差/精度值。
- "引线"选项卡主要用来设置尺寸线样式等。
- "其他"选项卡主要用来设置尺寸单位和尺寸字体等。

2.4.2 标注距离

距离标注用于标注两个实体之间的距离，包括点到点、点到直线、直线到直线、圆到参考草图实体等的距离，如图2-33所示。

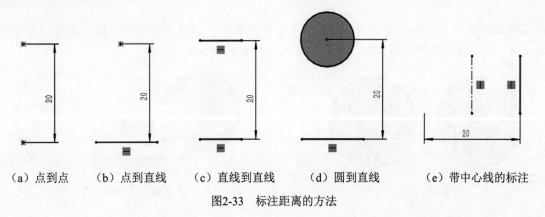

（a）点到点 （b）点到直线 （c）直线到直线 （d）圆到直线 （e）带中心线的标注

图2-33 标注距离的方法

（1）在标注圆到直线的距离时，按住Shift键可以标注圆到直线的距离，如图2-34所示。

（2）对于带中心线的标注，选择直线和中心线，光标移到实体的另一侧，尺寸显示两倍尺寸值，适用于标注圆柱的直径。

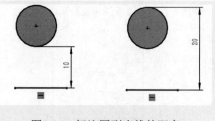

图2-34　标注圆到直线的距离

2.4.3　标注角度

选择要标注的直线，移动光标并单击，可以标注圆弧的角度，如图2-35所示。

角度标注主要用于标注两条不平行的直线。

2.4.4　标注圆弧

选择要标注的圆弧，移动光标并单击，可以标注圆弧的半径，如图2-36所示。

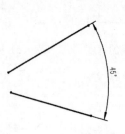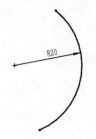

图2-35　标注角度　　　　　　图2-36　标注圆弧

2.4.5　标注圆

选择圆的边线，沿不同的方向移动鼠标并单击。圆标注包括直径标注和半径标注，如图2-37所示。在"引线"选项卡中，可以转换直径和半径标注。

2.4.6　尺寸的修改

在草图编辑状态下，双击尺寸线上的尺寸值，系统弹出"修改"对话框，输入修改的尺寸值，如图2-38所示。也可以单击尺寸线，在出现的尺寸修改文本框中修改尺寸值。

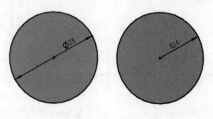

图 2-37　标注圆　　　　　　图 2-38　"修改"对话框

2.5　绘制草图实例

【例2-23】通过绘制如图2-39所示的草图，熟悉草图的绘制过程。操作步骤如下：

01　新建零件文件。单击标准工具栏中的🗋·（新建）按钮，系统弹出"新建SolidWorks文件"对话框，选择🧊（零件），单击"确定"按钮，进入零件设计环境。

02　单击"草图"工具栏上的🗍（草图绘制）按钮，系统提示选择基准面。在绘图区选择"前视基准面"，如图2-40所示，进入草图绘制界面。

03　单击"草图"工具选项卡中的🖉（中心线）按钮，绘制如图2-41所示的中心线。

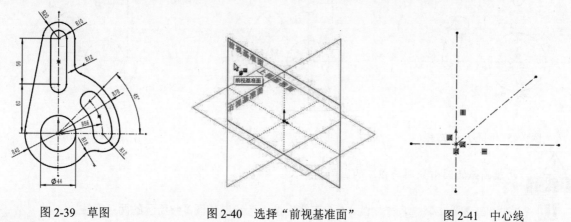

图 2-39　草图	图 2-40　选择"前视基准面"	图 2-41　中心线

　在绘制草图时，尽量在绘制初始阶段就与原点建立几何关系。

04　单击"草图"工具选项卡中的⊙（圆）按钮，绘制如图2-42所示的圆。

　草图轮廓尺寸要与原始尺寸接近。

05　单击"草图"工具选项卡中的⬮（直槽口）按钮，在绘图区域绘制如图2-43所示的直槽口。

06　单击"草图"工具选项卡中的🖉（三点圆弧槽口）按钮，在绘图区域绘制如图2-44所示的圆弧槽口。

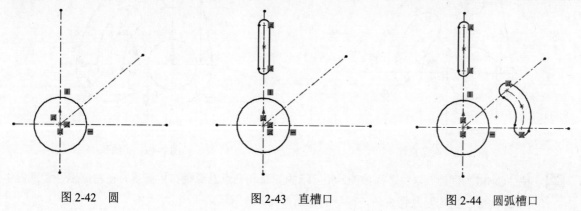

图 2-42　圆	图 2-43　直槽口	图 2-44　圆弧槽口

原则上，绘制完草图的大致轮廓后，再添加几何关系和标注尺寸。但在绘制复杂的草图时，建议在绘制草图的过程中就标注尺寸。养成良好的绘图习惯将大大提高绘图效率。

07 按住Ctrl键，依次选择三点圆弧槽口的中心线和圆的边线，在左侧属性管理器中选择 同心(N)（同心）几何关系，得到的草图如图2-45所示。

08 单击"草图"工具选项卡中的 ✎ （智能尺寸）按钮，添加如图2-46所示的尺寸标注。

09 单击"草图"工具选项卡中的 ⌒ （圆心/起/终点画弧）按钮，绘制如图2-47所示的两段圆弧。

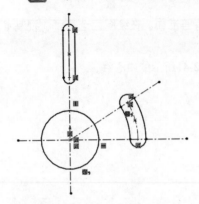

图2-45　同心几何关系

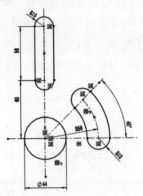

图2-46　尺寸标注

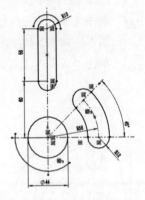

图2-47　两段圆弧

 两段圆弧的圆心分别与相应的圆弧同心。

10 单击"草图"工具选项卡中的 ╱ （直线）按钮，绘制如图2-48所示的两条直线。

 绘制直线时，要注意直线与圆弧相切。

11 单击"草图"工具选项卡中的 ⌒ （切线弧）按钮，绘制如图2-49所示的切线弧。

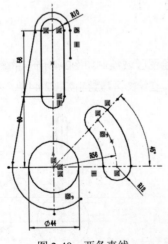

图2-48　两条直线

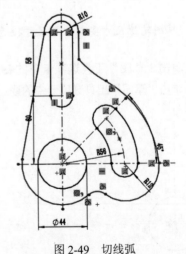

图2-49　切线弧

12 按住Ctrl键的同时，依次选择如图2-50所示的圆弧和三点圆弧槽口的圆弧，在左侧属性管理器中选择 ◎ 同心(N)（同心）几何关系，得到的草图如图2-51所示。

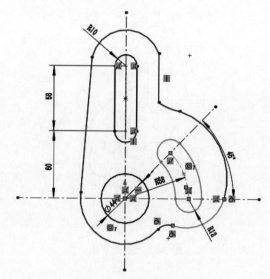

图 2-50 选择草图线（圆弧）

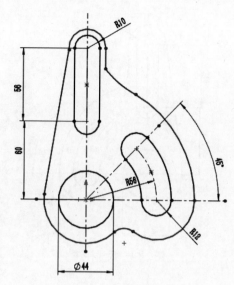

图 2-51 添加几何关系

为了让读者清晰地看到草图，这里将草图的几何关系隐藏了。方法为：单击"视图"→"隐藏/显示"→ 草图几何关系(E) （草图几何关系）命令。

13 继续添加几何关系，按住Ctrl键，依次选择如图2-52所示的圆弧和三点圆弧槽口的圆弧，在左侧属性管理器中选择 同心(N) （同心）几何关系。

14 继续添加几何关系，按住Ctrl键，依次选择如图2-53所示的圆弧和直线，在左侧属性管理器中选择 相切(A) （相切）几何关系。

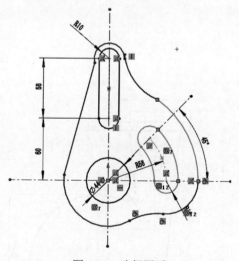

图 2-52 选择圆弧

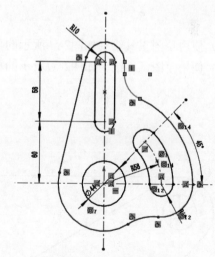

图 2-53 添加几何关系

15 单击"草图"工具选项卡中的 （智能尺寸）按钮，添加如图2-54所示的尺寸标注。草图完全定义，完成草图，如图2-55所示。

16 单击绘图区右上角的"草图确认区"的 （退出草图）按钮。

17 单击标准工具栏中的 （保存）按钮，弹出"另存为"对话框，设置保存路径为"素材文件\Char02"、文件名为"草图实例"，单击"保存"按钮，完成草图的绘制。

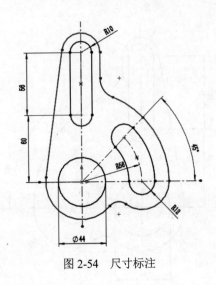

图 2-54　尺寸标注

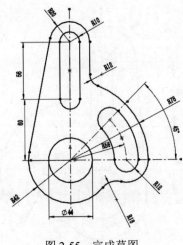

图 2-55　完成草图

2.6　本章小结

通过本章的学习，读者应该了解SolidWorks中草图绘制的基本概念、流程和原则；掌握草图绘制实体命令的操作方法；熟练为草图添加几何关系，为草图标注尺寸，使草图完全定义。

2.7　自主练习

（1）使用草图工具绘制如图2-56所示的草图。

（2）使用草图工具绘制如图2-57所示的草图。

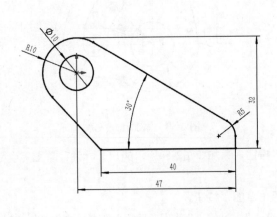

图 2-56　自主练习 1

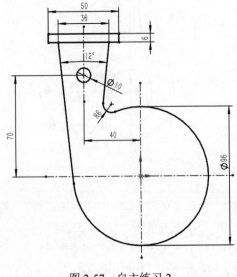

图 2-57　自主练习 2

（3）使用草图工具绘制如图 2-58 所示的草图。

（4）使用草图工具绘制如图 2-59 所示的草图。

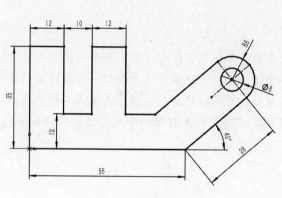

图 2-58　自主练习 3

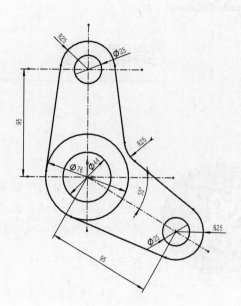

图 2-59　自主练习 4

第 3 章

编辑草图

在SolidWorks中，用于绘制草图的命令非常丰富，各个命令的使用也很灵活。有些草图绘制命令是基于模型操作的，因此本章主要介绍一些编辑草图命令的基本使用方法。通过本章的学习，用户要熟练地掌握草图实体编辑工具的操作方法和技巧，为后续特征建模、装配体和工程图的学习奠定良好的基础。

学习目标

❖ 熟练使用草图绘制实体。

❖ 熟练使用草图编辑工具编辑草图。

❖ 熟练绘制复杂的草图。

3.1 绘制圆角/倒角

草图的编辑操作包括圆角、倒角、阵列、镜像[1]等，这些命令集中在草图工具选项卡中，各命令的具体位置如图3-1所示。本节首先介绍圆角与倒角的绘制。

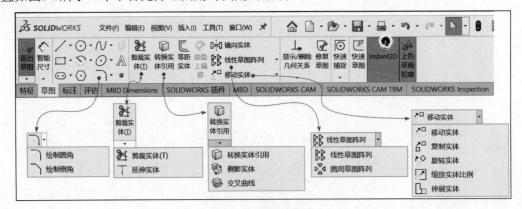

图3-1　草图编辑命令

---

1 图中"镜向"应为"镜像"。

"绘制圆角"命令的功能是在两个草图实体交叉点处添加切线弧。"绘制倒角"命令的功能是在两个草图实体交叉点处添加一个倒角，其方法与"绘制圆角"的方法类似。

3.1.1 绘制圆角

【例3-1】绘制圆角。操作步骤如下：

01 单击"草图"工具选项卡中的 ⬡ （多边形）按钮，在"多边形"属性管理器中将 ⌗ （边数）修改为3。

02 将光标移动到绘图区，鼠标指针的形状变为 ✎ ，在坐标原点处单击，以坐标原点为内切圆圆心绘制等边三角形，将 ⬡ （圆直径）修改为80，如图3-2（a）所示。

03 单击"草图"工具选项卡中的 ⟍ （绘制圆角）按钮，将特征管理器切换到"绘制圆角"属性管理器。

04 在"要圆角化的实体"列表框中选择两条直线，或选择两条直线的交点，在"圆角参数"中输入要生成圆角的半径10mm，如图3-2（b）所示。若要绘制多个圆角，在关闭"绘制圆角"属性管理器前，依次选择需要进行圆角处理的草图实体。

05 单击 ✔ （确定）按钮，得到的草图如图3-2（c）所示。

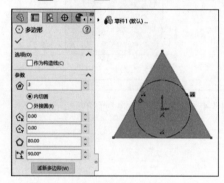
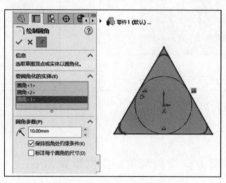
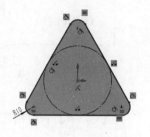

（a）绘制等边三角形　　　　　（b）进行圆角处理的草图实体　　　　　（c）圆角效果

图3-2　绘制圆角

 如果顶点具有尺寸或几何关系，将保留虚拟交点。

3.1.2 绘制倒角

SolidWorks有3种绘制倒角的方式：角度距离、距离-距离和相等距离。

1. 角度距离

【例3-2】利用角度距离方式绘制倒角。操作步骤如下：

01 单击"草图"工具选项卡中的 ⬜ （边角矩形）按钮，绘制一个矩形，并标注尺寸。

02 单击"草图"工具选项卡中的 ⟍ （绘制倒角）按钮，将特征管理器切换到"绘制倒角"属性管理器。

03 在"倒角参数"中选中"角度距离"，在"距离"文本框中输入要生成倒角的距离20mm，在"角度"栏中输入倒角的角度30度。

04 选择两条直线或两条直线的交点。单击 ✅（确定）按钮，完成倒角的绘制，如图3-3所示。

 选择边的顺序决定了倒角的位置，读者在操作过程中自行体会。

2．距离-距离

【例3-3】利用距离-距离方式绘制倒角。操作步骤如下：

01 继续上面的操作，单击"草图"工具选项卡中的 ✏（绘制倒角）按钮，将特征管理器切换到"绘制倒角"属性管理器。

02 在"倒角参数"中选中"距离-距离"，在"距离"栏中输入要生成倒角的距离20mm和10mm。

03 选择两条直线或两条直线的交点。单击 ✅（确定）按钮，完成草图的绘制，如图3-4所示。

 选择边的顺序决定了倒角的位置，读者在操作过程中自行体会。

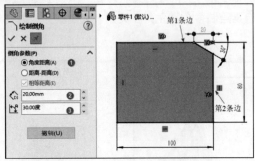
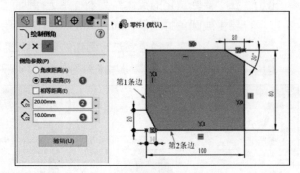

图 3-3   以角度距离绘制倒角　　　　　　图 3-4   以距离-距离绘制倒角

3．相等距离

【例3-4】利用相等距离方式绘制倒角。操作步骤如下：

01 继续上面的操作，单击"草图"工具选项卡中的 ✏（绘制倒角）按钮，将特征管理器切换到"绘制倒角"属性管理器。

02 在"倒角参数"选择"距离-距离"，并勾选"相等距离"复选框。在"距离"栏中输入要生成倒角的距离20mm。

03 选择两条直线或两条直线的交点。单击 ✅（确定）按钮，完成草图的绘制，如图3-5所示。

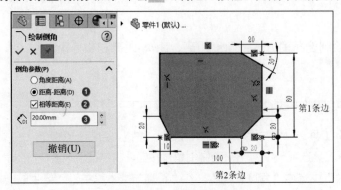

图3-5   以相等距离绘制倒角

3.2 剪裁实体/延伸实体

"剪裁实体"命令用于剪裁草图实体。"延伸实体"命令用于延伸一个草图实体至另一个草图实体。

3.2.1 剪裁实体

根据所剪裁的草图实体可以选择不同的剪裁类型，SolidWorks提供了5种剪裁方式：强劲剪裁、边角剪裁、在内剪除、在外剪除和剪裁到最近端。根据剪裁的草图实体选择合适的剪裁方式，其中最常用的是"强劲剪裁"和"剪裁到最近端"。

1. 强劲剪裁

【例3-5】利用强劲剪裁方式剪裁实体。操作步骤如下：

01 单击"草图"工具选项卡中的 ╱ （直线）按钮，绘制三条交叉的直线。

02 单击"草图"工具选项卡中的 ✂ （剪裁实体）按钮，将特征管理器切换到"剪裁"属性管理器。

03 单击 ⊫ （强劲剪裁）按钮，按住鼠标并在要剪裁的实体上拖动。凡是光标触及的实体都会被剪裁。

04 松开鼠标，完成剪裁。整个过程如图3-6所示。单击 ✓ （确定）按钮退出操作。

 也可以通过依次单击两条直线，将选中的部分删除，实现剪裁。读者可自行操作尝试。

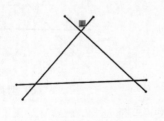

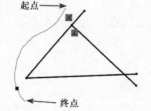

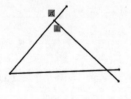

（a）"剪裁"属性管理器　　　（b）三条交叉的直线　　　（c）剪裁路径　　　（d）剪裁结果

图3-6　强劲剪裁

2. 边角剪裁

边角剪裁针对两个草图实体，可以对选择的草图实体进行剪裁，直到它们交叉为止。

【例3-6】利用边角剪裁方式剪裁实体。操作步骤如下：

01　单击"草图"工具选项卡中的　／　（直线）按钮，绘制三条交叉的直线。

02　单击"草图"工具选项卡中的 ✄ （剪裁实体）按钮，在"剪裁"属性管理器中单击 ┼ （边角）
按钮。

03　单击选择两个实体，完成剪裁。整个过程如图3-7所示。单击 ✔ （确定）按钮退出操作。

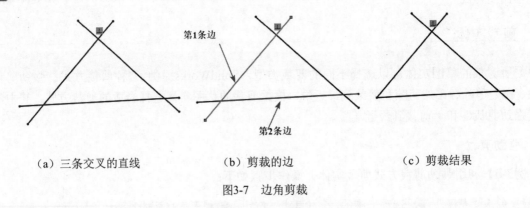

（a）三条交叉的直线　　　　　（b）剪裁的边　　　　　（c）剪裁结果

图3-7　边角剪裁

3．在内剪除

在内剪除主要用于剪裁位于两个所选边界之间的开环实体。

【例3-7】利用在内剪除方式剪裁实体。操作步骤如下：

01　单击"草图"工具选项卡中的　／　（直线）按钮，绘制三条交叉的直线。

02　单击"草图"工具选项卡中的 ✄ （剪裁实体）按钮，在"剪裁"属性管理器中单击 ╪ （在内剪
除）按钮。

03　选择两个边界实体或一个闭环草图实体（如圆等）作为剪裁边界，再单击要剪裁的实体，完成剪
裁。整个过程如图3-8所示。单击 ✔ （确定）按钮退出操作。

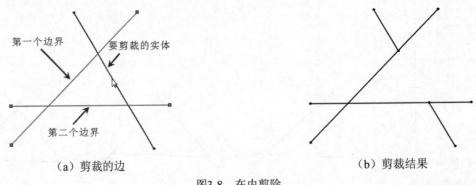

（a）剪裁的边　　　　　　　　　　　　（b）剪裁结果

图3-8　在内剪除

4．在外剪除

在外剪除与在内剪除操作类似，但剪裁的结果刚好相反，剪裁操作将删除所选边界之外的开环实体。

【例3-8】利用在外剪除方式剪裁实体。操作步骤如下：

01　单击"草图"工具选项卡中的　／　（直线）按钮，绘制三条交叉的直线。

02 单击"草图"工具选项卡中的 ✂ （剪裁实体）按钮，在"剪裁"属性管理器中单击 ⊬ （在外剪除）按钮。

03 选择两个边界实体或一个闭环草图实体（如圆等）作为剪裁边界，再单击要剪裁的实体，完成剪裁。整个过程如图3-9所示。单击 ✅ （确定）按钮退出操作。

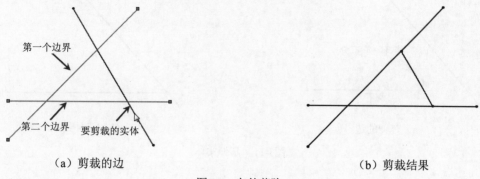

（a）剪裁的边　　　　　　　　　　（b）剪裁结果

图3-9　在外剪除

5. 剪裁到最近端

剪裁到最近端可以剪裁所选草图实体，直到与最近的其他草图实体的交叉点。

【例3-9】利用剪裁到最近端方式剪裁实体。操作步骤如下：

01 单击"草图"工具选项卡中的 ╱ （直线）按钮，绘制三条交叉的直线。

02 单击"草图"工具选项卡中的 ✂ （剪裁实体）按钮，在"剪裁"属性管理器中单击 ·⊢ （剪裁到最近端）按钮。

03 单击选择要剪裁的实体，完成剪裁。整个过程如图3-10所示。单击 ✅ （确定）按钮退出操作。

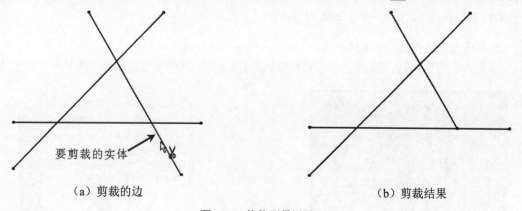

（a）剪裁的边　　　　　　　　　　（b）剪裁结果

图3-10　剪裁到最近端

3.2.2　延伸实体

"延伸实体"命令用于延伸一个草图实体至另一个草图实体，并与之相交，封闭开环草图。

【例3-10】延伸实体。操作步骤如下：

01 单击"草图"工具选项卡中的 ╱ （直线）按钮，绘制两条不交叉的直线。

02 单击"草图"工具选项卡中的 T （延伸实体）按钮，鼠标指针的形状变为 ▶T。

03 将鼠标移动至要延伸的草图实体上，预览结果按延伸实体的方向以红色显示。单击草图实体以延伸实体，如图3-11所示。

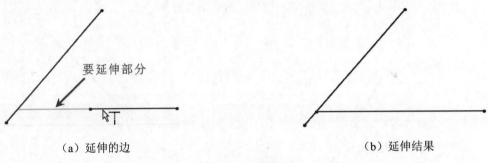

（a）延伸的边　　　　　　　　　　　　（b）延伸结果

图3-11　延伸实体

 在进行剪裁操作时，按住Shift键，将切换为延伸操作，所遇到的实体将会延伸，直到与其他草图实体相交为止。

3.3　转换实体引用

在SolidWorks中，转换实体引用是非常有效的草图实体编辑工具。该命令可以将边线、环、面、外部草图曲线、外部草图轮廓、一组边线或一组外部草图曲线投影到草图基准面上，在草图上生成一个或多个实体。

【例3-11】转换实体引用。操作步骤如下：

01 选择模型边线使其处于激活状态。

02 单击"草图"工具选项卡中的 ▣ （转换实体引用）按钮，即可完成边线的转换引用，如图3-12所示。

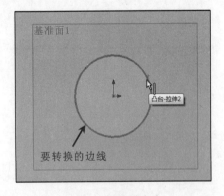
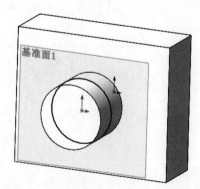

（a）选择模型边线　　　　　　　　　（b）完成边线的转换引用

图3-12　转换实体引用

 灵活使用"转换实体引用"命令可以大大加快绘制草图的速度。

3.4 等距实体

等距实体是将草图实体在法线方向上偏移相等的距离，生成一个与草图实体形状相同的草图。

【例3-12】等距实体。操作步骤如下：

01 单击"草图"工具选项卡中的 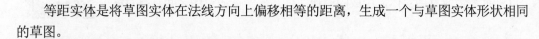（圆心/起/终点画弧）按钮，绘制一条圆弧。

02 单击"草图"工具选项卡中的 （等距实体）按钮，将特征管理器切换到"等距实体"属性管理器。

03 在属性管理器中设置 （等距距离）为10mm，单击选择要等距的圆弧。单击 （确定）按钮，完成等距实体的绘制。整个过程如图3-13所示。

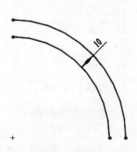

（a）"等距实体"属性管理器　　　　（b）选择实体　　　　（c）等距实体效果

图3-13 等距实体

 按住鼠标左键并在图形区域中拖动指针，可动态预览等距效果。当释放鼠标时，等距实体即可完成。

在"等距实体"属性管理器中勾选"构造几何体"下的"基本几何体"复选框，可以将原有草图实体转换到构造中心线，如图3-14所示。勾选"偏移几何体"复选框，可以将偏移出的草图转换为构造中心线。

"顶端加盖"与"双向"和"构造几何体"同时使用，会添加顶盖来延伸非相交草图实体，可以生成圆弧或直线作为延伸顶盖类型，如图3-15所示。

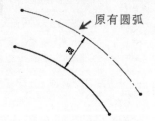

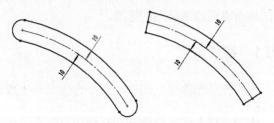

图 3-14 转换到构造中心线　　　　　　图 3-15 延伸顶盖类型

 如果原始实体改变，则等距实体生成的曲线会随之改变。

3.5 镜像实体

SolidWorks可以沿直线镜像草图实体，生成的镜像实体与原实体的草图之间具有对称关系。

【例3-13】镜像实体。操作步骤如下：

01 单击"草图"工具选项卡中的 ∿（样条曲线）按钮，绘制一条样条曲线；单击 ∕（中心线）按钮绘制一条中心线。

02 单击"草图"工具选项卡中的 ⵌ（镜像实体）按钮，将特征管理器切换到"镜像"属性管理器。

03 在"要镜像的实体"选项中选择要镜像的草图实体，在"镜像轴"选项中选择直线。单击 ✔（确定）按钮，完成镜像操作。整个过程如图3-16所示。

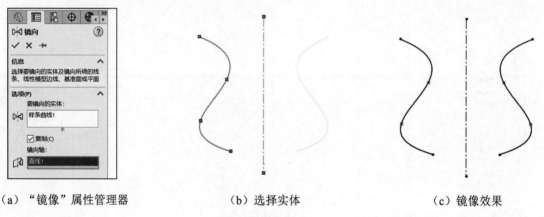

（a）"镜像"属性管理器　　　　（b）选择实体　　　　（c）镜像效果

图3-16　镜像实体

如果改变原实体，则其镜像实体也会随之改变。

3.6 阵列

对于有规律排列的草图，可以按排列规律选择线性阵列或圆周阵列来生成草图阵列，从而提高绘制草图的速度。

3.6.1 线性阵列

"线性草图阵列"用于在两个直线方向生成均匀分布的阵列。

【例3-14】线性草图阵列。操作步骤如下：

01 单击"草图"工具选项卡中的 ▱（边角矩形）按钮，在图形区域绘制一个矩形；单击 ⌐（绘制圆角）按钮，对矩形的4个角进行倒角；单击 ⊙（圆）按钮，以左上角的圆弧中心为圆心绘制圆。

02 单击"草图"工具选项卡中的 ◁（智能尺寸）按钮，对初始草图标注尺寸。

单击"草图"工具选项卡中的 （线性草图阵列）按钮，将特征管理器切换到"线性阵列"属性管理器。

04 在"方向1"选项组中选择"X-轴"，间距设置为25mm，实例数为4；在"方向2"选项组中选择"Y-轴"，间距设置为25mm，实例数设置为3；在"要阵列的实体"选项中选择圆弧。选择圆弧后会生成阵列预览。

05 单击 ✅（确定）按钮，完成阵列操作。整个过程如图3-17所示。

 在进行草图阵列时，建议勾选属性管理器中的部分复选框，以方便后期修改。

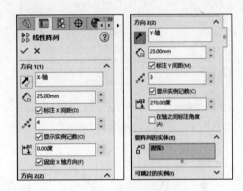

（a）属性管理器

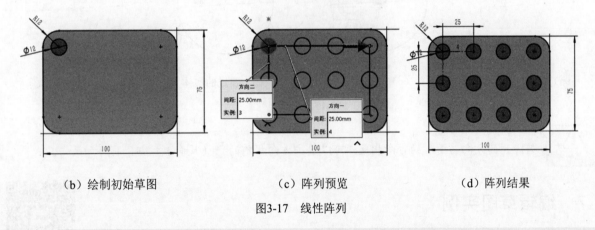

（b）绘制初始草图　　　（c）阵列预览　　　（d）阵列结果

图3-17　线性阵列

⚠️ 注意
（1）若阵列的方向与要求的方向相反，用户可以单击方向栏前的 🔄（反向）按钮，将阵列反向。
（2）使用草图阵列完成的草图是欠定义的。因此，在建立有规律排列的特征时，建议使用"线性阵列"特征。

3.6.2　圆周阵列

"圆周草图阵列"是绕轴线旋转生成圆周状态分布的阵列。

【例3-15】圆周草图阵列。操作步骤如下：

01 单击"草图"工具选项卡中 ⊙（圆）按钮，在图形区域绘制两个圆，并在大圆的属性管理器中勾选"作为构造线"复选框。

02 单击"草图"工具选项卡中的 ⟨⟨ （智能尺寸）按钮，对初始草图标注尺寸。

03 单击"草图"工具选项卡中的 ❉ （圆周草图阵列）按钮，将特征管理器切换到"圆周阵列"属性管理器。

04 在参数选项组中选择大圆的中心点，设置"实例数"为6。在"要阵列的实体"选项中选择小圆，此时会出现阵列预览。

05 在"可跳过的实例"选项中选择第4个阵列实体。单击 ✔ （确定）按钮，完成阵列操作。整个过程如图3-18所示。

（a）属性管理器

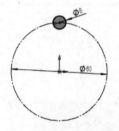  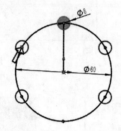 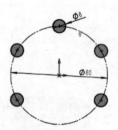

（b）绘制初始草图　　　（c）阵列预览　　　（d）跳过的实体　　　（e）阵列结果

图3-18　圆周阵列

 若阵列的方向与要求的方向相反，可以单击方向栏前的 ↻ （反向）按钮，将阵列反向。

3.7　编辑草图实例

【例3-16】 通过绘制如图3-19所示的草图熟悉草图的绘制过程。操作步骤如下：

01 新建零件文件。单击标准工具栏的 📄· （新建）按钮，系统弹出"新建SolidWorks文件"对话框，选择 🗂 （零件），单击"确定"按钮，进入零件设计环境。

02 单击"草图"工具选项卡中的 🖃 （草图绘制）按钮，系统提示选择基准面。在绘图区选择"前视基准面"，如图3-20所示，进入草图绘制界面。

03 单击"草图"工具选项卡中的 ∕ （中心线）按钮，绘制过原点的两条中心线。

 在绘制时，应尽量在绘制初始阶段就与原点建立几何关系。

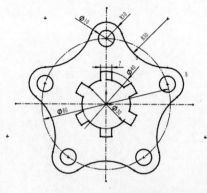

图 3-19　绘制草图

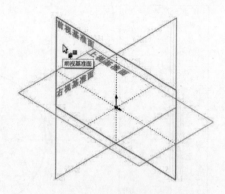

图 3-20　进入草图绘制界面

04 单击"草图"工具选项卡中的 ⊙（圆）按钮，绘制一个中心圆。单击选择圆，执行菜单栏中的 "工具"→"草图工具"→"构造几何线"命令，得到构造线。

05 单击"草图"工具选项卡中的 ⟨ （智能尺寸）按钮，添加尺寸标注，如图3-21所示。

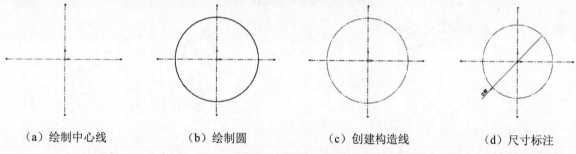

（a）绘制中心线　　　（b）绘制圆　　　（c）创建构造线　　　（d）尺寸标注

图3-21　绘制中心圆

06 单击"草图"工具选项卡中的 ⊙ （圆）按钮，在中心圆的上方绘制一个小圆，如图3-22所示。单击"草图"工具选项卡中的 ⌓（圆心/起/终点画弧）按钮，绘制圆两端的圆弧，如图3-23所示。

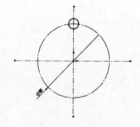

图 3-22　绘制圆

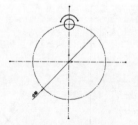

图 3-23　绘制圆弧

07 单击"草图"工具选项卡中的 ⬡（圆周草图阵列）按钮，设置阵列中心为大圆的中心点、实例数 为5，在"要阵列的实体"选项中选择圆和圆弧。单击 ✓（确定）按钮，完成阵列操作，如图3-24 所示。

08 单击"草图"工具选项卡中的 ⌓（切线弧）按钮，绘制切线弧。按住Ctrl键，依次选择刚绘制的圆 弧和切线弧，在左侧属性管理器中选择相切几何关系。

09 单击"草图"工具选项卡中的 ⬡（圆周草图阵列）按钮，设置阵列中心为大圆的中心点、实例数 为5，在"要阵列的实体"选项中选择切线弧。单击 ✓（确定）按钮，完成阵列操作，如图3-25 所示。

（a）属性管理器

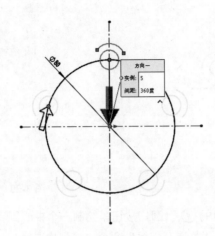

（b）预览

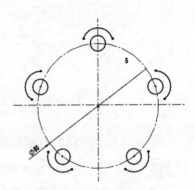

（c）完成阵列

图3-24　圆和圆弧的圆周阵列

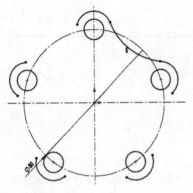

（a）绘制切线弧

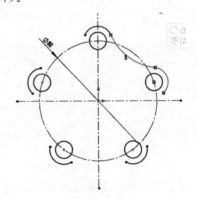

（b）选择圆弧和切线弧

（c）属性管理器

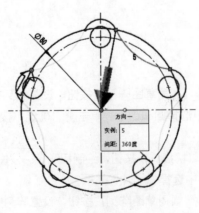

（d）预览

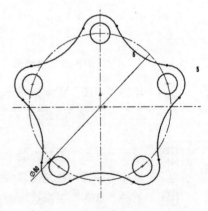

（e）完成阵列

图3-25　圆弧和切线弧的圆周阵列

10 单击"草图"工具选项卡中的 ✎ (智能尺寸) 按钮，添加如图3-26所示的尺寸标注。观察发现在完成尺寸标注后，圆周阵列中心和草图原点不再重合。

11 按住Ctrl键，依次选择圆周阵列中心和草图原点，在左侧属性管理器中选择重合几何关系，如图3-27所示，此时草图完全定义。

12 单击"草图"工具选项卡中的 ⊙ (圆) 按钮，绘制如图3-28所示的圆。单击"草图"工具选项卡中的 ✎ (智能尺寸) 按钮，添加如图3-29所示的尺寸标注。

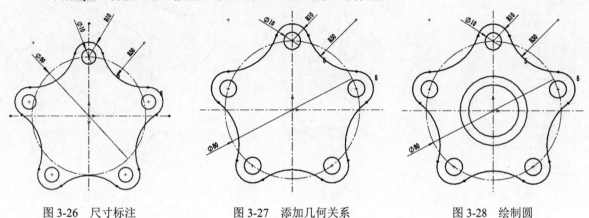

图 3-26　尺寸标注　　　　　图 3-27　添加几何关系　　　　　图 3-28　绘制圆

13 单击"草图"工具选项卡中的 ╱ (直线) 按钮，绘制如图3-30所示的直线。

14 按住Ctrl键，依次选择刚刚绘制的直线和中心线，在左侧属性管理器中选择对称几何关系。单击"草图"工具选项卡中的 ✎ (智能尺寸) 按钮，添加如图3-31所示的尺寸标注。

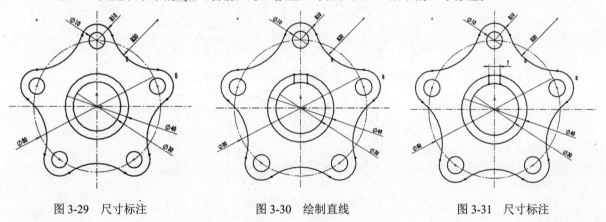

图 3-29　尺寸标注　　　　　图 3-30　绘制直线　　　　　图 3-31　尺寸标注

15 单击"草图"工具选项卡中的 ✿ (圆周阵列) 按钮，设置阵列中心为大圆的中心点，在"实例数"文本框中输入"4"，在"要阵列的实体"选项中选择两条直线。单击 ✔ (确定) 按钮，完成阵列操作，如图3-32所示。

阵列后的实体是欠定义的。

16 单击"草图"工具选项卡中的 ✂ (剪裁实体) 按钮，选择 ⍾ (强劲剪裁) 按钮，按住鼠标，在要剪裁的实体上拖动，凡是光标触及的实体都会被剪裁，或者单击鼠标将选中部分删除，如图3-33所示。

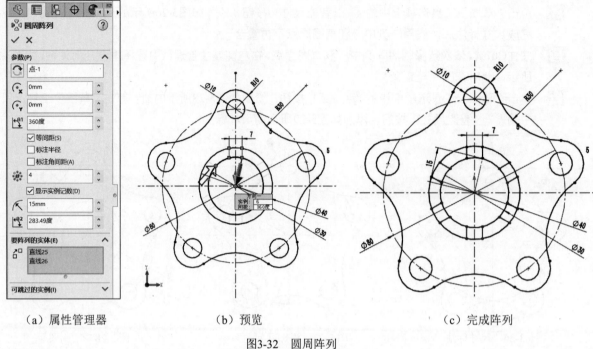

（a）属性管理器　　　　　　　（b）预览　　　　　　　（c）完成阵列

图3-32　圆周阵列

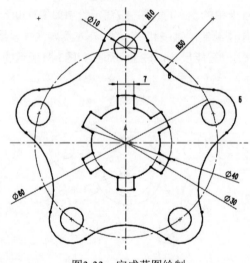

图3-33　完成草图绘制

17 单击绘图区右上角"草图确认区"的 ↳ （退出草图）按钮。

18 单击标准工具栏中的 ▤ （保存）按钮，弹出"另存为"对话框，设置保存路径为"素材文件\Char03"、文件名为"编辑草图实例"，单击"保存"按钮。

3.8　本章小结

通过本章的学习，读者不仅可以熟练应用SolidWorks的草图工具绘制草图，还可以使用系统提供的编辑草图工具，快速、精确地绘制图形。

3.9　自主练习

（1）使用草图绘制实体和编辑草图工具绘制如图3-34所示的草图。

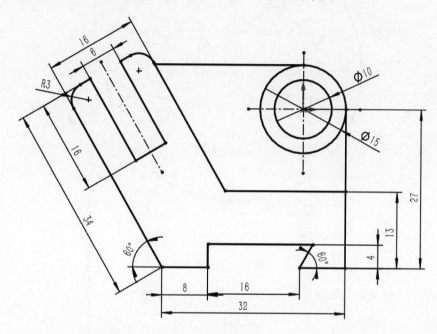

图3-34　自主练习1

（2）使用草图绘制实体和编辑草图工具绘制如图 3-35 所示的草图。

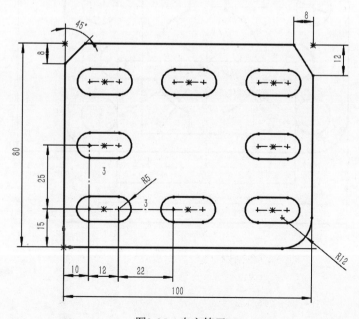

图3-35　自主练习2

（3）使用草图绘制实体和编辑草图工具绘制如图 3-36 所示的草图。

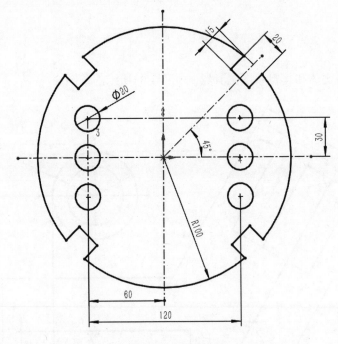

图3-36　自主练习3

（4）使用草图绘制实体和编辑草图工具绘制如图3-37所示的草图。

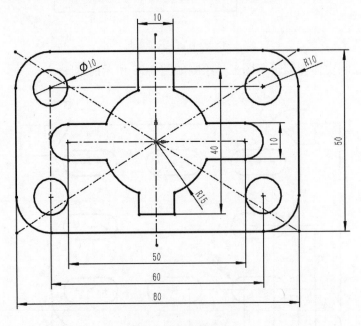

图3-37　自主练习4

第4章

拉伸与旋转

　　草图绘制是建立三维几何模型的基础。SolidWorks的核心功能是零件的三维建模，其建模工具包括特征造型和曲面设计等。零件模型由各种特征生成，零件的设计过程就是特征的相互组合、叠加、切割和减除的过程。

　　特征可以分为基本特征、附加特征和参考几何体。基本特征又包括拉伸、旋转、扫描和放样等。这些基本特征大部分是在草图的基础上形成的，因此又称为基于草图的特征。本章主要讲解拉伸特征和旋转特征的建立方法。

学习目标

❖　了解SolidWorks特征建模的思路。

❖　熟练设置拉伸特征和旋转特征的参数。

❖　熟练使用拉伸特征和旋转特征创建三维模型。

4.1　拉伸凸台/基体

　　拉伸凸台/基体是将草图沿着一个或两个方向延伸一定距离生成的特征，是SolidWorks特征中最常用的建模特征。建立拉伸特征需要给定拉伸特征的有关要素，即草图轮廓、拉伸方向、"从"下拉列表和"方向1"下拉列表。拉伸操作可以应用于创建基体、凸台、切除、薄壁或曲面特征。

4.1.1　基本操作

　　拉伸得到的实体具有相同的截面。调用"拉伸凸台/基体"命令有以下3种方式。

　　（1）单击"特征"工具选项卡中的 🔲 （拉伸凸台/基体）按钮。

　　（2）执行菜单栏中的"插入"→凸台/基体→ 🔲 （拉伸）命令。

　　（3）退出草图后，按S键，在快捷工具栏中选择 🔲 （拉伸凸台/基体）命令。

　　其他特征工具的调用方式和拉伸命令类似，后续将不再赘述。

【例4-1】 拉伸特征。操作步骤如下：

01 新建零件模型。单击标准工具栏的 ▢·（新建）按钮，系统弹出"新建SolidWorks文件"对话框，选择 ▦（零件）。单击"确定"按钮，进入零件设计环境。

02 单击"草图"工具选项卡中的 ▭（草图绘制）按钮，在绘图区选择"前视基准面"。进入草图绘制界面，绘制圆，如图4-1所示。

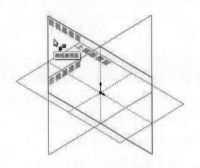
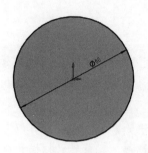

（a）选择"前视基准面"   （b）绘制圆

图4-1　绘制草图

03 单击"特征"工具选项卡中的 ▦（拉伸凸台/基体）按钮，将特征管理器切换到"凸台-拉伸"属性管理器。同时绘图区切换为等轴测视图。

04 设置属性管理器选项。在"从"下拉列表中选择"草图基准面"，默认为沿一个方向拉伸，在"方向"下拉列表中选择"给定深度"，拉伸方向默认为垂直于草图轮廓，深度设置为20mm，所选轮廓默认为"封闭区域"。

05 单击 ✔（确定）按钮，完成零件模型的绘制，如图4-2所示。

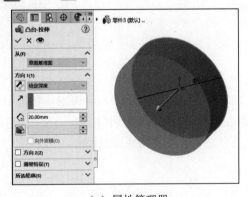

（a）属性管理器   （b）零件模型

图4-2　凸台-拉伸

读者也可以在图形区中通过控标操作"给定深度"的拉伸类型。

（1）在绘图区草图绘制平面的两侧各有一个立体实心箭头——控标，如图4-3所示。

（2）当光标移近一个方向箭头时，该箭头变为橙色。单击并移动鼠标，拉伸结果预览随光标的移动而变化，绘图区显示当前拉伸深度。在对应的拉伸深度输入框中的数字随着光标的移动而改变，如图4-4所示。

图4-3 控标

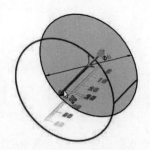

图4-4 拉伸结果预览

4.1.2 特征属性

下面以圆柱拉伸为例介绍"凸台/拉伸"属性管理器中的选项。

1. 开始条件

拉伸开始条件包括"草图基准面""曲面/面/基准面""顶点"和"等距"4种，效果如图4-5所示。

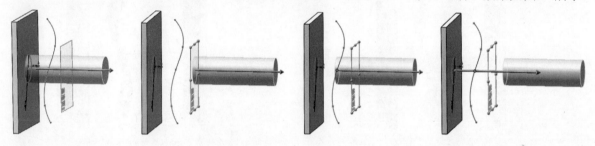

（a）从草图基准面　　　　（b）从曲面/面/基准面　　　　（c）选择一个顶点　　（d）输入与草图基准面间的距离

图4-5 拉伸开始条件

2. 终止条件

拉伸终止条件包括"给定深度""完全贯穿""成形到下一面""成形到顶点""成形到面""到离指定面指定的距离""成形到实体""两侧对称""完全贯穿−两者"9种类型，其中前8种类型的效果如图4-6所示。

 成形到下一面不包括基准面，读者需要注意观察与其余各图的区别。

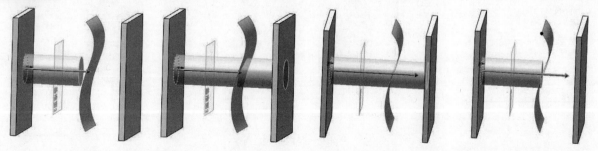

（a）给定深度　　　　（b）完全贯穿　　　　（c）成形到下一面　　　　（d）成形到顶点

图4-6 拉伸终止条件

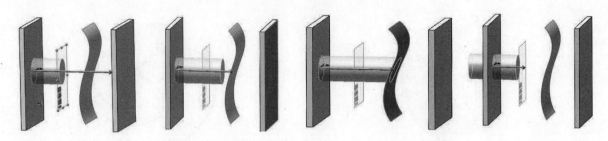

（e）成形到面　　　（f）到离指定面指定的距离　　　（g）成形到实体　　　（h）两侧对称

图4-6　拉伸终止条件（续）

在"到离指定面指定的距离"中需要注意以下两点：

（1）勾选"反向等距"复选框，可以改变指定距离的方向，如图4-7所示。

（2）勾选"转化曲面"复选框，可以拉伸到与曲面指定的距离，并且终止面与曲面相同，如图4-8所示。

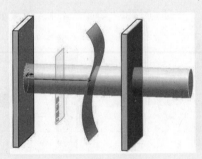

图 4-7　指定距离的方向

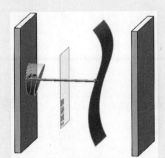

图 4-8　转化曲面

3．拔模开/关选项

该选项适应于拉伸时需要拉伸处具有拔模角度的实体特征，单击"凸台/拉伸"属性管理器中的 （拔模开/关）按钮，在"拔模角度"框中输入角度值，单击 （确定）按钮，即可得到拉伸实体，如图4-9所示。

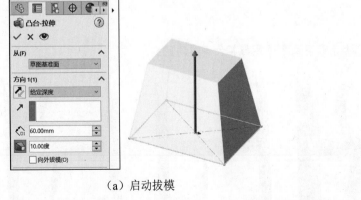

（a）启动拔模

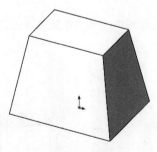

（b）拉伸实体

图4-9　向内拔模

当需要向外拔模，即拉伸特征的截面越来越大时，可以勾选"向外拔模"复选框，单击 （确定）按钮，即可得到拉伸实体，如图4-10所示。

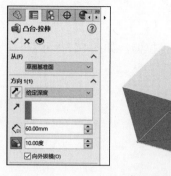

（a）启动拔模　　　　　　　　　　　　（b）拉伸实体

图4-10　向外拔模

4．双向拉伸选项

草图可以同时向两个不同的方向拉伸不同的厚度。勾选"凸台-拉伸"属性管理器中的"方向2"复选框，可以进行第二个方向的拉伸选项设置，如图4-11所示。

5．薄壁特征

SolidWorks可以对闭环和开环草图进行薄壁拉伸，生成拉伸薄壁特征。勾选"凸台-拉伸"属性管理器中的"薄壁特征"复选框，在"拉伸类型"下拉列表框中指定拉伸薄壁特征的方式，在厚度框中输入薄壁的厚度。

默认情况下，壁厚加在草图轮廓的外侧。单击 （反向）按钮可以将壁厚加在草图轮廓的内侧。勾选"顶端加盖"复选框，为拉伸的薄壁特征顶端加盖，生成一个中空的模型，如图4-12所示。

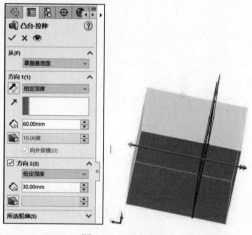

图4-11　双向拉伸

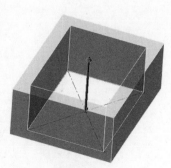
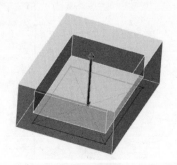

（a）壁厚加在草图轮廓的外侧　　　　　　　　　（b）薄壁特征顶端加盖

图4-12　薄壁特征

如果草图是开环系统，则只能生成薄壁特征。

6. 所选轮廓

当草图轮廓复杂时，SolidWorks允许选择草图轮廓中的部分轮廓进行拉伸，如图4-13所示。

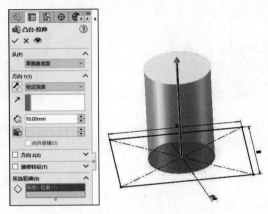

图4-13　所选轮廓

4.2　拉伸切除特征

拉伸切除是采用拉伸的方法去除原来实体的部分材料的特征造型方法。"拉伸切除"的操作方法与"拉伸凸台/基体"基本相同。

【例4-2】拉伸切除特征。操作步骤如下：

01 在特征树上选中一个已有的草图，或者选定某零件的一个平面绘制一个草图。

02 单击"特征"工具选项卡中的 ▦（拉伸切除）按钮，将特征管理器切换到"切除－拉伸"属性管理器，同时在图形区显示"拉伸切除"预览。

03 设置"切除－拉伸"属性管理器选项，此处设置拉伸类型为从"草图基准面"，设置"方向1"为"完全贯穿"。

04 单击 ✔（确定）按钮，得到零件模型，如图4-14所示。

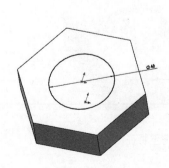

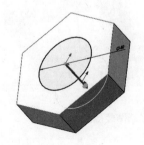
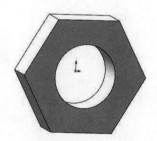

（a）绘制草图　　　　（b）属性管理器　　　　（c）预览　　　　（d）切除－拉伸效果

图4-14　切除－拉伸

如果用户选中"反侧切除"复选框，则将生成反侧切除特征，如图4-15所示。

图4-15 反侧切除

4.3 旋转凸台/基体

旋转特征是由草图轮廓绕中心线旋转一定角度而成的一类特征，适用于构造回转体零件。建立旋转特征必须给定旋转特征的有关要素，即草图、旋转轴和旋转类型。旋转特征包括旋转基体、凸台、旋转切除、薄壁或曲面。

4.3.1 基本操作

【例4-3】旋转特征。操作步骤如下：

01 单击"草图"工具选项卡中的 ⬛ （草图绘制）按钮，选择草图平面，绘制一条中心线和旋转轮廓。

02 单击"特征"工具选项卡中的 ⬤ （旋转凸台/基体）按钮，将特征管理器切换到"旋转"属性管理器，同时绘图区切换为等轴测视图。

03 设置属性管理器选项。设置旋转轴为中心线、旋转类型为"给定深度"，从草图基准面开始旋转"360度"，所选轮廓默认为"封闭区域"。

04 单击 ✅ （确定）按钮，即可得到零件模型，如图4-16所示。

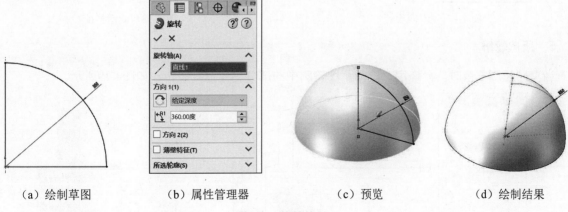

（a）绘制草图　　（b）属性管理器　　（c）预览　　（d）绘制结果

图4-16 旋转特征

4.3.2 特征属性

下面以圆柱旋转为例介绍"旋转"属性管理器中的选项。

1．旋转轴

旋转轴可以是中心线、直线或实体边线。

2．选择"旋转类型"

在"方向1"的下拉列表框中选择"旋转类型"，包括给定深度、成形到顶点、成形到面、到离指定面指定的距离、两侧对称。

 旋转方向默认为从草图基准面顺时针旋转。

3．双向旋转选项

草图可以同时向两个不同的方向旋转不同的角度。勾选"旋转"属性管理器中的"方向2"复选框，可以进行第二个方向的旋转选项设置，如图4-17所示。

4．薄壁特征

SolidWorks 可以对开环草图进行薄壁旋转，生成旋转薄壁特征。

勾选"旋转"属性管理器中的"薄壁特征"复选框，在"旋转类型"下拉列表框中指定旋转薄壁特征的方式，在厚度框中输入薄壁的厚度，生成一个中空的模型，如图4-18所示。

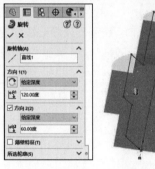

图 4-17　双向旋转

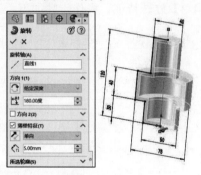

图 4-18　薄壁特征

5．所选轮廓

当草图轮廓复杂时，允许用户选择草图轮廓中的部分轮廓进行旋转，如图4-19所示。

（a）属性管理器

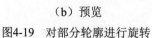

（b）预览

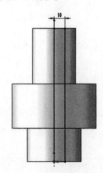

（c）轮廓旋转

图4-19　对部分轮廓进行旋转

草图轮廓不能与旋转轴交叉。

4.4　旋转切除特征

"旋转切除"是绕某一中心线旋转草图,对已有实体特征去除材料的特征造型方法。"旋转切除"的操作方法与"旋转凸台/基体"基本相同。

【例4-4】旋转切除特征。操作步骤如下:

01 在特征树上选中一个已有的草图,或者选定某一平面绘制一个草图。

02 单击"特征"工具选项卡中的 (旋转切除)按钮,将特征管理器切换到"切除−旋转"属性管理器。

03 设置"切除−旋转"属性管理器选项,设置"方向1"的旋转类型为"给定深度",旋转角度为360度,同时在图形区显示"旋转切除"预览。

04 单击 (确定)按钮,得到零件模型,如图4-20所示。

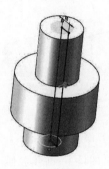

（a）属性管理器　　　　　　　（b）预览　　　　　　　（c）轮廓旋转

图4-20　旋转切除

4.5　拉伸和旋转特征实例

4.5.1　拉伸特征实例

【例4-5】创建如图4-21所示的拉伸特征实体。操作步骤如下:

01 新建零件模型。单击标准工具栏的 (新建)按钮,系统弹出"新建SolidWorks文件"对话框,选择 (零件)。单击"确定"按钮,进入零件设计环境。

02 单击"草图"工具栏上的 (草图绘制)按钮,在绘图区选择"上视基准面"。进入草图绘制界面,绘制如图4-22所示的草图。

03 单击"特征"工具选项卡中的 (拉伸凸台/基体)按钮,将特征管理器切换到"凸台-拉伸"属性管理器,同时绘图区切换为等轴测视图。

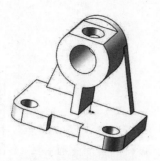

图4-21   拉伸特征实体

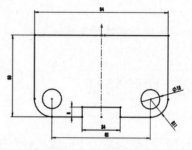

图4-22   绘制草图

04 设置属性管理器选项。在"从"下拉列表中选择"草图基准面"，默认为沿一个方向拉伸，在"方向1"下拉列表中选择"给定深度"，深度设置为10mm。

单击 ✓（确定）按钮，即可完成该阶段零件模型的绘制，如图4-23所示。

（a）属性管理器

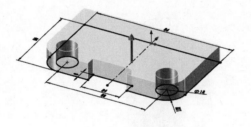

（b）预览

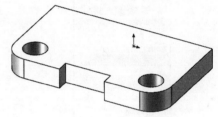

（c）零件模型

图4-23   凸台-拉伸

05 选择基体后侧面，在关联工具栏中选择"草图绘制"命令，如图4-24所示，进入草图绘制界面。

06 按空格键，在"方向"工具栏中选择 ↓（正视于），使草图平面平行于屏幕，绘制如图4-25所示的草图。

图 4-24   选择"草图绘制"命令

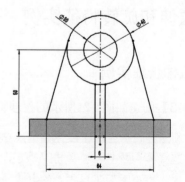

图 4-25   绘制草图

07 单击"特征"工具选项卡中的 （拉伸凸台/基体）按钮，将特征管理器切换到"凸台-拉伸"属性管理器。

08 设置属性管理器选项。在"从"下拉列表中选择"草图基准面",默认为沿一个方向拉伸,在"方向1"下拉列表中选择"给定深度",设置深度为6mm,单击 ↗ (反向)按钮,改变拉伸的方向,选择要拉伸的轮廓。

单击 ✓ (确定)按钮,即可完成该阶段零件模型的绘制,如图4-26所示。

（a）属性管理器

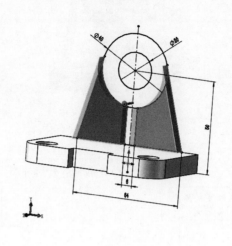

（b）预览

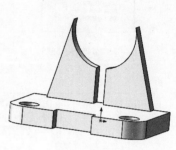

（c）零件模型

图4-26 凸台-拉伸

09 单击**08**中绘制的草图,将其激活,如图4-27所示。单击"特征"工具选项卡中的 (拉伸凸台/基体)按钮,将特征管理器切换到"凸台-拉伸"属性管理器。

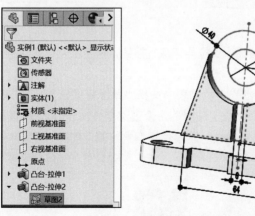

图4-27 选择上一步绘制的草图

10 设置属性管理器选项。在"从"下拉列表中选择"草图基准面",默认为沿一个方向拉伸,在"方向1"下拉列表中选择"给定深度",设置深度为32mm,单击 ↗ (反向)按钮,改变拉伸的方向,选择要拉伸的轮廓。

单击 ✓ (确定)按钮,即可完成该阶段零件模型的绘制,如图4-28所示。

11 选择凸台的前侧面,在关联工具栏中选择"草图绘制"命令,如图4-29所示,进入草图绘制界面。

12 按空格键,在"方向"工具栏中选择 ↧ (正视于),使草图平面平行于屏幕,绘制如图4-30所示的草图。

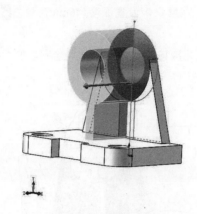
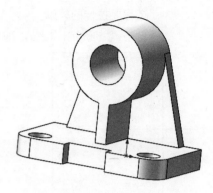

（a）属性管理器　　　　　　（b）预览　　　　　　　（c）零件模型

图4-28　凸台-拉伸

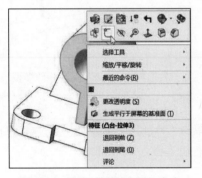
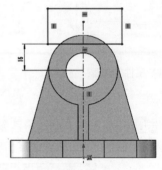

图 4-29　选择"草图绘制"命令　　　　　　　图 4-30　绘制草图

🔢 单击"特征"工具选项卡中的 ▣（拉伸切除）按钮，将特征管理器切换到"切除－拉伸"属性管
理器。

🔢 设置属性管理器选项。在"从"下拉列表中选择"草图基准面"，默认为沿一个方向拉伸切除，
在"方向1"下拉列表中选择"给定深度"，设置深度为26mm，选择要进行拉伸切除的轮廓。
单击 ✔（确定）按钮，即可完成该阶段零件模型的绘制，如图4-31所示。

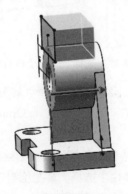
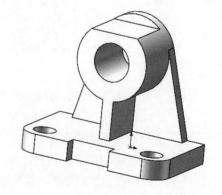

（a）属性管理器　　　　　　（b）预览　　　　　　　（c）零件模型

图4-31　切除－拉伸

15 选择凸台的顶面，在关联工具栏中选择"草图绘制"命令，如图4-32所示，进入草图绘制界面。

16 按空格键，在"方向"工具栏中选择 ⬆ (正视于)，使草图平面平行于屏幕，绘制如图4-33所示的草图。

17 单击"特征"工具选项卡中的 🔲 (拉伸切除) 按钮，将特征管理器切换到"切除－拉伸"属性管理器。

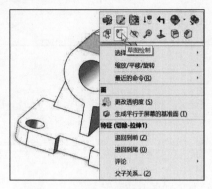

图4-32　选择"草图绘制"命令

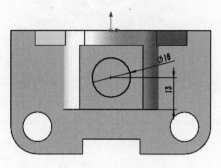

图4-33　绘制草图

18 设置属性管理器选项。在"从"下拉列表中选择"草图基准面"，默认为沿一个方向拉伸切除，在"方向1"下拉列表中选择"成形到下一面"，选择要进行拉伸切除的轮廓。

单击 ✅ (确定) 按钮，完成拉伸特征实例的创建，如图4-34所示。

（a）属性管理器

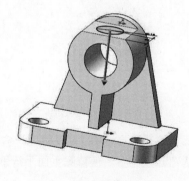

（b）预览

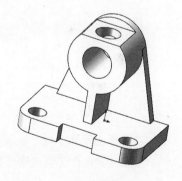

（c）零件模型

图4-34　切除－拉伸

19 单击标准工具栏中的 🖫 (保存) 按钮，弹出"另存为"对话框，设置保存路径为"素材文件\Char04"、文件名为"实例1"，单击"保存"按钮。

4.5.2　旋转特征实例

【例4-6】创建如图4-35所示的特征实体。操作步骤如下：

01 新建零件模型。单击标准工具栏的 📄 (新建) 按钮，系统弹出"新建SolidWorks文件"对话框，选择 🗁 (零件)。单击"确定"按钮，进入零件设计环境。

02 单击"草图"工具栏上的 ▢ （草图绘制）按钮，在绘图区选择"前视基准面"。进入草图绘制界面，绘制如图4-36所示的草图。

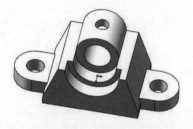

图4-35　特征实体

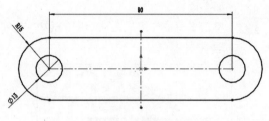

图4-36　绘制草绘

03 单击"特征"工具选项卡中的 ▤ （拉伸凸台/基体）按钮，将特征管理器切换到"凸台-拉伸"属性管理器，同时绘图区切换为等轴测视图。

04 设置属性管理器选项。在"从"下拉列表中选择"草图基准面"，默认为沿一个方向拉伸，在"方向1"下拉列表中选择"给定深度"，设置深度为10mm。

单击 ✓ （确定）按钮，即可完成该阶段零件模型的绘制，如图4-37所示。

（a）属性管理器

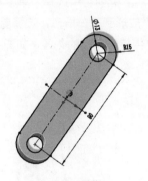

（b）预览

（c）零件模型

图4-37　凸台-拉伸

05 选择上视基准面，在关联工具栏中选择 ▢ （草图绘制）命令，进入草图绘制界面。按空格键，在"方向"工具栏中选择 ⚓ （正视于），使草图平面平行于屏幕，绘制如图4-38所示的草图。

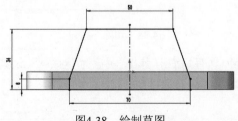

图4-38　绘制草图

06 单击"特征"工具选项卡中的 ▤ （拉伸凸台/基体）按钮，将特征管理器切换到"凸台-拉伸"属性管理器。

07 设置属性管理器选项。在"从"下拉列表中选择"草图基准面"，默认为沿一个方向拉伸，在"方向1"下拉列表中选择"两侧对称"，设置深度为50mm，选择要拉伸的轮廓。

单击 （确定）按钮，即可完成该阶段零件模型的绘制，如图4-39所示。

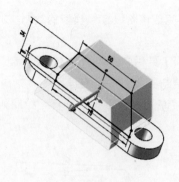
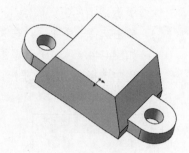

（a）属性管理器　　　　　　　　（b）预览　　　　　　　　（c）零件模型

图4-39　凸台-拉伸

08 选择右视基准面，在关联工具栏中选择 □（草图绘制）命令，进入草图绘制界面。按空格键，在"方向"工具栏中选择 ↓（正视于），使草图平面平行于屏幕，绘制如图4-40所示的草图。

09 单击"特征"工具选项卡中的 ◑（旋转凸台/基体）按钮，将特征管理器切换到"旋转"属性管理器。

10 设置属性管理器选项。设置旋转轴为中心线、旋转类型为"两侧对称"，从草图基准面开始旋转180度，所选轮廓默认为"封闭区域"。

单击 ✅（确定）按钮，即可完成该阶段零件模型的绘制，如图4-41所示。

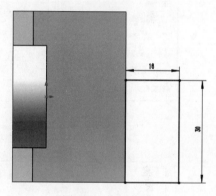

图4-40　绘制草图

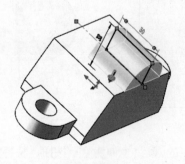
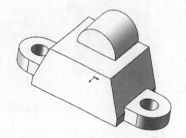

（a）属性管理器　　　　　　　　（b）预览　　　　　　　　（c）零件模型

图4-41　旋转

11 选择右视基准面，在关联工具栏中选择 □（草图绘制）命令，进入草图绘制界面。按空格键，在"方向"工具栏中选择 ↓（正视于），使草图平面平行于屏幕，绘制如图4-42所示的草图。

12 单击"特征"工具选项卡中的 ◑（旋转切除）按钮，将特征管理器切换到"切除－旋转1"属性管理器。

13 设置"切除－旋转1"属性管理器选项。设置"方向1"的旋转类型为"给定深度"、旋转角度为360度，同时在图形区显示"旋转切除"预览。

单击 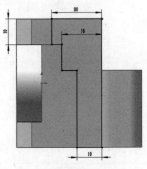（确定）按钮，即可完成该阶段零件模型的绘制，如图4-43所示。

14 单击选择一个平面，在关联工具栏中选择 □（草图绘制）命令，如图4-44所示，进入草图绘制界面。按空格键，在"方向"工具栏中选择 ↨（正视于），使草图平面平行于屏幕，绘制如图4-45所示的草图。

图4-42　绘制草图

（a）属性管理器

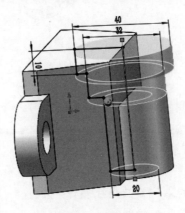

（b）预览

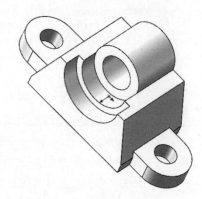

（c）零件模型

图4-43　切除－旋转

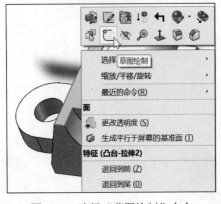

图 4-44　选择"草图绘制"命令

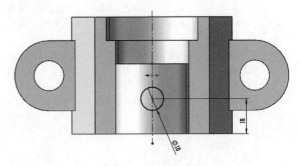

图 4-45　绘制草图

15 单击"特征"工具选项卡中的 □（拉伸切除）按钮，将特征管理器切换到"切除－拉伸1"属性管理器。

16 设置"切除－拉伸1"属性管理器选项。在"从"下拉列表中选择"草图基准面"，在"方向1"下拉列表中选择"完全贯穿"，单击 ↗（方向）按钮，改变拉伸的方向。

单击 ✓（确定）按钮，得到零件模型，如图4-46所示，完成模型的建立。

17 单击标准工具栏中的 ■（保存）按钮，弹出"另存为"对话框，设置保存路径为"素材文件\Char04"，文件名为"实例2"，单击"保存"按钮。

（a）属性管理器　　　　　　　（b）预览　　　　　　　（c）零件模型

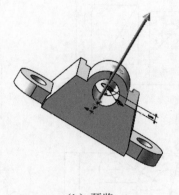
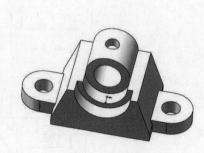

图4-46　切除一拉伸

4.6　本章小结

通过本章的学习，读者可以了解SolidWorks基于草图的特征建模思路，熟练应用SolidWorks的拉伸和旋转建模工具建立简单的三维零件模型。

4.7　自主练习

（1）使用拉伸和旋转特征建立如图4-47所示的模型。

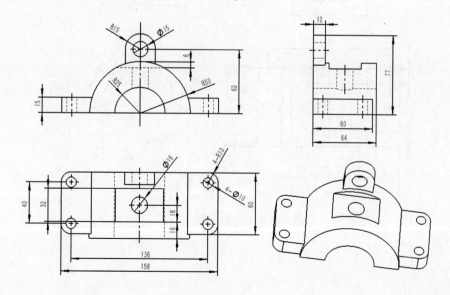

图4-47　自主练习1

（2）使用拉伸和旋转特征建立如图4-48所示的模型。

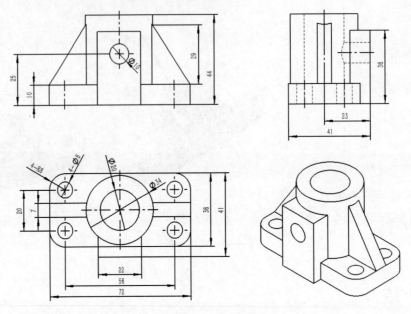

图4-48　自主练习2

（3）使用拉伸和旋转特征建立如图4-49所示的模型。

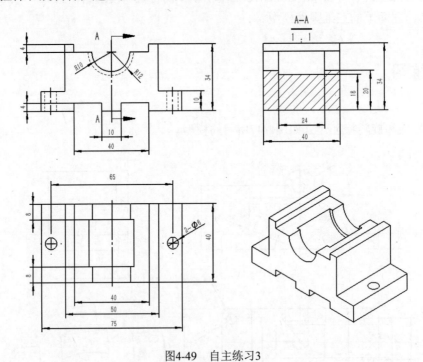

图4-49　自主练习3

第 5 章

扫描与放样

5

　　扫描特征是一截面轮廓（草图）沿着一条路径从起点移动到终点形成的特征，可以是基体、凸台、切除实体或曲面，常用于建立形状较为复杂且不规则的形体。放样特征是通过在两个或多个轮廓之间进行过渡生成的特征，可以是基体、凸台或曲面。本章主要讲解扫描特征和放样特征的建立方法。

学习目标

❖　熟练设置扫描特征和放样特征的参数。
❖　熟练使用扫描特征和放样特征创建三维模型。

5.1　扫描特征

　　扫描是将一个草图轮廓沿着一条路径移动来生成特征的过程，包括简单扫描和引导线扫描。

5.1.1　扫描规则

1. 扫描轮廓——使用草图定义扫描特征的截面

　　（1）对于实体扫描，草图轮廓必须是闭环的；对于曲面扫描，草图轮廓既可以是闭环的，也可以是开环的。

　　（2）扫描轮廓要单独画在一张草图上。

　　（3）草图可以是嵌套或分离的，但不能违背零件和特征的定义。

　　（4）扫描截面的轮廓尺寸不能过大，否则可能导致扫描特征的交叉情况。

2. 扫描路径——轮廓运动的轨迹

　　（1）扫描路径只能有一条，可以为开环的或闭环的。

　　（2）扫描路径可以是一幅草图中包含的一条曲线、一组草图曲线或一组模型边线（首尾相连）。

　　（3）路径的起点必须位于轮廓的基准面上，或穿过基准面。

　　（4）不论是扫描轮廓、路径或所形成的实体，都不允许自相交叉。

3．引导线

（1）引导线要画在单独的草图上，可以是草图曲线、模型边线或曲线。建议先画路径和引导线，再画轮廓。

（2）引导线必须和截面草图相交于一点。轮廓上的点最好与引导线有穿透关系，而不是简单的重合关系。

（3）使用引导线的扫描以最短的引导线或扫描路径为准（最短原则），因此引导线应该比扫描路径短，这样便于对截面进行控制。

5.1.2　简单扫描

简单扫描用来生成等截面的实体或曲面，仅由截面轮廓和路径来控制，路径控制轮廓的轨迹和方向。

【例5-1】扫描特征。操作步骤如下：

01 新建零件模型。单击标准工具栏中的 ▢ ·（新建）按钮，系统弹出"新建SolidWorks文件"对话框，选择 ◈ （零件）。单击"确定"按钮，进入零件设计环境。

02 绘制扫描路径。单击"草图"工具栏上的 ▭ （草图绘制）按钮，在绘图区选择"前视基准面"，如图5-1（a）所示。

03 进入草图绘制界面，利用 Ν （样条曲线）命令绘制草图，作为扫描路径，如图5-1（b）所示。单击 ↳ （退出草图）命令。

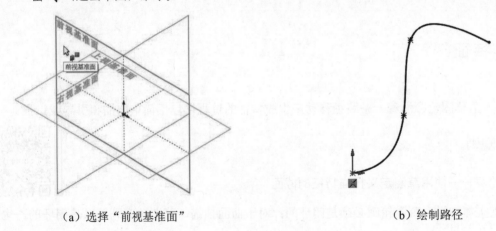

　　（a）选择"前视基准面"　　　　　　　　　　　　　　（b）绘制路径

图5-1　绘制草图（路径）

04 绘制截面草图。在特征管理器中选择"右视基准面"，在关联工具栏中选择 ▱ （草图绘制）命令。按空格键，在"方向"工具栏中选择 ⬚ （正视于），使草图平面平行于屏幕，绘制草图，作为轮廓草图，如图5-2（a）所示。

05 添加几何关系。按住Ctrl键选择扫描路径和圆心，在关联工具栏中选择 ✏ （使穿透）几何关系，如图5-2（b）所示。单击 ↳ （退出草图）按钮。

06 单击"特征"工具选项卡中的 ✎ （扫描）按钮，将特征管理器切换到"扫描"属性管理器。

07 设置属性管理器选项。单击"轮廓"栏，在图形区域中选择要绘制的截面草图。单击"路径"栏，在图形区域中选择扫描路径。

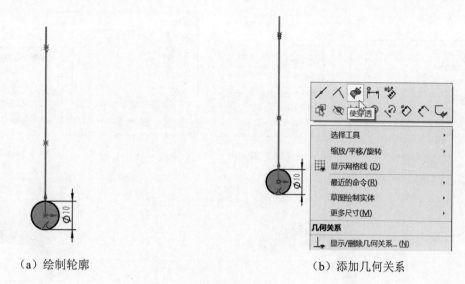

（a）绘制轮廓　　　　　　　　　　　（b）添加几何关系

图5-2　绘制草图（轮廓）

08 单击 ✔（确定）按钮，得到零件模型，如图5-3所示。

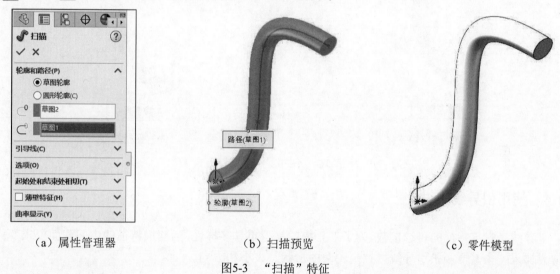

（a）属性管理器　　　　　　（b）扫描预览　　　　　　（c）零件模型

图5-3　"扫描"特征

5.1.3　扫描特征属性

扫描特征都是在"扫描"属性管理器中设定的，"扫描"属性管理器中部分选项含义如下。

（1）"轮廓和路径"选项组如图5-4（a）所示，包括 ⊂ （轮廓）与 ⊂ （路径）选项。

（2）"选项"选项组如图5-4（b）所示。其中"随路径变化"与"保持法线不变"的效果如图5-5所示。

（3）"引导线"选项组如图5-4（c）所示，包括 ⊆ （引导线）、↑（上移）和 ↓（下移）按钮、"合并平滑的面"复选框、◉ （显示截面）选项。

（4）"起始处和结束处相切"选项组如图5-4（d）所示，使得扫描垂直于起始点和结束点路径进行。

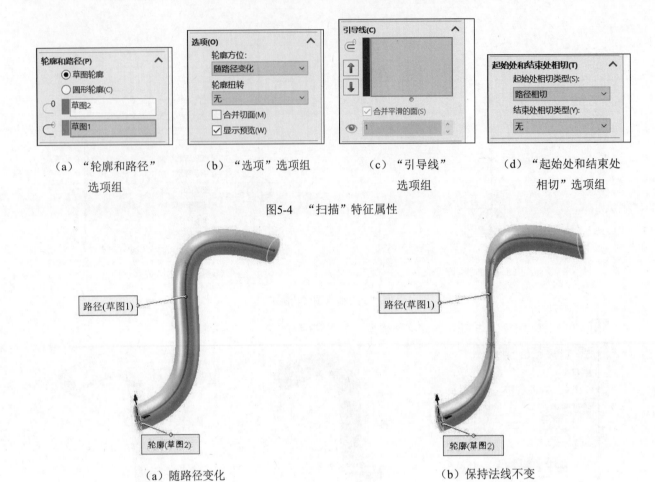

（a）"轮廓和路径"　　（b）"选项"选项组　　（c）"引导线"　　（d）"起始处和结束处
选项组　　　　　　　　　　　　　　　　　选项组　　　　相切"选项组

图5-4　"扫描"特征属性

（a）随路径变化　　　　　　　　　　　（b）保持法线不变

图5-5　不同选项设置效果

5.1.4　使用引导线扫描

引导线是扫描特征的可选参数。为了使扫描的模型更具多样性，当扫描特征的中间截面要求变化时，通常会加入一条甚至多条引导线以控制轮廓的形状、大小和方向。

"轮廓方位/扭转"选项组中与引导线相关的选项有"随路径和每一引导线变化"和"随第一和第二引导线变化"两种。一般的顺序为先画路径和引导线，再画草图轮廓。

1. 随路径和每一引导线变化

【例5-2】使用路径与一条引导线扫描。操作步骤如下：

01 新建零件模型。单击标准工具栏中的 🗋 ·（新建）按钮，系统弹出"新建SolidWorks文件"对话框，选择 🍔（零件）。单击"确定"按钮，进入零件设计环境。

02 绘制扫描引导线。单击"草图"工具栏上的 🗌（草图绘制）按钮，在绘图区选择"前视基准面"。进入草图绘制界面，绘制扫描引导线，如图5-6（a）所示。单击 ↳（退出草图）按钮。

03 绘制扫描路径。单击"草图"工具栏上的 🗌（草图绘制）按钮，在绘图区选择"前视基准面"。进入草图绘制界面，绘制扫描路径，如图5-6（b）所示。单击 ↳（退出草图）按钮。

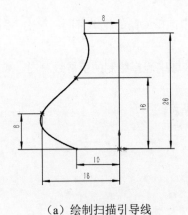

（a）绘制扫描引导线　　　　　　　　　（b）绘制扫描路径

图5-6　绘制草图

04 绘制扫描轮廓。单击"草图"工具栏上的 <u>　　</u>（草图绘制）按钮，在绘图区选择"上视基准面"，进入草图绘制界面，如图5-7（a）所示。

按空格键，在"方向"工具栏中选择 <u>　</u>（正视于），使草图平面平行于屏幕，绘制扫描轮廓，如图5-7（b）所示。

05 添加几何关系。按住Ctrl键选择"引导线"以及引导线与轮廓的交点，在关联工具栏中选择 <u>　</u>（使穿透），如图5-7（c）所示。按住Ctrl键选择"路径"和轮廓的圆心，在关联工具栏中选择 <u>　</u>（使穿透），如图5-7（d）所示。单击 <u>　</u>（退出草图）按钮。

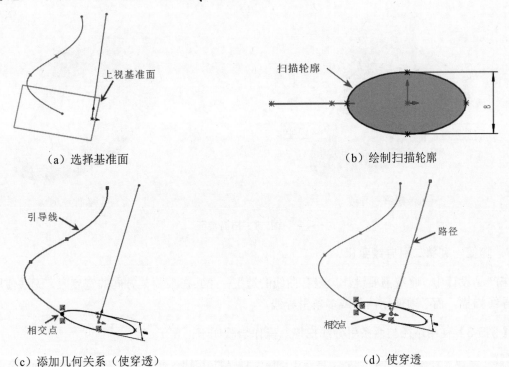

（a）选择基准面　　　　　　　　　　　（b）绘制扫描轮廓

（c）添加几何关系（使穿透）　　　　　　（d）使穿透

图5-7　绘制草图

06 单击"特征"工具选项卡中的 <u>　</u>（扫描）按钮，将特征管理器切换到"扫描"属性管理器，如图5-8（a）所示。

07　设置属性管理器选项。单击"轮廓"栏，在图形区域中选择绘制的轮廓草图；单击"路径"栏，在图形区域中选择扫描路径，如图5-8（b）所示。

08　展开"引导线"选项组，单击"引导线"栏，在图形区域中选择绘制的引导线草图，如图5-8（c）所示。

09　单击 ✔ （确定）按钮，得到零件模型，如图5-8（d）所示。

（a）属性管理器

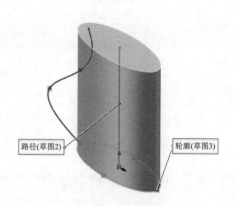

（b）选择轮廓与路径

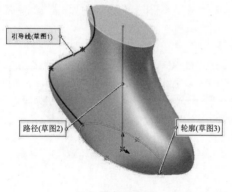

（c）选择引导线

（d）零件模型

图5-8　扫描特征

2．随第一和第二引导线变化

在产品设计中，通常需要设计一些有曲线的造型，尤其在限制某方向的宽度时，无法使用路径与一条引导线扫描，而必须使用两条或多条引导线。

【例5-3】使用路径与两条引导线扫描。操作步骤如下：

01　新建零件模型。单击标准工具栏中的 □ ▾ （新建）按钮，系统弹出"新建SolidWorks文件"对话框，选择 ● （零件）。单击"确定"按钮，进入零件设计环境。

02　绘制扫描引导线。单击"草图"工具栏上的 □ （草图绘制）按钮，在绘图区选择"前视基准面"。进入草图绘制界面，绘制第一条引导线，如图5-9（a）所示。单击 ↳ （退出草图）按钮。

03 单击"草图"工具栏上的 ▭ (草图绘制) 按钮,在绘图区选择"右视基准面"。进入草图绘制界面,绘制第二条引导线,如图5-9 (b) 所示。单击↳ (退出草图) 按钮。

04 绘制扫描路径。单击"草图"工具栏上的 ▭ (草图绘制) 按钮,在绘图区选择"前视基准面"。进入草图绘制界面,绘制扫描路径,如图5-9 (c) 所示。单击↳ (退出草图) 按钮。

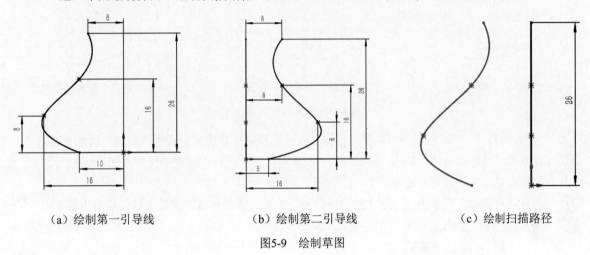

(a) 绘制第一引导线   (b) 绘制第二引导线   (c) 绘制扫描路径

图5-9 绘制草图

扫描路径的高度高于引导线。

05 绘制扫描轮廓。单击"草图"工具栏上的 ▭ (草图绘制) 按钮,在绘图区选择"上视基准面",进入草图绘制界面。按空格键,在"方向"工具栏中选择 ↧ (正视于),使草图平面平行于屏幕,绘制扫描轮廓,如图5-10所示。

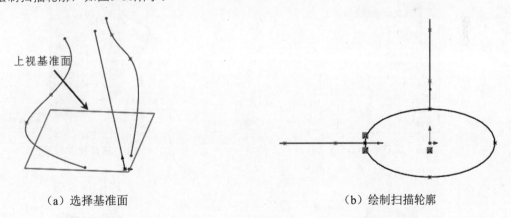

(a) 选择基准面   (b) 绘制扫描轮廓

图5-10 绘制草图

06 添加几何关系。按住Ctrl键选择"第一引导线"以及引导线与轮廓的交点,在关联工具栏中选择 🐭 (使穿透) 命令,如图5-11 (a) 所示。

按住Ctrl键选择"第二引导线"以及引导线与轮廓的交点,在关联工具栏中选择 🐭 (使穿透) 命令,如图5-11 (b) 所示。

按住Ctrl键选择"路径"和轮廓的圆心,在关联工具栏中选择 🐭 (使穿透) 命令,如图5-11 (c) 所示。单击↳ (退出草图) 按钮。

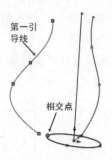

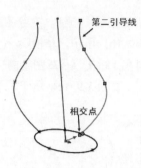

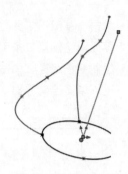

（a）"第一引导线"交点　　（b）"第二引导线"交点　　（c）"路径"和轮廓的圆心

图5-11　添加几何关系

07 单击"特征"工具选项卡中的 🖋（扫描）按钮，将特征管理器切换到"扫描"属性管理器。

08 设置属性管理器选项。单击"轮廓"栏，在图形区域中选择要绘制的轮廓草图；单击"路径"栏，在图形区域中选择扫描路径。

09 展开"引导线"选项组，单击"引导线"栏，在图形区域中选择要绘制的两条引导线草图。

10 单击 ✅（确定）按钮，得到零件模型，如图5-12所示。

（a）属性管理器

（b）选择轮廓与路径

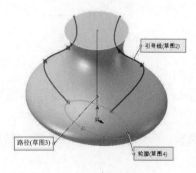

（c）选择引导线

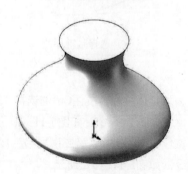

（d）零件模型

图5-12　扫描特征

5.1.5　扫描切除

扫描切除特征属于切割特征。

【例5-4】 扫描切除特征。操作步骤如下：

01 打开Ex05_07.sldprt文件，基于圆柱建立扫描切除特征，以绘制螺纹。

02 绘制扫描路径。选择草图绘制平面，在关联工具栏中选择 □ （草图绘制）命令。按空格键，在"方向"工具栏中选择 ↓ （正视于），使草图平面平行于屏幕，绘制草图，如图5-13所示。

（a）执行命令

（b）绘制的草图

图5-13　绘制草图

03 执行菜单栏中的"插入"→"曲线"→ ⊗ （螺旋线/涡状线）命令，将特征管理器切换到"螺旋线/涡状线"属性管理器。

04 设置定义方式为"螺距和圈数"，恒定螺距为2mm，勾选"反向"复选框，设置圈数为16、起始角度为180度，选中"顺时针"单选按钮。

05 单击 ✓ （确定）按钮，将绘制的螺旋线作为扫描路径，如图5-14所示。

（a）属性管理器

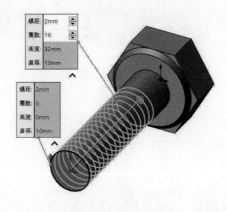
（b）螺旋线预览

（c）生成螺旋线

图5-14　创建螺旋线

06 绘制截面草图。在特征管理器中选择"上视基准面"，在关联工具栏中选择 ⬚ （草图绘制）命令。按空格键，在"方向"工具栏中选择 ⬆ （正视于），使草图平面平行于屏幕，绘制草图，作为截面草图。

07 添加几何关系。按住Ctrl键选择"扫描路径"和圆心，在关联工具栏中选择 🖌 （使穿透），单击 ↰ （退出草图）命令，如图5-15所示。

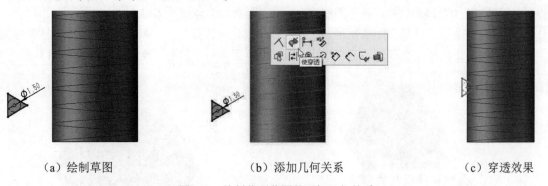

（a）绘制草图　　　　　　　（b）添加几何关系　　　　　　　（c）穿透效果

图5-15　绘制截面草图并添加几何关系

08 单击"特征"工具选项卡中的 🖍 （扫描切除）按钮，将特征管理器切换到"切除－扫描"属性管理器。

09 设置属性管理器选项。单击"轮廓"栏，在图形区域中选择要绘制的截面草图。单击"路径"栏，在图形区域中选择"螺旋线/涡状线"，并单击 ⭕ （双向）按钮。

10 单击 ✔ （确定）按钮，得到零件模型，如图5-16所示。

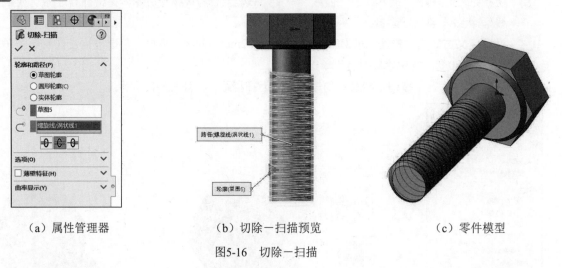

（a）属性管理器　　　　　　（b）切除－扫描预览　　　　　　（c）零件模型

图5-16　切除－扫描

5.2　放样特征

放样特征可以生成基体、凸台或曲面。此外，还可以利用引导线或中心线等参数来控制放样特征的中间轮廓形状。

5.2.1 简单放样

简单放样是通过连接轮廓生成的放样。

【例5-5】放样特征。操作步骤如下：

01 新建零件模型。单击标准工具栏中的 📄▾（新建）按钮，系统弹出"新建SolidWorks文件"对话框，选择 🧊（零件）。单击"确定"按钮，进入零件设计环境。

02 绘制轮廓草图。单击"草图"工具栏上的 ⌐（草图绘制）按钮，在绘图区选择"前视基准面"，进入草图绘制界面，绘制轮廓草图，如图5-17所示。单击 ⌐↵（退出草图）按钮。

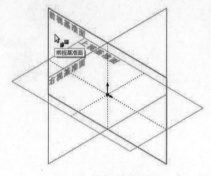

（a）选择基准面

（b）绘制草图

图5-17 创建草图

03 单击"特征"工具选项卡中的 📄（基准面）按钮，创建一个与前视基准面平行的基准面，距离设为10mm。

04 单击"草图"工具栏上的 ⌐（草图绘制）按钮，选择刚创建的基准面。进入草图绘制界面，绘制轮廓草图，如图5-18所示。单击 ⌐↵（退出草图）按钮。

（a）属性管理器

（b）创建基准面

（c）在基准面上绘制草图

图5-18 轮廓草图

05 单击"特征"工具选项卡中的 ⬛（放样凸台/基体）按钮，将特征管理器切换到"放样"属性管理器。

06 设置属性管理器选项。单击"轮廓"栏，在图形区域中分别选择绘制的截面草图1和草图2。

07 单击 ✅（确定）按钮，得到零件模型。如图5-19所示。

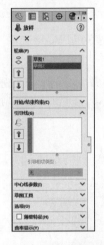

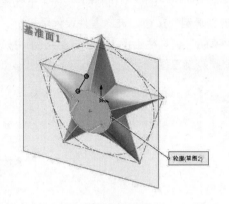

（a）属性管理器　　　　　　　　　（b）放样预览　　　　　　　　　（c）零件模型

图5-19　放样

（1）创建放样时，各轮廓选取的用于放样路径的点必须一一对应，如图5-20（a）所示；如果两个轮廓的起始对齐点相差太多，则会造成严重的扭转现象。

（2）读者也可以用点放样，但只有第一个或最后一个轮廓是点，如图5-20（b）所示。这两个轮廓也可以都是点，如图5-20（c）所示。

（a）对应点　　　　　　　　　（b）选择轮廓　　　　　　　　　（c）轮廓为点效果

图5-20　放样对比

5.2.2　放样特征属性

"放样"特征与"扫描"特征有很多相似之处，其功能也基本相同，不同之处在于放样可以添加"起始/结束约束""中心线参数"等。

下面介绍"放样"特征属性管理器中部分选项的含义。放样约束如图5-21所示。

（1）"轮廓"选项组包括 ⬡（轮廓）、⬆（上移）和 ⬇（下移）按钮。

（2）"起始/结束约束"选项组用来约束控制开始和结束轮廓相切，包括"无""方向向量""垂直于轮廓"选项。

（3）"引导线"选项组包括 ☍（引导线）、↑（上移）或↓（下移）、"引导线相切类型"等选项。

（4）"中心线参数"选项组包括 ☍（中心线）、截面数、◉（显示截面）等选项。

（5）"选项"选项组包括"合并切面""闭合放样"及"显示预览"选项。

（6）"薄壁特征"选项组。利用该选项可以选择轮廓以生成薄壁放样特征。其中"薄壁特征类型"选项用于设定薄壁特征放样的类型，包括"单向""两侧对称"及"双向"。

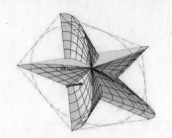 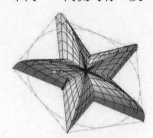 

（a）设置拔模角度和相切长度　　　　（b）垂直于轮廓　　　　（c）薄壁特征

图5-21　放样约束

5.2.3　使用引导线放样

通过使用两个或多个轮廓并使用一条或多条引导线来连接轮廓，可以生成引导线放样。轮廓可以是平面轮廓或空间轮廓。引导线可以控制截面草图的变化。

【例5-6】使用引导线放样。操作步骤如下：

01 新建零件模型。单击标准工具栏中的 ▯▾（新建）按钮，系统弹出"新建SolidWorks文件"对话框，选择 ◈（零件）。单击"确定"按钮，进入零件设计环境。

02 绘制扫描引导线。单击"草图"工具栏上的 ▭（草图绘制）按钮，在绘图区选择"前视基准面"，进入草图绘制界面，绘制第一条放样引导线，单击↩（退出草图）按钮。

03 单击"草图"工具栏上的 ▭（草图绘制）按钮，在绘图区选择"右视基准面"，进入草图绘制界面，绘制第二条放样引导线，单击↩（退出草图）按钮，如图5-22所示。

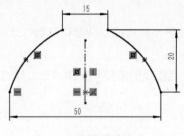 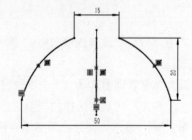

（a）放样引导线1　　　　　　　　（b）放样引导线2

图5-22　放样引导线

04 建立基准面。单击"特征"工具栏上的 ▱（基准面）按钮，将特征管理器切换到"基准面"属性管理器。设置"第一参考"选项为"上视基准面"、距离为20mm，单击 ✅（确定）按钮，建立基准面1，如图5-23所示。

（a）属性管理器

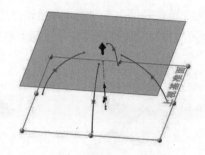

（b）选择参考基准面

图5-23　建立基准面

05 绘制放样轮廓1。单击"草图"工具栏上的 ⌐（草图绘制）按钮，在绘图区选择"上视基准面"，进入草图绘制界面，绘制草图，作为放样轮廓1。

06 绘制放样轮廓2。单击"草图"工具栏上的 ⌐（草图绘制）按钮，选择"基准面1"，进入草图绘制界面，绘制草图，作为放样轮廓2，单击 ⌐（退出草图）按钮，如图5-24所示。

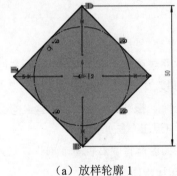

（a）放样轮廓1

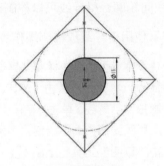

（b）放样轮廓2

图5-24　放样轮廓

07 单击"特征"工具选项卡中的 ⬛（放样凸台/基体）按钮，将特征管理器切换到"放样"属性管理器。

设置属性管理器选项。单击"轮廓"栏，在图形区域中选择绘制的放样轮廓草图。单击"引导线"栏，在图形区域中选择放样引导线，选择开环。

08 单击 ✔（确定）按钮，得到零件模型，如图5-25所示。

在利用引导线生成放样特征时，应该注意：

（1）引导线必须与轮廓相交；引导线的数量不受限制；引导线之间可以相交。

（2）引导线可以是任何草图曲线、模型边线或曲线。

（3）引导线可以比生成的放样特征长，放样将终止于最短的引导线的末端。

（a）属性管理器

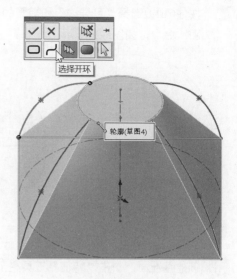

（b）选择轮廓与路径

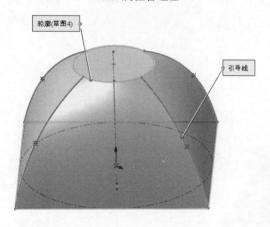

（c）预览

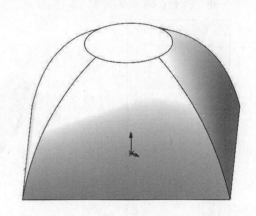

（d）零件模型

图5-25　使用引导线放样

5.2.4　使用中心线放样

使用中心线放样可以生成一个使用一条变化的引导线作为中心线的放样。所有中间截面的草图基准面都与此中心线垂直。此中心线可以是草图曲线、模型边线或曲线。

【例5-7】使用中心线放样。操作步骤如下：

01 新建零件模型。单击标准工具栏中的 （新建）按钮，系统弹出"新建SolidWorks文件"对话框，选择 （零件）。单击"确定"按钮，进入零件设计环境。

02 绘制曲线或生成曲线作为中心线。单击"草图"工具栏上的 （草图绘制）按钮，在绘图区选择"前视基准面"。进入草图绘制界面，绘制草图，作为中心线，单击 （退出草图）命令。

03 绘制放样轮廓1。单击"草图"工具栏上的 （草图绘制）按钮，在绘图区选择"上视基准面"，进入草图绘制界面。绘制椭圆草图，作为放样轮廓1。

04 按住Ctrl键选择"引导线"和椭圆的中心，在关联工具栏中选择 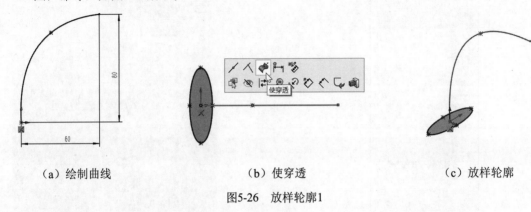（使穿透），单击 ⌐↵（退出草图）命令，如图5-26所示。

（a）绘制曲线　　　　　　（b）使穿透　　　　　　（c）放样轮廓

图5-26　放样轮廓1

05 创建基准面。单击"特征"工具栏上的 ▦（基准面）按钮，将特征管理器切换到"基准面"属性管理器。设置"第一参考"选项为样条曲线，"第二参考"选项为样条曲线上的一点。单击 ✔（确定）按钮，建立基准面，如图5-27所示。

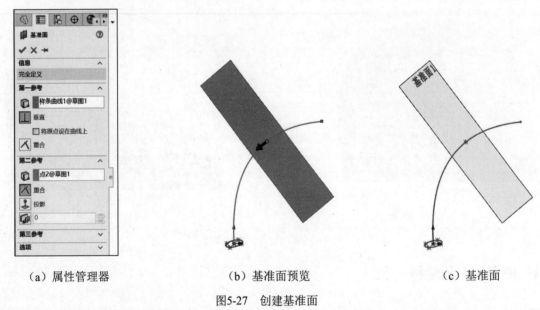

（a）属性管理器　　　　　　（b）基准面预览　　　　　　（c）基准面

图5-27　创建基准面

06 绘制放样轮廓2。单击"草图"工具栏上的 ⌐（草图绘制）按钮，在绘图区选择"基准面1"，进入草图绘制界面。绘制草图，作为放样轮廓2。

07 按住Ctrl键选择"引导线"和圆的中心，在关联工具栏中选择 (使穿透)，单击 ⌐↵（退出草图）命令，如图5-28所示。

08 单击"特征"工具选项卡中的 ▲（放样凸台/基体）按钮，将特征管理器切换到"放样"属性管理器。

09 设置属性管理器选项。单击"轮廓"栏，在图形区域中依次选择绘制的放样轮廓草图。单击"中心线参数"栏，在图形区域中选择中心线。

10 单击 ✔（确定）按钮，得到零件模型，如图5-29所示。

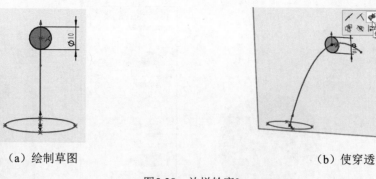

（a）绘制草图　　　　　　　　　　　　　（b）使穿透

图5-28　放样轮廓2

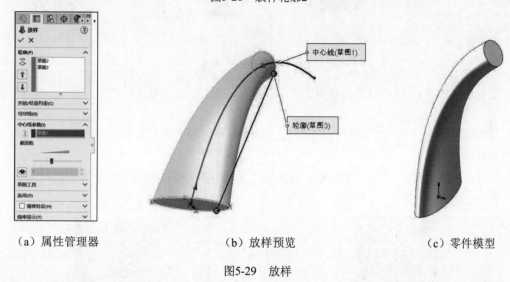

（a）属性管理器　　　　　　　（b）放样预览　　　　　　　（c）零件模型

图5-29　放样

　单击菜单栏中的"视图"→"隐藏/显示"→ ▮（基准面）命令，可将基准面隐藏。

5.2.5　放样切除

在两个或多个轮廓之间进行放样可以生成基体、凸台或曲面，也可以使用放样切除来切除实体模型。

【例5-8】放样切除特征。操作步骤如下：

01 基于上视基准面创建 $\phi 60 \times 120$mm 的圆柱体。

02 绘制放样中心线。选择圆柱上平面作为基准面，在关联工具栏中选择 ▭（草图绘制）命令。按空格键，在"方向"工具栏中选择 ↥（正视于），使草图平面平行于屏幕，绘制草图。

03 执行菜单栏中的"插入"→"曲线"→ ⫴（螺旋线/涡状线）命令，将特征管理器切换到"螺旋线/涡状线"属性管理器。

04 设置定义方式为"螺距和圈数"、恒定螺距为30mm，勾选"反向"复选框，设置"圈数"为4、"起始角度"为180度，选中"顺时针"单选按钮。

05 单击 ✅（确定）按钮，将绘制的螺旋线作为放样中心线，如图5-30所示。

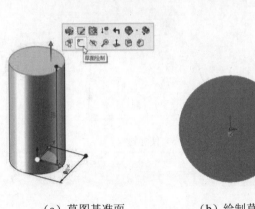
（a）草图基准面

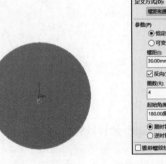
（b）绘制草图

（c）属性管理器

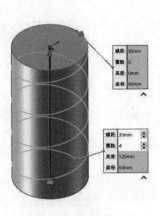
（d）中心线预览

图5-30   螺旋线/涡状线

06 绘制放样轮廓1。在特征管理器中选择"右视基准面"，在关联工具栏中选择 ▢（草图绘制）命令。

07 按空格键，在"方向"工具栏中选择 ↥（正视于），使草图平面平行于屏幕，绘制草图，作为放样轮廓1。

08 按住Ctrl键选择"中心线"和圆心，在关联工具栏中选择 🖌（使穿透），单击 ↩（退出草图）按钮，如图5-31所示。

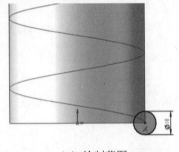
（a）绘制草图

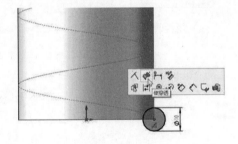
（b）使穿透

图5-31   放样轮廓1

09 绘制放样轮廓2。在特征管理器中单击选择"右视基准面"，在关联工具栏中选择 ▢（草图绘制）命令。

10 按空格键，在"方向"工具栏中选择 ↥（正视于），使草图平面平行于屏幕，绘制草图，作为放样轮廓2。

11 按住Ctrl键选择"中心线"和圆心，在关联工具栏中选择 🖌（使穿透），单击 ↩（退出草图）按钮，如图5-32所示。

12 单击"特征"工具选项卡中的 🗋（放样切除）按钮，将特征管理器切换到"切除-放样"属性管理器。

13 设置属性管理器选项。单击"轮廓"栏，在图形区域中选择绘制的截面草图。单击"中心线参数"栏，在图形区域中选择"螺旋线/涡状线"。

14 单击 ✅（确定）按钮，得到零件模型，如图5-33所示。

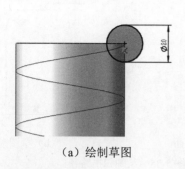

（a）绘制草图

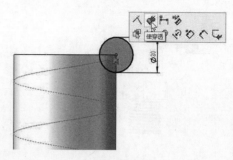

（b）使穿透

图5-32 放样轮廓2

（a）属性管理器

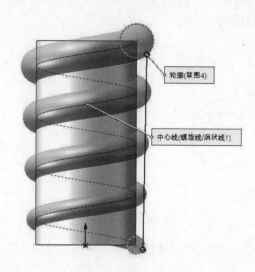

（b）切除放样预览

（c）零件模型

图5-33 切除—放样

5.3 特征操作实例

5.3.1 扫描特征实例

【例5-9】创建如图5-34所示的特征实体。操作步骤如下：

01 新建零件模型。单击标准工具栏中的 🗋·（新建）按钮，系统弹出"新建SolidWorks文件"对话框，选择 🗳（零件）。单击"确定"按钮，进入零件设计环境。

02 绘制扫描路径。单击"草图"工具栏上的 └（草图绘制）按钮，在绘图区选择"前视基准面"。进入草图绘制界面，绘制草图作为扫描路径，单击└（退出草图）按钮，如图5-35所示。

03 绘制截面草图。在特征管理器中选择"上视基准面"，在关联工具栏中选择 └（草图绘制）命令。按空格键，在"方向"工具栏中选择 ♣（正视于），使草图平面平行于屏幕，绘制的草图作为截面草图。

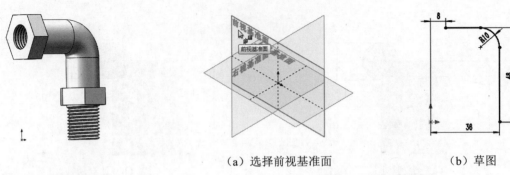

图 5-34　特征实体	（a）选择前视基准面	（b）草图
	图 5-35　绘制扫描路径	

04 添加几何关系。按住Ctrl键选择"扫描路径"和圆心，在关联工具栏中选择 🎋（使穿透），单击 ↳（退出草图）命令，如图5-36所示。

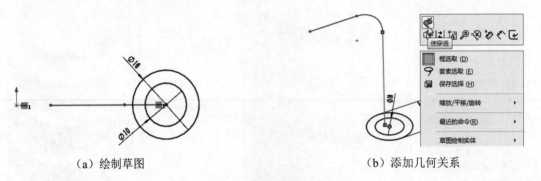

（a）绘制草图　　　　　　　（b）添加几何关系

图5-36　截面草图

05 单击"特征"工具选项卡中的 🖋（扫描）按钮，将特征管理器切换到"扫描"属性管理器。
设置属性管理器选项。单击"轮廓"栏，在图形区域中选择绘制的截面草图。单击"路径"栏，在图形区域中选择扫描路径。

单击 ✔（确定）按钮，得到零件模型，如图5-37所示。

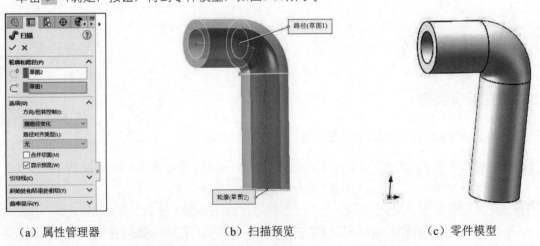

（a）属性管理器　　　　　（b）扫描预览　　　　　（c）零件模型

图5-37　扫描特征

06 单击"草图"工具栏上的 ⬒（草图绘制）按钮，在绘图区选择上侧端平面作为草绘平面。进入草图绘制界面，绘制草图，如图5-38所示。

（a）草绘平面

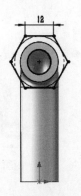

（b）绘制草图

图5-38　草图

07 单击"特征"工具选项卡中的 （拉伸凸台/基体）按钮，将特征管理器切换到"凸台-拉伸"属性管理器。

设置属性管理器选项。在"从"下拉列表中选择"草图基准面"，默认为沿一个方向拉伸，在"方向1"下拉列表中选择"给定深度"，拉伸方向默认为"垂直于草图轮廓"，深度设置为8mm，所选轮廓默认为"封闭区域"。

单击 （确定）按钮，得到零件模型，如图5-39所示。

（a）属性管理器

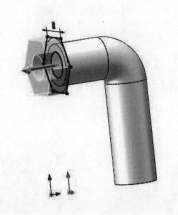

（b）凸台-拉伸预览

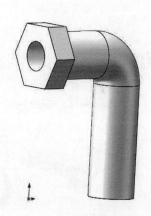

（c）零件模型

图5-39　凸台-拉伸1

08 单击"草图"工具栏上的 （草图绘制）按钮，在绘图区选择下端平面作为草绘平面。进入草图绘制界面，绘制草图，如图5-40所示。

09 单击"特征"工具选项卡中的 （拉伸凸台/基体）按钮，将特征管理器切换到"凸台-拉伸"属性管理器。

设置属性管理器选项。在"从"下拉列表中选择"等距"，设置等距值为16mm，单击 （反向）按钮，默认为沿一个方向拉伸。在"方向1"下拉列表中选择"给定深度"，拉伸方向默认为"垂直于草图轮廓"，设置深度为8mm，单击 （反向）按钮。

单击 （确定）按钮，得到零件模型，如图5-41所示。

（a）草绘平面

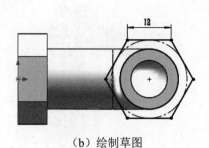

（b）绘制草图

图5-40   草图

（a）属性管理器

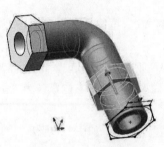

（b）凸台-拉伸预览

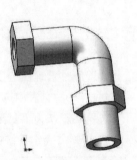

（c）零件模型

图5-41   凸台-拉伸2

10 在弯管上建立扫描切除特征，以绘制螺纹。绘制扫描路径。选择草绘平面，在关联工具栏中选择 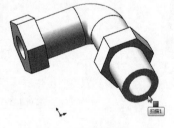 （草图绘制）命令。按空格键，在"方向"工具栏中选择 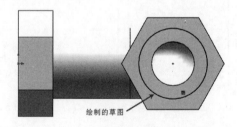 （正视于），使草图平面平行于屏幕，绘制草图，如图5-42所示。

（a）草绘平面

绘制的草图

（b）绘制草图

图5-42   草图

11 执行菜单栏中的"插入"→"曲线"→ ∞ （螺旋线/涡状线）命令，将特征管理器切换到"螺旋线/涡状线"属性管理器。

设置属性管理器选项。设置定义方式为"螺距和圈数"，设置"螺距"为1.5mm，勾选"反向"复选框，设置圈数为10、起始角度为90度，选中"顺时针"单选按钮。

单击 ✅ （确定）按钮，将绘制的螺旋线作为扫描路径，如图5-43所示。

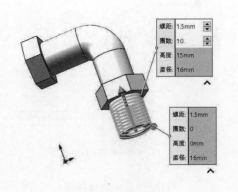

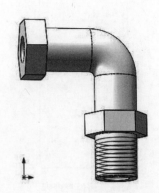

（a）属性管理器　　　　　　　（b）螺旋线预览　　　　　　　（c）零件模型

图5-43　螺旋线

12 绘制截面草图。在特征管理器中选择"前视基准面"，在关联工具栏中选择 ▭（草图绘制）命令。按空格键，在"方向"工具栏中选择 ↥（正视于），使草图平面平行于屏幕，绘制草图作为截面草图。

13 添加几何关系。按住Ctrl键选择"扫描路径"和圆心，在关联工具栏中选择 ✎（使穿透），单击 ↳（退出草图）按钮，如图5-44所示。

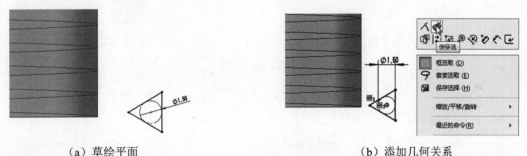

（a）草绘平面　　　　　　　　　　　（b）添加几何关系

图5-44　截面草图

14 单击"特征"工具选项卡中的 ▨（扫描切除）按钮，将特征管理器切换到"切除－扫描"属性管理器。

设置属性管理器选项。单击"轮廓"栏，在图形区域中选择绘制的截面草图。单击"路径"栏，在图形区域中选择螺旋线/涡状线。

单击 ✔（确定）按钮，得到零件模型，如图5-45所示。

15 在弯管上建立扫描切除特征，以绘制螺纹。绘制扫描路径。选择草绘平面，在关联工具栏中选择 ▭（草图绘制）命令。按空格键，在"方向"工具栏中选择 ↥（正视于），使草图平面平行于屏幕，绘制草图，如图5-46所示。

16 执行菜单栏中的"插入"→"曲线"→ ☍（螺旋线/涡状线）命令，将特征管理器切换到"螺旋线/涡状线"属性管理器。

设置属性管理器选项。设置定义方式为"螺距和圈数"、"螺距"为1.5mm，选中"反向"复选框，设置"圈数"为4、"起始角度"为90度，选中"顺时针"单选按钮。

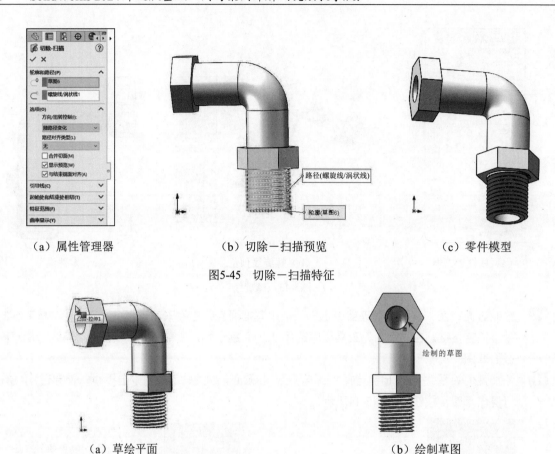

（a）属性管理器　　　　　　（b）切除－扫描预览　　　　　　（c）零件模型

图5-45　切除－扫描特征

（a）草绘平面　　　　　　　　　　　　　（b）绘制草图

图5-46　草图

单击 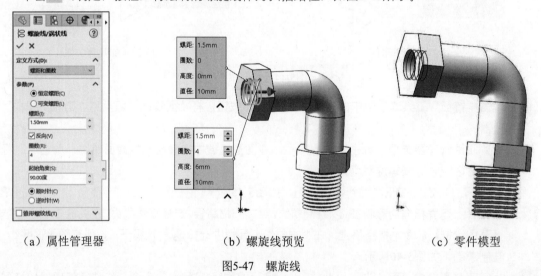（确定）按钮，将绘制的螺旋线作为扫描路径，如图5-47所示。

（a）属性管理器　　　　　　（b）螺旋线预览　　　　　　（c）零件模型

图5-47　螺旋线

17 绘制截面草图。在特征管理器中单击选择"前视基准面"，在关联工具栏中选择 ▭（草图绘制）命令。按空格键，在"方向"工具栏中选择 ↥（正视于），使草图平面平行于屏幕，绘制草图作为截面草图。

18　添加几何关系。按住Ctrl键选择"扫描路径"和圆心，在关联工具栏中选择 （使穿透），单击 ↳
（退出草图）按钮，如图5-48所示。

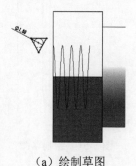

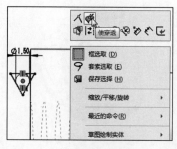

（a）绘制草图　　　　　　　　　　　　　　　（b）添加几何关系

图5-48　截面草图

19　单击"特征"工具选项卡中的 🐟（扫描切除）按钮，将特征管理器切换到"切除－扫描"属性管
理器。

设置属性管理器选项。单击"轮廓"栏，在图形区域中选择绘制的截面草图。单击"路径"栏，
在图形区域中选择"螺旋线/涡状线2"。

单击 ✅（确定）按钮，得到零件模型，如图5-49所示。

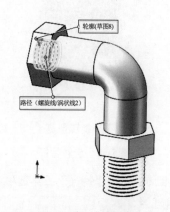

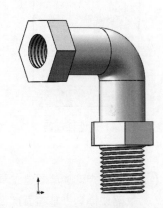

（a）属性管理器　　　　　　（b）切除－扫描预览　　　　　　　（c）零件模型

图5-49　切除－扫描特征

20　单击标准工具栏中的 💾（保存）按钮，弹出"另存为"对话框，设置保存路径为"下载资源\第5
章、文件名为"实例1"，单击"保存"按钮。

5.3.2　放样特征实例

【例5-10】创建如图5-50所示的特征实体。操作步骤如下：

01　新建零件模型。单击标准工具栏中的 📄·（新建）按钮，系统弹出"新建SolidWorks文件"对话框，
选择 🧊（零件）。单击"确定"按钮，进入零件设计环境。

02　单击"草图"工具选项卡中的 □（草图绘制）按钮，选择"前视基准面"，绘制一条中心线和
旋转轮廓，如图5-51所示。

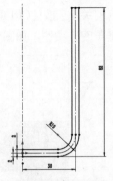

图 5-50　特征实体　　　　　　　　　　　图 5-51　绘制草图

03　单击"特征"工具选项卡中的 （旋转凸台/基体）按钮，将特征管理器切换到"旋转"属性管理器，同时绘图区切换为等轴测视图。

　　设置属性管理器选项。设置旋转轴为中心线、旋转类型为"给定深度"，从草图基准面开始旋转360度，所选轮廓默认为"封闭区域"。

　　单击 ✓（确定）按钮，得到零件模型，如图5-52所示。

（a）属性管理器　　　　　　（b）旋转预览　　　　　　（c）零件模型

图5-52　旋转特征

04　为放样轮廓草图建立草图基准面。单击"特征"工具选项卡中的 （基准面）按钮。将特征管理器切换到"基准面1"属性管理器。

　　第一参考选择"上视基准面"，偏移距离为35mm。单击 ✓（确定）按钮，建立基准面1。

　　继续建立基准面2，第一参考选择"前视基准面"，偏移距离为30mm。单击 ✓（确定）按钮，建立基准面2，如图5-53所示。

05　绘制曲线作为中心线。单击"草图"工具栏上的 （草图绘制）按钮，在绘图区选择"右视基准面"。进入草图绘制界面，绘制中心线，单击 （退出草图）按钮。

 中心线端点要与"基准面2"有交点。

06　绘制放样轮廓1和放样轮廓2。单击"草图"工具栏上的 （草图绘制）按钮，在绘图区选择"基准面2"，进入草图绘制界面，绘制草图作为放样轮廓。

　　按住Ctrl键选择"引导线"和椭圆的中心，在关联工具栏中选择 （使穿透），单击 （退出草图）按钮，如图5-54所示。

（a）属性管理器　　　（b）基准面1预览　　　（c）属性管理器　　　（d）基准面2预览

图5-53　建立基准面

（a）绘制中心线　　　（b）绘制放样轮廓1和放样轮廓2　　　（c）添加几何关系

图5-54　绘制中心线和放样轮廓

07 绘制放样轮廓3。单击"草图"工具栏上的 ▭ （草图绘制）按钮，在绘图区选择"基准面1"，进入草图绘制界面，绘制草图作为放样轮廓。

按住Ctrl键选择"引导线"和圆的中心，在关联工具栏中选择 🧲 （使穿透），单击 ↳ （退出草图）命令，如图5-55所示。

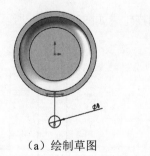 

（a）绘制草图　　　　　　　　　　　（b）添加几何关系

图5-55　绘制放样轮廓3

08 单击"特征"工具选项卡中的 🛆 （放样凸台/基体）按钮，将特征管理器切换到"放样2"属性管理器。

设置属性管理器选项。单击"轮廓"栏，在图形区域中依次选择绘制的放样轮廓草图。单击"中心线参数"栏，在图形区域中选择中心线。

单击 ✅（确定）按钮，得到零件模型，如图5-56所示。

（a）属性管理器　　　　　　　（b）放样预览　　　　　　　（c）零件模型

图5-56　放样特征

09 单击标准工具栏中的 📄（保存）按钮，弹出"另存为"对话框，设置保存路径为"下载资源\Char05"，文件名为"实例2"，单击"保存"按钮。

5.4　本章小结

通过本章的学习，读者可以熟悉SolidWorks的扫描和放样建模工具，准确判断扫描、放样的使用场合，能够熟练应用扫描和放样特征，建立一些形状复杂的三维零件模型。

5.5　自主练习

（1）绘制三维零件模型，扫描路径如图5-57（a）所示，扫描轮廓如图5-57（b）所示，扫描轴测图如图5-57（c）所示，效果如图5-57（d）所示。

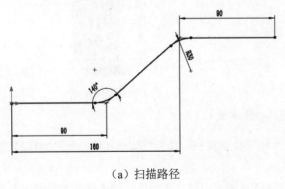

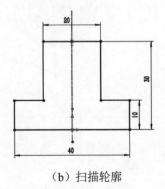

（a）扫描路径　　　　　　　　　　　　　　　　　（b）扫描轮廓

图5-57　自主练习1

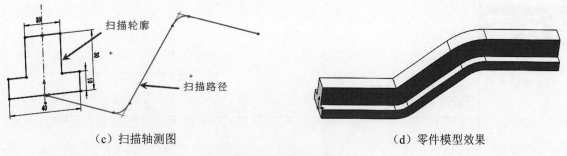

（c）扫描轴测图   （d）零件模型效果

图5-57　自主练习1（续）

（2）绘制如图5-58所示的三维零件模型，螺旋初始直径为120mm，螺距为25mm，锥形螺旋的底端为一个内接圆直径为10mm的等六边形，顶端为一个直径为10mm的圆，锥形螺纹线角度为40度。

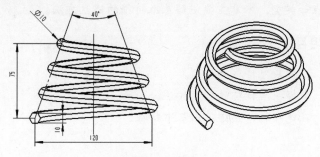

图5-58　自主练习2

（3）使用放样特征建立如图 5-59 所示的模型。

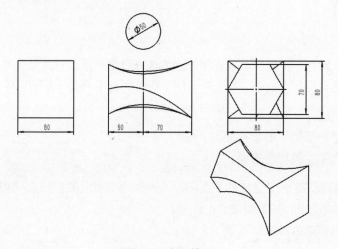

图5-59　自主练习3

第6章

基准特征

基准特征是零件建模的参考特征，主要用于为实体造型提供参考，也可以作为绘制草图时的参考面。基准特征可以细分为基准面、基准轴、坐标系和参考点等类型。本章主要讲解基准特征的建立方法。

学习目标

❖ 了解基准特征的作用。
❖ 掌握基准特征的创建方法。
❖ 在建模时，熟练使用基准特征。

6.1 参考基准面

SolidWorks建模的步骤有一定程序，其顺序分别为选择绘图平面、进入草图绘制、绘制草图、标注尺寸和添加几何关系、生成特征等。其中，在选择绘图平面时，有下列几个平面可以选取：

（1）默认的3个基准面。
（2）利用基准面命令所建立的基准面。
（3）直接基于绘出零件的特征平面。

SolidWorks的默认模板有3个正交基准平面和一个坐标系，如图6-1所示。建模时要按照基准重合原则来合理利用，这是机械设计的基本要求。

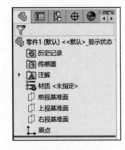

（a）特征管理器

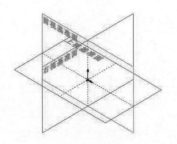

（b）默认基准面

图6-1 默认正交基准平面

通常情况下，可在3个默认的基准面上绘制草图，再使用特征命令，如拉伸、旋转等创建实体模型。但对于一些特殊的特征，如扫描特征和放样特征，通常需要不同的基准面来绘制草图才能实现模型的构建。

SolidWorks提供了6种基准面创建命令，分别是直线/点方式、点和平行面方式、夹角方式、等距离方式、垂直于曲线方式、曲面切平面方式。

6.1.1 直线/点方式

通过直线/点方式创建的基准面有3种：通过边线、轴线，通过草图线及点，通过三点。调用"基准面"命令有以下两种方式：

（1）单击"特征"工具选项卡中"参考几何体"操作面板中的 ▮（基准面）按钮。

（2）单击"插入"→"参考几何体"→ ▮（基准面）命令。

 其他参考几何体工具的调用方式和基准面命令类似，后续不再赘述。

【例6-1】通过直线/点方式创建参考基准面。操作步骤如下：

01 新建零件模型。单击 ▯ ·（新建）按钮，系统弹出"新建SolidWorks文件"对话框，选择 ◈（零件）。单击"确定"按钮，进入零件设计环境。

02 单击"草图"工具选项卡中的 ▢（草图绘制）按钮，选择"上视基准面"，利用 ⬡（多边形）工具绘制正六边形。

03 单击"特征"工具选项卡中的 ▥（拉伸凸台/基体）按钮，设定拉伸深度为40mm，建立正六棱柱，如图6-2所示。

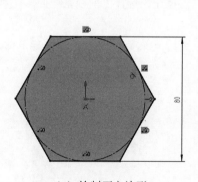
（a）绘制正六边形

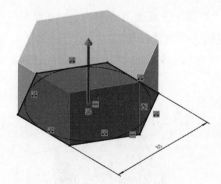
（b）凸台拉伸预览

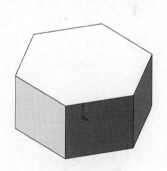
（c）最终效果

图6-2　绘制正六棱柱

04 单击"特征"工具选项卡中的 ▮（基准面）按钮，如图6-3所示，将特征管理器切换到"基准面"属性管理器。

05 设置属性管理器。在"基准面"属性管理器中，设置"第一参考"为正六棱柱的一条边线、"第二参考"为一个顶点，即通过直线和点建立基准面。

06 单击 ✔（确定）按钮，完成基准面的创建，如图6-4所示。

图6-3　基准面工具

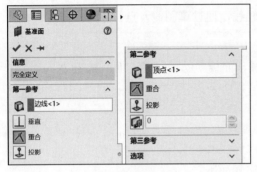

（a）属性管理器

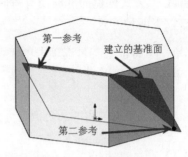

（b）基准面

图6-4　通过直线/点方式建立基准面

6.1.2　点和平行面方式

点和平行面方式用于建立平行于所选平面且通过所选点的基准面。

【例6-2】通过点和平行面方式创建参考基准面。操作步骤如下：

01 新建零件模型。单击"草图"工具选项卡中的 ▯（草图绘制）按钮，选择"前视基准面"，利用 ╱（直线）工具绘制一个直角梯形。

02 单击"特征"工具选项卡中的 📦（拉伸凸台/基体）按钮，设置拉伸深度为30mm，建立梯形体，如图6-5所示。

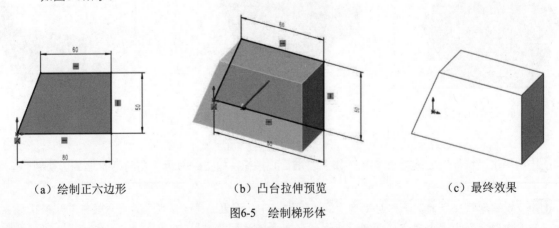

（a）绘制正六边形　　　　　　（b）凸台拉伸预览　　　　　　（c）最终效果

图6-5　绘制梯形体

03 单击"特征"工具选项卡中的 📦（基准面）按钮，将特征管理器切换到"基准面"属性管理器。

04 设置属性管理器。在"基准面"属性管理器中设置"第一参考"为梯形的一个平面、"第二参考"为一个顶点。

05　单击 ✅（确定）按钮，完成基准面的创建，如图6-6所示。

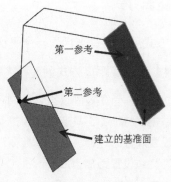

（a）属性管理器　　　　　　　　　　　　　（b）基准面

图6-6　通过点和平面方式建立基准面

6.1.3　夹角方式

夹角方式用于通过一条边线、轴线或者草图线建立与一个平面或者基准面成一定角度的基准面。

【例6-3】通过夹角方式创建参考基准面。操作步骤如下：

01　同上例，新建零件模型，绘制梯形体。

02　单击"特征"工具选项卡中的 █（基准面）按钮，将特征管理器切换到"基准面"属性管理器。

03　设置属性管理器。在"基准面"属性管理器中，设置"第一参考"为梯形体的一个平面、"第二参考"为梯形体的一条边线。

04　在"第一参考"属性栏中选择两面夹角，设置角度为75度，"第二参考"属性采取默认值，此时建立的基准平面与参考平面成75度夹角且通过参考直线。

05　单击 ✅（确定）按钮，完成基准面的创建，如图6-7所示。

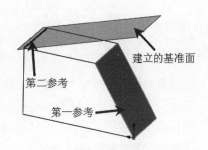

（a）属性管理器　　　　　　　　　　　　　（b）基准面

图6-7　通过夹角方式建立基准平面

（1）如果在"第一参考"属性栏中选择"平行"，在"第二参考"属性栏中默认选择"重合"，那么此时建立的基准平面与参考平面平行且通过参考直线。

（2）如果在"第一参考"属性栏中选择"垂直"，那么此时建立的基准平面与参考平面垂直（夹角为90度）。

6.1.4　等距离方式

等距离方式用于创建平行于一个平面（或者基准面）并等距离指定平面的基准面。

【例6-4】通过等距离方式创建参考基准面。操作步骤如下：

01 同上例，新建零件模型，绘制梯形体。

02 单击"特征"工具选项卡中的 （基准面）按钮，将特征管理器切换到"基准面"属性管理器。

03 设置属性管理器。在"基准面"属性管理器中，设置"第一参考"为梯形体的一个平面，并在属性栏中设置距离为25mm。

04 单击 ✓（确定）按钮，完成基准面的创建，如图6-8所示。

（a）属性管理器

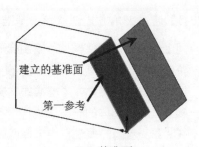

（b）基准面

图6-8　通过等距离方式建立基准平面

6.1.5　垂直于曲线方式

垂直于曲线方式用于创建通过一个点且垂直于一条边或曲线的基准面。

【例6-5】通过垂直于曲线方式创建参考基准面。操作步骤如下：

01 新建零件模型。单击"草图"工具选项卡中的 （草图绘制）按钮，选择"上视基准面"，利用 ⊙（圆）工具绘制圆。

02 执行菜单栏中的"插入"→"曲线"→"螺旋线/涡状线"命令，将特征管理器切换到"螺旋线/涡状线"属性管理器。

03 在"螺旋线/涡状线"属性管理器中，设置定义方式为"螺距和圈数"，选中"恒定螺距"单选按钮，设置螺距为20mm、圈数为4.25，其他属性保持默认设置。

04 单击 ✓（确定）按钮，建立空间螺旋线，如图6-9所示。

05 单击"特征"工具选项卡中的 （基准面）按钮，将特征管理器切换到"基准面"属性管理器。

06 设置属性管理器。在"基准面"属性管理器中，设置"第一参考"为螺旋线端点、"第二参考"为螺旋线，则建立的基准面在该点上垂直于螺旋线。

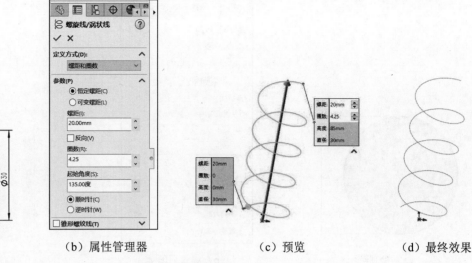

（a）绘制圆　　　　（b）属性管理器　　　　（c）预览　　　　（d）最终效果

图6-9　创建螺旋线

07 单击 ✅（确定）按钮，完成基准面的创建，如图6-10所示。

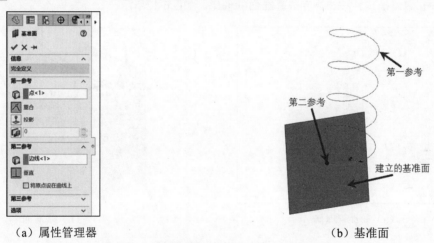

（a）属性管理器　　　　　　　　　　（b）基准面

图6-10　通过垂直于曲线方式建立基准面

6.1.6　曲面切平面方式

曲面切平面方式用于建立一个与空间面或圆形曲面相切于一点的基准面。

【例6-6】通过曲面切平面方式创建参考基准面。操作步骤如下：

01 新建零件模型。单击"草图"工具选项卡中的 ▢（草图绘制）按钮，选择"上视基准面"，利用 ⊙（圆）工具绘制圆。

02 单击常用"特征"工具栏上的 🗐（拉伸凸台/基体）按钮，建立圆柱，如图6-11所示。

03 单击"特征"工具选项卡中的 🚪（基准面）按钮，将特征管理器切换到"基准面"属性管理器。

04 设置属性管理器。在"基准面"属性管理器中，设置"第一参考"为圆柱面、"第二参考"为前视基准面，在"第二参考"属性栏中设置"平行"（或"垂直"），则建立的基准平面与圆柱面相切且与前视基准面平行（或垂直）。

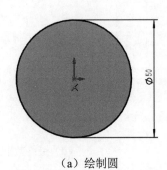

（a）绘制圆

（b）属性管理器

（c）最终效果

图6-11　绘制圆柱

05 单击 ✅（确定）按钮，完成基准面的创建，如图6-12所示。

（a）属性管理器

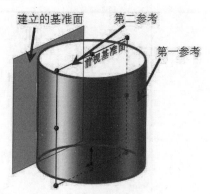

（b）基准面

图6-12　通过曲面切平面方式建立基准面

注意　读者也可以参考点方式建立基准面，生成的基准面与圆柱面相切，且通过所选择的点，如图6-13所示。

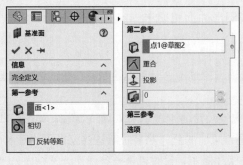

（a）属性管理器

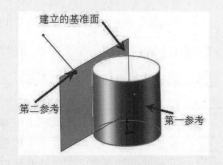

（b）基准面

图6-13　通过点曲面切平面方式建立基准面

6.2 参考基准轴

基准轴通常在创建基准面、圆周阵列或同轴装配中使用。创建基准轴包括一直线/边线/轴、两平面、两点/顶点、点和面/基准面、圆柱/圆锥面5种常用方式。

6.2.1 一直线/边线/轴方式

一直线/边线/轴方式是选择一个草图的直线、实体边线或轴来创建所选直线所在的轴线。

【例6-7】通过"一直线/边线/轴"方式创建参考基准轴。操作步骤如下：

01 新建零件模型。单击 □ ▪ （新建）按钮，系统弹出"新建SolidWorks文件"对话框，选择 🖢 （零件）。单击"确定"按钮，进入零件设计环境。

02 单击"草图"工具选项卡中的 ⌐ （草图绘制）按钮，选择"上视基准面"，利用 ⬡ （多边形）工具绘制正六边形。

03 单击"特征"工具选项卡中的 🗒 （拉伸凸台/基体）按钮，设定拉伸深度为40mm，建立正六棱柱，如图6-14所示。

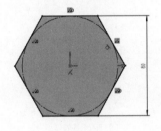

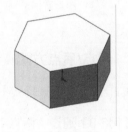

（a）绘制正六边形　　　　　　（b）凸台拉伸预览　　　　　　（c）最终效果

图6-14　绘制正六棱柱

04 单击"特征"工具选项卡中的 ✐ （基准轴）按钮，将特征管理器切换到"基准轴"属性管理器。

05 设置属性管理器。在 🗒 （参考实体）选项栏中选择六棱柱的"边线<1>"。

06 单击 ✔ （确定）按钮，完成基准轴的创建，如图6-15所示。

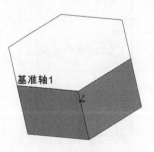

（a）属性管理器　　　　　　　（b）选择边　　　　　　　（c）基准轴

图6-15　一直线/边线/轴方式创建基准轴

6.2.2 两平面方式

两平面方式是选择两平面的交线创建基准轴。

【例6-8】通过两平面方式创建参考基准轴。操作步骤如下：

01 同上例，新建零件模型，绘制正六棱柱。

02 单击"特征"工具选项卡中的 ✍（基准轴）按钮，将特征管理器切换到"基准轴"属性管理器。

03 设置属性管理器。在 🗊（参考实体）选项栏中选择六棱柱的"面<1>"和前视基准面。

04 单击 ✅（确定）按钮，完成基准轴的创建，如图6-16所示。

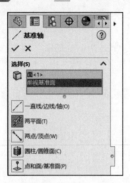

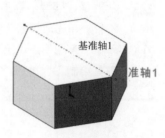

（a）属性管理器　　　　　　　　（b）选择面　　　　　　　　（b）基准轴

图6-16　两平面方式创建基准轴

6.2.3 两点/顶点方式

两点/顶点方式是将两个点（或顶点）的连线作为基准轴。

【例6-9】通过"两点/顶点"方式创建参考基准轴。操作步骤如下：

01 同上例，新建零件模型，绘制正六棱柱。

02 单击"特征"工具选项卡中的 ✍（基准轴）按钮，将特征管理器切换到"基准轴"属性管理器。

03 设置属性管理器。在 🗊（参考实体）选项栏中选择六棱柱的"顶点<1>"和"顶点<2>"。

04 单击 ✅（确定）按钮，完成基准轴的创建，如图6-17所示。

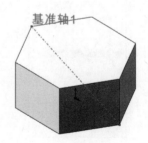

（a）属性管理器　　　　　　　　（b）选择点　　　　　　　　（c）基准轴

图6-17　两点/顶点方式创建基准轴

6.2.4 点和面/基准面方式

选择一个曲面和顶点（或者基准面和点、中心点），创建一个通过所选点且垂直于所选面的基准面。

【例6-10】通过"点和面/基准面"方式创建参考基准轴。操作步骤如下：

01 同上例，新建零件模型，绘制正六棱柱。

02 单击"特征"工具选项卡中的 （基准轴）按钮，将特征管理器切换到"基准轴"属性管理器。

03 设置属性管理器。在 （参考实体）选项栏中选择六棱柱的顶点和面。

04 单击 （确定）按钮，完成基准轴的创建，如图6-18所示。

（a）属性管理器

（b）选择点和面

（c）基准轴

图6-18 点和面/基准面方式创建基准轴

6.2.5 圆柱/圆锥面方式

选择圆柱或圆锥面，将其临时轴作为基准轴。

【例6-11】通过圆柱/圆锥面方式创建参考基准轴。操作步骤如下：

01 新建零件模型。单击"草图"工具选项卡中的 （草图绘制）按钮，选择"前视基准面"，利用 （直线）和 （中心线）工具绘制草图。

02 单击"特征"工具选项卡中的 （旋转凸台/基体）按钮，建立圆锥体，如图6-19所示。

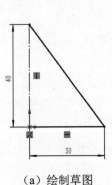
（a）绘制草图

（b）属性管理器

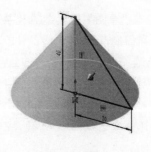
（c）预览

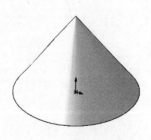
（d）最终效果

图6-19 圆锥体

03 单击"特征"工具选项卡中的 ✏ （基准轴）按钮，将特征管理器切换到"基准轴"属性管理器。

04 设置属性管理器。在 📦 （参考实体）选项栏中选择圆锥面。

05 单击 ✅ （确定）按钮，完成基准轴的创建，如图6-20所示。

 注意　临时轴（临时基准轴）由模型中的圆柱和圆锥面隐含生成。读者在不需要建立基准轴时，可将临时轴临时隐藏。执行菜单栏中的"视图"→"临时轴"命令可隐藏或显示所有的临时轴。

　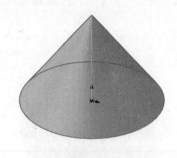　

（a）属性管理器　　　　　　　　（b）选择点和面　　　　　　　（b）基准轴

图6-20　圆柱/圆锥面方式创建基准轴

6.3　参考坐标系与参考点

参考坐标系与参考点在实际建模中并不常用，但是在测量时可以起到重要作用。本节就来介绍参考坐标系与参考点的创建方法。

6.3.1　参考坐标系

"参考坐标系"命令主要用来定义零件或装配体的坐标系。参考坐标系与测量或质量属性工具一同使用，可用于将SolidWorks文件输出至IGES、STL、ACIS、STEP、Parasolid、VRML、VDA等文件。

【例6-12】 创建参考坐标系。操作步骤如下：

01 新建零件模型。单击"草图"工具选项卡中的 ▢ （草图绘制）按钮，选择"上视基准面"，利用 ✏ （直线）工具绘制草图。

02 单击"特征"工具选项卡中的 📦 （拉伸凸台/基体）按钮，建立台阶模型，如图6-21所示。

03 单击"特征"工具选项卡中的 ↳ （坐标系）按钮，将特征管理器切换到"坐标系"属性管理器。

04 设置属性管理器。在"原点"选项栏中选择台阶模型的顶点；在"X轴"选项中选择"边线<1>"；在"Y轴"选项中选择"边线<2>"；在"Z轴"选项中选择"边线<3>"，单击 ↗ （反向）按钮可改变坐标系方向。

05 单击 ✅ （确定）按钮，完成坐标系1的创建，如图6-22所示。

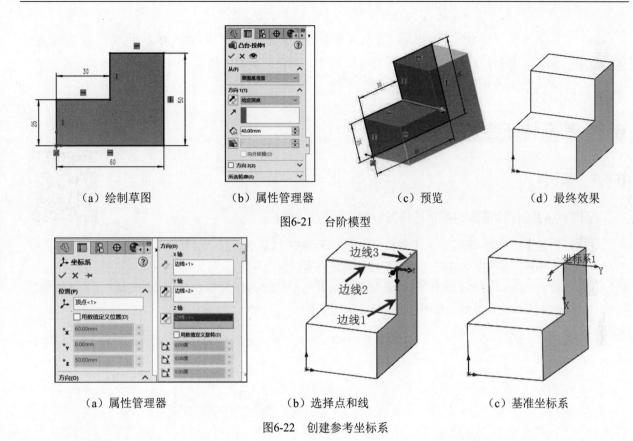

（a）绘制草图　　　　（b）属性管理器　　　　（c）预览　　　　（d）最终效果

图6-21　台阶模型

（a）属性管理器　　　　（b）选择点和线　　　　（c）基准坐标系

图6-22　创建参考坐标系

6.3.2　参考点

参考点主要用于空间定位，可以用来创建一个曲面造型，辅助创建基准面或基准轴。

【例6-13】创建参考点。操作步骤如下：

01　同上例，新建零件模型，绘制正六棱柱。

02　单击"特征"工具选项卡中的 ▣（点）按钮，将特征管理器切换到"点"属性管理器。

03　设置属性管理器。在 ⬜（参考实体）选项栏中选择投影（或圆弧中心、面中心、交叉点）。

04　单击 ✓（确定）按钮，完成参考点的创建，如图6-23所示。

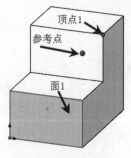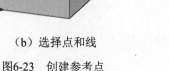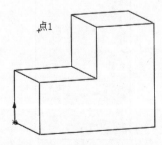

（a）属性管理器　　　　（b）选择点和线　　　　（c）基准坐标系

图6-23　创建参考点

如果选择"投影"，则建立的点为参考点到参考面的投影；如果选择交叉点，则参考项为空间可以交叉的线段，建立的点即为它们的交叉点；如果选择面中心，则参考项为一个平面，建立的点为面的中心点。

6.4　基准特征建模实例

6.4.1　实例1

【例6-14】创建如图6-24所示的特征模型。操作步骤如下：

01 新建零件模型。单击标准工具栏中的 📄・（新建）按钮，系统弹出"新建SolidWorks文件"对话框，选择 🦴（零件）。单击"确定"按钮，进入零件设计环境。

02 绘制草图1。单击"草图"工具选项卡中的 ▢（草图绘制）按钮，在绘图区选择"上视基准面"，进入草图绘制界面，绘制如图6-25所示的草图1。

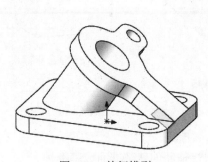

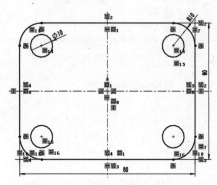

图 6-24　特征模型　　　　　　　　　　　　　　　　图 6-25　草图 1

03 建立拉伸特征。单击"特征"工具选项卡中的 🧱（拉伸凸台/基体）按钮，将特征管理器切换到"凸台-拉伸"属性管理器。

设置属性管理器选项。在"从"下拉列表中选择"草图基准面"，默认为沿一个方向拉伸，在"方向1"下拉列表中选择"给定深度"，设置深度为8mm。

单击 ✅（确定）按钮，完成零件模型的创建，如图6-26所示。

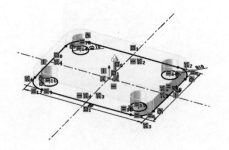

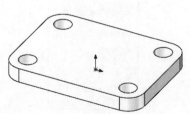

（a）属性管理器　　　　　　　　（b）拉伸预览　　　　　　　　（c）零件模型

图6-26　凸台-拉伸

04 建立基准面1。单击"特征"工具选项卡中的 📄（基准面）按钮，进入"基准面"属性管理器。
设置属性管理器选项。在"基准面"属性管理器中，设置"第一参考"为右视基准面、"第二参考"为边线<1>。在"第一参考"属性栏中选择两面夹角，设置角度为55度，并勾选"反转等距"复选框；"第二参考"属性默认重合。
单击 ✅（确定）按钮，完成基准面1的创建，如图6-27所示。

05 绘制草图2。单击"草图"工具选项卡中的 🔲（草图绘制）按钮，在绘图区选择"基准面1"。进入草图绘制界面，绘制如图6-28所示的草图2。

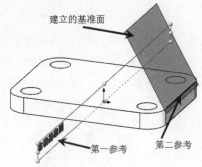
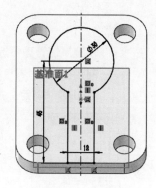

（a）属性管理器　　　　　（b）选择参考
图 6-27　建立基准面 1　　　　　图 6-28　草图 2

06 建立拉伸特征。单击"特征"工具选项卡中的 📦（拉伸凸台/基体）按钮，将特征管理器切换到"凸台-拉伸"属性管理器。
设置属性管理器选项。在"从"下拉列表中选择"草图基准面"，默认为沿一个方向拉伸，在"方向1"下拉列表中选择"成形到下一面"，单击 ↗（反向）按钮可改变方向。
单击 ✅（确定）按钮，得到零件模型，如图6-29所示。

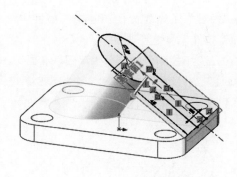
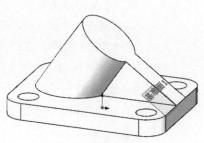

（a）属性管理器　　　　（b）拉伸预览　　　　（c）零件模型
图6-29　建立拉伸特征

07 绘制草图3。单击"草图"工具选项卡中的 🔲（草图绘制）按钮，在绘图区选择"基准面1"。进入草图绘制界面，绘制如图6-30所示的草图3。

08 建立拉伸特征。单击"特征"工具选项卡中的 📦（拉伸凸台/基体）按钮，将特征管理器切换到"凸台-拉伸"属性管理器。

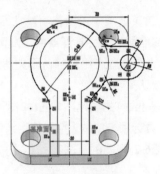

图6-30　草图3

设置属性管理器选项。在"从"下拉列表中选择"草图基准面"，默认为沿一个方向拉伸，在"方向1"下拉列表中选择"给定深度"，设置深度值为8mm，单击 （反向）按钮可改变方向。
单击 ✓（确定）按钮，得到零件模型，如图6-31所示。

（a）属性管理器 　　　　（b）预览 　　　　　（c）零件模型

图6-31　建立拉伸特征

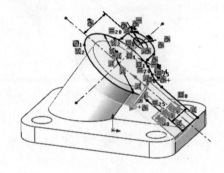

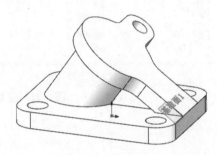

09 绘制草图4。单击"草图"工具选项卡中的 （草图绘制）按钮，在绘图区选择"基准面1"。进入草图绘制界面，绘制如图6-32所示的草图4。

10 建立拉伸切除特征。单击"特征"工具选项卡中的 （拉伸切除）按钮，将特征管理器切换到"切除-拉伸"属性管理器。
设置属性管理器选项。在"从"下拉列表中选择"草图基准面"，默认为沿一个方向拉伸，在"方向1"下拉列表中选择"完全贯穿"。
单击 ✓（确定）按钮，得到零件模型，如图6-33所示。

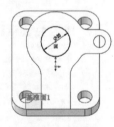

图6-32　草图4

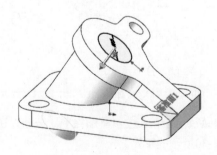

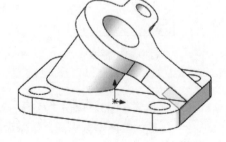

（a）属性管理器 　　　　（b）预览 　　　　　（c）零件模型

图6-33　建立拉伸切除特征

⑪　单击标准工具栏中的 （保存）按钮，弹出"另存为"对话框，设置保存路径为"素材文件\Char06"、
文件名为"实例1"，单击"保存"按钮。

6.4.2　实例2

【例6-15】创建如图6-34所示的特征模型。操作步骤如下：

①　新建零件模型。单击标准工具栏中的 （新建）按钮，系统弹出"新建SolidWorks文件"对话
框，选择 （零件）。单击"确定"按钮，进入零件设计环境。

②　绘制草图1。单击"草图"工具选项卡中的 （草图绘制）按钮，在绘图区选择"上视基准面"。
进入草图绘制界面，绘制如图6-35所示的草图1。

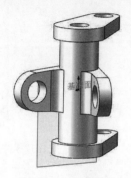

图 6-34　零件模型

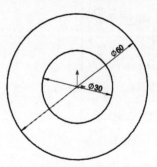

图 6-35　草图 1

③　建立拉伸特征。单击"特征"工具选项卡中的 （拉伸凸台/基体）按钮，将特征管理器切换到
"凸台-拉伸"属性管理器。

设置属性管理器选项。在"从"下拉列表中选择"草图基准面"；"方向1"和"方向2"都默认
为沿一个方向拉伸，在"方向1"和"方向2"下拉列表中都选择"给定深度"，深度都设置为80mm。
单击 （确定）按钮，完成零件模型的创建，如图6-36所示。

（a）属性管理器

（b）拉伸预览

（c）零件模型

图6-36　建立拉伸特征

④　绘制草图2。单击"草图"工具选项卡中的 （草图绘制）按钮，在绘图区选择"圆柱端面"。
进入草图绘制界面，绘制如图6-37所示的草图2。

05 建立拉伸特征。单击"特征"工具选项卡中的 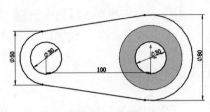（拉伸凸台/基体）按钮，将特征管理器切换到"凸台-拉伸"属性管理器。

设置属性管理器选项。在"从"下拉列表中选择"草图基准面"，默认为沿一个方向拉伸，在"方向1"下拉列表中选择"给定深度"，深度设置为20mm。

图6-37　草图2

单击 ✔（确定）按钮，完成零件模型的创建，如图6-38所示。

（a）属性管理器

（b）拉伸预览

（c）零件模型

图6-38　建立拉伸特征

06 建立镜像特征。单击"特征"工具选项卡中的 ▶◀（镜像）按钮，将特征管理器切换到"镜像"属性管理器。

设置属性管理器选项。在"镜像面/基准面"下拉列表中选择"上视基准面"，在"要镜像的特征"列表中选择"凸台-拉伸2"。

单击 ✔（确定）按钮，完成零件模型的创建，如图6-39所示。

（a）属性管理器

（b）镜像预览

（c）零件模型

图6-39　建立镜像特征

07 建立基准面1。单击"特征"工具选项卡中的 ▤（基准面）按钮，进入"基准面"属性管理器。

设置属性管理器选项。在"基准面"属性管理器中，设置"第一参考"为前视基准面、"第二参考"为圆柱面。在"第一参考"属性栏中选择两面夹角，设置角度为35度，勾选"反转等距"复选框；"第二参考"属性默认相切。

单击 ✅（确定）按钮，完成基准面1的创建，如图6-40所示。

08　绘制草图3。单击"草图"工具选项卡中的 ⬚ （草图绘制）按钮，在绘图区选择"基准面1"。进入草图绘制界面，绘制如图6-41所示的草图3。

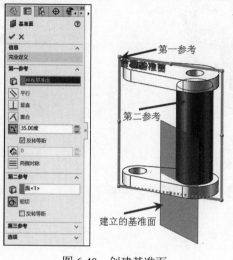

图 6-40　创建基准面

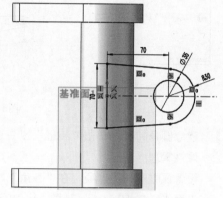

图 6-41　绘制草图 3

09　建立拉伸特征。单击"特征"工具选项卡中的 🗐 （拉伸凸台/基体）按钮，将特征管理器切换到"凸台-拉伸"属性管理器。

设置属性管理器选项。在"从"下拉列表中选择"草图基准面"，默认为沿一个方向拉伸（向圆柱体内拉伸），在"方向1"下拉列表中选择"给定深度"，设置深度为15mm。

单击 ✅（确定）按钮，完成零件模型的创建，如图6-42所示。

（a）属性管理器

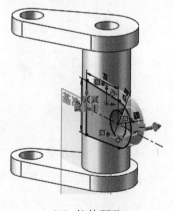

（b）拉伸预览

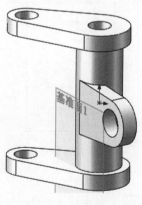

（c）零件模型

图6-42　创建拉伸特征

10　建立镜像特征。单击"特征"工具选项卡中的 🏗 （镜像）按钮，将特征管理器切换到"镜像"属性管理器。

设置属性管理器选项。在"镜像面/基准面"下拉列表中选择"前视基准面"，"要镜像的特征"设为"凸台-拉伸3"。

单击 ✅（确定）按钮，完成零件模型的创建，如图6-43所示。

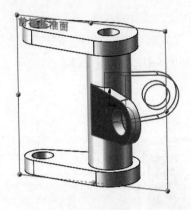
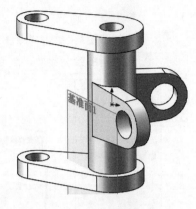

（a）属性管理器　　　　　　（b）镜像预览　　　　　　（c）零件模型

图6-43　创建镜像特征

11 建立圆角特征。单击"特征"工具选项卡中的 （圆角）按钮，将特征管理器切换到"圆角"属性管理器。

设置属性管理器选项。在"圆角"属性管理器中选择"手工"，单击 （恒定大小圆角）按钮，设置半径值为15mm，选择边线<1>和边线<2>。

单击 （确定）按钮，完成零件模型的创建，如图6-44所示。

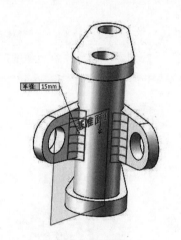
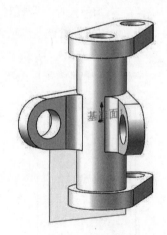

（a）属性管理器　　　　　　（b）圆角预览　　　　　　（c）零件模型

图6-44　创建圆角特征

12 单击标准工具栏中的 （保存）按钮，弹出"另存为"对话框，设置保存路径为"素材文件\Char06"、文件名为"实例2"，单击"保存"按钮。

6.5　本章小结

通过本章的学习，读者可以了解SolidWorks的参考基准面、参考基准轴、参考坐标系和参考点的创建，能够在三维建模中熟练应用创建的参考几何体来辅助建立复杂的三维零件和装配体模型。

6.6 自主练习

（1）用建立基准面的方法绘制如图6-45所示的模型。

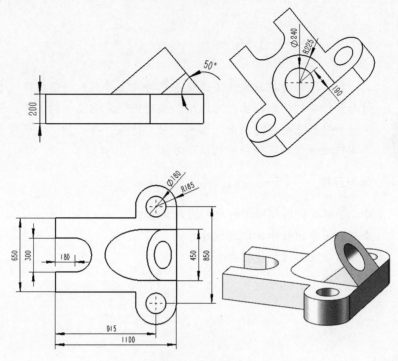

图6-45 自主练习1

（2）用建立基准面的方法绘制角三通，壁厚为8mm，如图6-46所示。

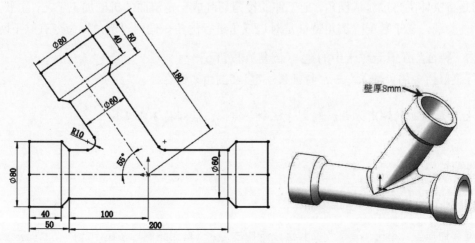

图6-46 自主练习2

第 7 章

实体附加特征

实体附加特征就是在不改变基本特征主要形状的前提下，对已有的特征进行局部修饰的建模方法，可以增加美观并避免重复性的工作。SolidWorks的实体附加特征主要包括倒角、圆角、筋、拔模、孔、抽壳、包覆及圆顶等特征，本章将逐一介绍这些特征的造型方法。

学习目标

❖ 了解各种实体附加特征的应用场合。
❖ 掌握每种附加特征的创建方法。
❖ 熟练应用附加特征命令。

7.1 倒角特征

倒角特征是将实体尖角过渡成倒角，把工件的棱角切削成一定斜面的机械加工工艺，主要是为了去除毛刺，使工件美观，易于装配。倒角特征是对边或角进行倒角。调用"倒角"命令有以下两种方式：

（1）单击"特征"工具选项卡中的 🔘（倒角）按钮。
（2）执行菜单栏中的"插入"→"特征"→ 🔘（倒角）命令。

 其他附加特征的调用方式和倒角特征命令类似，后续将不再赘述。

7.1.1 特征操作

【例7-1】创建倒角特征。操作步骤如下：

01 新建零件模型。单击"草图"工具选项卡中的 🔲（草图绘制）按钮，选择"上视基准面"，利用 🔲（边角矩形）工具绘制草图。

02 单击"特征"工具选项卡中的 🔳（拉伸凸台/基体）按钮，创建拉伸特征，拉伸深度为5mm。

03　单击"草图"工具选项卡中的 ⌐（草图绘制）按钮，选择长方体的上表面作为编辑草图参考面，利用 ⊙（圆）工具绘制圆。

04　单击"特征"工具选项卡中的 🗐（拉伸凸台/基体）按钮，创建拉伸特征，拉伸深度为20mm，如图7-1所示。

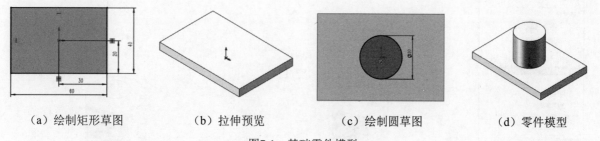

（a）绘制矩形草图　　　　（b）拉伸预览　　　　（c）绘制圆草图　　　　（d）零件模型

图7-1　基础零件模型

05　单击"特征"工具选项卡中的 🗐（倒角）按钮，将特征管理器切换到"倒角"属性管理器。

06　设置属性管理器选项。倒角类型设为"角度－距离"，单击选择圆柱体边线，并设置距离值为2mm、角度值为45度。

07　单击 ✅（确定）按钮，完成倒角，如图7-2所示。

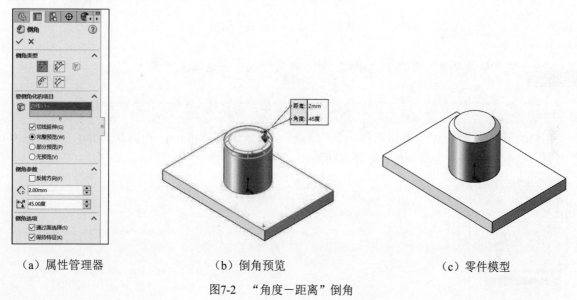

（a）属性管理器　　　　　　（b）倒角预览　　　　　　（c）零件模型

图7-2　"角度－距离"倒角

 通过依次选取多条边可以一次性倒角多条边线。

7.1.2　特征属性

"倒角"属性管理器中各选项的含义如下：

（1）🗐（角度－距离）：通过输入倒角的角度和倒角的一个边长设置倒角。系统默认距离值为10mm，角度值为45度，操作者可以改变这个角度值。

（2）🗐（距离－距离）：通过输入倒角的两个边长值设置倒角。

　　倒角类型设为"距离－距离"，单击选择"圆柱体边线"，设置距离1为2mm、距离2为5mm。单击 ✔（确定）按钮，完成倒角，如图7-3所示。

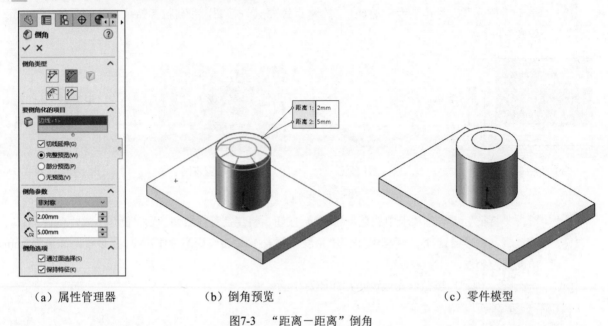

（a）属性管理器　　　　　　　　　（b）倒角预览　　　　　　　　　（c）零件模型

图7-3　"距离－距离"倒角

 在"倒角参数"中选中"对称"时，只需输入一个边长值即可。

　　（3） ▽（顶点）：对一个三面的交叉点进行倒角，可以输入3个边长值确定倒角的尺寸。

　　倒角类型设为"顶点"，单击选择一个"顶点"，设置距离1为6mm、距离2为2mm、距离3为10mm。单击 ✔（确定）按钮，完成倒角，如图7-4所示。

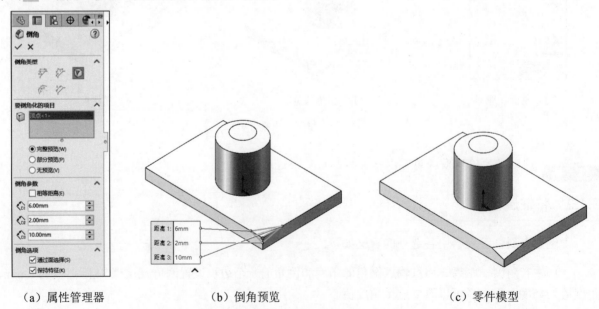

（a）属性管理器　　　　　　　　　（b）倒角预览　　　　　　　　　（c）零件模型

图7-4　"顶点"倒角

勾选"相等距离"复选框时，只需输入一个边长值。

7.2 圆角特征

圆角沿实体或曲面特征中的一条或多条边线来生成内圆角或外圆角。倒角、圆角在工程领域应用广泛，既符合人类的美学感受，也具有安全的考虑。圆角还可以起到减小应力集中、加强轴类零件强度的作用。

7.2.1 等半径圆角

等半径圆角可以选择多条边线，其圆角半径相等。

【例7-2】创建等半径圆角。操作步骤如下：

01 采用上例的零件模型。单击"特征"工具选项卡中的 （圆角）按钮，将特征管理器切换到"圆角"属性管理器。

02 设置属性管理器选项。单击选择圆角类型为 （恒定大小圆角），依次选中四棱柱的4条边，并设置圆角半径值为6mm。

03 单击 ✔ （确定）按钮，完成圆角的绘制，如图7-5所示。

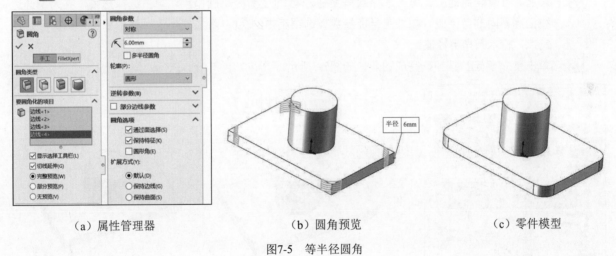

（a）属性管理器　　　　　　　（b）圆角预览　　　　　　　（c）零件模型

图7-5　等半径圆角

 在建立相同半径的圆角时，为了提高建模速度，尽量使用单一圆角操作多条边线。

当勾选"多半径圆角"复选框时，每条被选中的边线处出现半径输入框，单击半径数值，改变半径大小，如图7-6所示。

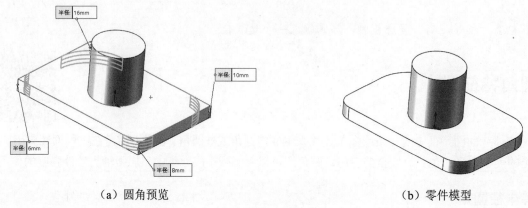

（a）圆角预览　　　　　　　　　　　　（b）零件模型

图7-6　多半径圆角

7.2.2　变半径圆角

设置圆角类型为"变半径"，可以为所选边线指定不同的半径值。

【例7-3】创建变半径圆角。操作步骤如下：

01 采用上例的零件模型。单击"特征"工具选项卡中的 🗐 （圆角）按钮，将特征管理器切换到"圆角"属性管理器。

02 设置属性管理器选项。单击选择圆角类型为 🗐 （变量大小圆角），单击选择边线，并为所选边线指定不同的半径值。在"变半径参数"选项组中的 🗊 （附加的半径）框中单击，选择半径控制点，输入圆角半径值。

03 单击 ✅ （确定）按钮，完成圆角，如图7-7所示。

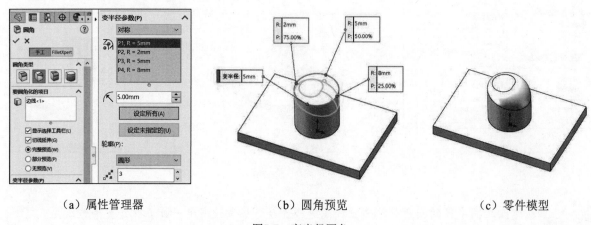

（a）属性管理器　　　　　　　　（b）圆角预览　　　　　　　　（c）零件模型

图7-7　变半径圆角

选项中的 🗊 （附加的半径）框用于设置变半径控制点； 🗗 （实例数）用于设置控制点数量，系统默认添加 3 个变半径控制点，分别为 25%、50% 和 75%。

7.2.3　面圆角

将不相邻的面用混合面圆角混合，生成两个或多个相邻面的圆角。

【例7-4】创建面圆角。操作步骤如下：

01 采用上例的零件模型。单击"特征"工具选项卡中的 📦（圆角）按钮，将特征管理器切换到"圆角"属性管理器。

02 设置属性管理器选项。单击选择圆角类型为 📦（面圆角）。在"面组1"框中选择凸台顶面，在"面组2"框中选择凸台侧面，并输入半径值3mm。

03 单击 ✅（确定）按钮，完成圆角，如图7-8所示。

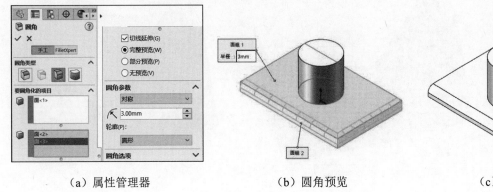 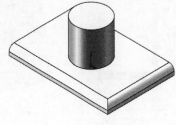

（a）属性管理器　　　　　　　（b）圆角预览　　　　　　　（c）零件模型

图7-8 面圆角

7.2.4 完整圆角

选择3组相邻的面或面组，生成与这3个面或面组相切的圆角。

【例7-5】创建完整圆角。操作步骤如下：

01 新建零件模型。单击"草图"工具选项卡中的 🔲（草图绘制）按钮，选择"前视基准面"，利用 ✏️（直线）工具绘制草图。

02 单击"特征"工具选项卡中的 📦（拉伸凸台/基体）按钮，创建拉伸特征，拉伸深度为40mm，如图7-9所示。

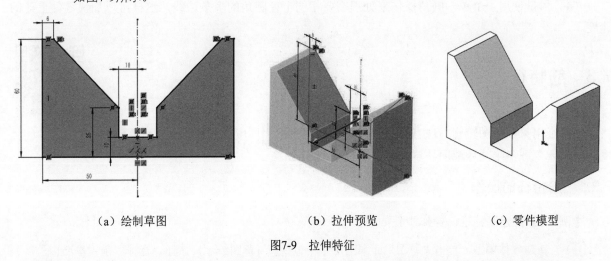

（a）绘制草图　　　　　　　（b）拉伸预览　　　　　　　（c）零件模型

图7-9 拉伸特征

03 单击"特征"工具选项卡中的 📦（圆角）按钮，将特征管理器切换到"圆角"属性管理器。

04 设置属性管理器选项。单击选择圆角类型为 ▤（完整圆角），在"面组1"框中单击选择凹槽侧面，在"面组2"框中单击选择凹槽底面，在"面组3"框中单击选择凹槽侧面，勾选"切线延伸"复选框。

05 单击 ✅（确定）按钮，完成圆角，如图7-10所示。

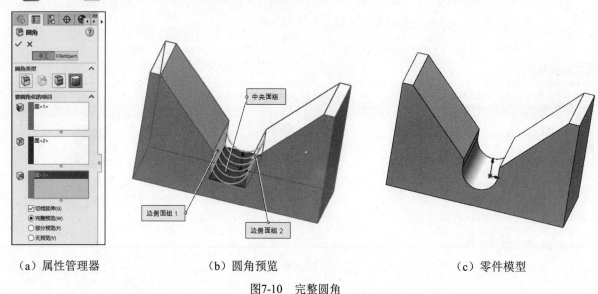

（a）属性管理器　　　　　　（b）圆角预览　　　　　　（c）零件模型

图7-10　完整圆角

7.2.5　圆角生成遵循的规则

（1）在添加小圆角之前添加较大的圆角。当有多个圆角汇聚于一个顶点时，先生成较大的圆角。

（2）在生成圆角前先添加拔模。如果要生成具有多个圆角边线及拔模面的铸模零件，在大多数情况下，应在添加圆角之前添加拔模特征。

（3）最后添加装饰用的圆角。在大多数其他几何体定位后再添加装饰圆角。如果先添加装饰圆角，则系统需要花费比较长的时间重建零件。

（4）尽量使用一个单一圆角操作来处理需要相同半径圆角的多条边线，这样可以加快零件重建的速度。

7.3　筋特征

筋特征用来在草图轮廓与现有零件之间添加指定方向和厚度的材料，形成筋板，从而增加零件的强度。使用一个或多个开环或闭环草图拉伸实体生成筋。

7.3.1　筋特征的操作

【例7-6】创建筋特征。操作步骤如下：

01 新建零件模型。单击"草图"工具选项卡中的 ▦（草图绘制）按钮，选择"前视基准面"，利用 ╱（直线）工具绘制草图。

02　单击"特征"工具选项卡中的 （拉伸凸台/基体）按钮，创建拉伸特征，方向设置为两侧对称，拉伸深度为40mm，如图7-11所示。

03　单击选择与零件相交的前视基准面（此处选择前视基准面）。在关联工具栏中单击 （草图绘制）命令，进入草图绘制环境，绘制如图7-12所示的开环草图。

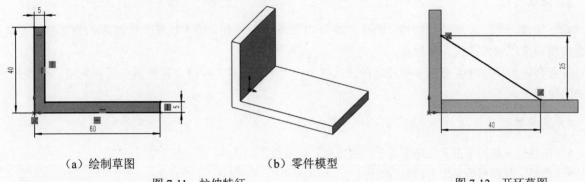

（a）绘制草图　　　　　　　（b）零件模型

图 7-11　拉伸特征　　　　　　　　　　　　　图 7-12　开环草图

04　单击"特征"工具选项卡中的 （筋）按钮，将特征管理器切换到"筋"属性管理器。

05　设置属性管理器选项。筋厚度选择 ≡（两侧），设置筋厚度为5mm，拉伸方向选择 （平行于草图）。

⚠ 注意　　如果需要反转材料方向，请单击预览箭头的方向。

06　单击 ✔（确定）按钮，完成筋特征，如图7-13所示。

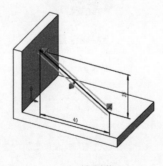

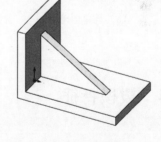

（a）属性管理器　　　　　　（b）筋预览　　　　　　　（c）零件模型

图7-13　筋特征

7.3.2　筋特征属性

"筋"属性管理器中各选项的含义如下。

1. 厚度类型

- ≡（第一边）：添加厚度到草图的一边。
- ≡（两侧）：添加厚度到草图的两侧。
- ≡（第二边）：添加厚度到草图的另一边。

2．拉伸方向

- ◈（平行于草图）：沿着基准面平行于草图方向拉伸筋。
- ◈（垂直于草图）：垂直于草图方向拉伸筋。

3．拔模

▣（拔模开/关）：要添加拔模，则单击▣（拔模开/关）按钮，输入拔模角度或单击箭头来改变值。根据需要勾选"向外拔模"复选框。

若要利用拔模角度生成有多个轮廓的筋，则单击"下一参考"按钮，直到箭头显示在用户想要开始拔模的轮廓上。

4．延伸类型

- 线性：从筋的草图开始并垂直于草图方向，以线性方式延伸。
- 自然：按照筋的草图中的曲线延伸。

绘制筋的草图轮廓后，使用线性延伸方式延伸筋和使用自然延伸方式延伸筋得到的效果会有所不同，如图7-14所示。

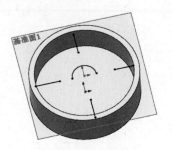

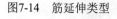

（a）筋草图轮廓图　　　　　　（b）线性延伸　　　　　　（c）自然延伸

图7-14　筋延伸类型

7.4 拔模特征

拔模特征是对已有实体拔模形成锥体。拔模特征是模具设计中经常采用的方式，其应用之一就是使得型腔零件更容易脱出模具。读者可以在现有的零件上插入拔模，或者在拉伸特征时进行拔模，也可以将拔模应用到实体或曲面模型。竖直面与倾斜面之间的夹角称为拔模角。

7.4.1 中性面拔模

拔模面是拔模操作的对象，是实体中的某一个面。中性面是拔模操作中的参考面，在拔模操作中，中性面不发生变化。

【例7-7】中性面拔模。操作步骤如下：

01　打开Ex07_07.sldprt文件。

单击"特征"工具选项卡中的 （拔模）按钮，将特征管理器切换到"拔模"属性管理器。

 设置属性管理器选项。设置拔模类型为"中性面"；设置拔模角度为10度；单击"中性面"框，选择需要的平面，将该平面作为中性面；再单击"拔模面"框，单击要拔模的面（可以选择多个面）。

- 中性面：拔模操作中的参考面，用来指定拔模角度的旋转轴。
- 拔模面：在拔模面上生成拔模斜度。
- 拔模沿面延伸：包括无、沿切面、所有面、内部的面、外部的面5种选项。

 单击 ✅ （确定）按钮，完成拔模特征，如图7-15所示。

> **注 意** 如果需要反转拔模方向，请单击"中性面"框前的 ↗ （反向）按钮。

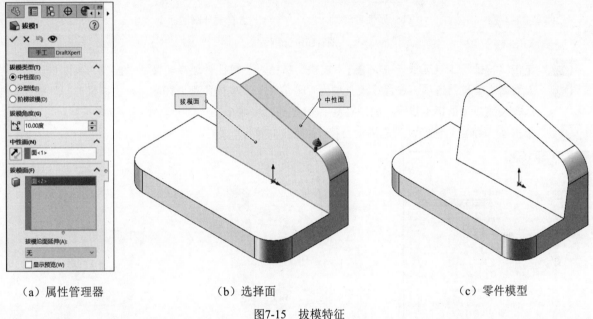

（a）属性管理器　　　　　　（b）选择面　　　　　　（c）零件模型

图7-15　拔模特征

7.4.2　分型线拔模

以分型线为拔模参考，对拔模面上的分型线进行拔模。

【例7-8】 分型线拔模。操作步骤如下：

 创建长方体零件。该长方体基于上视基准面创建，尺寸为60mm×40mm×100mm。

 插入一条分割线。单击选择与零件相交的"前视基准面"。在关联工具栏中单击 □ （草图绘制）命令，进入草图绘制环境，绘制一条直线（开环草图）。单击 ↳ （退出草图）按钮退出草图。

 单击"特征"工具选项卡中的 ∪· （曲线）→ ▧ （分割线）按钮，将特征管理器切换到"分割线"属性管理器。

 选择"投影"单选按钮，单击 □ （要投影的草图）框，选择开环草图；单击 ▧ （要分割的面）框，选择要分割的侧面。单击 ✅ （确定）按钮，完成分割线，如图7-16所示。

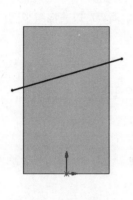

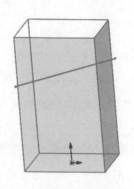
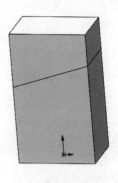

（a）绘制草图　　　　（b）属性管理器　　　　（c）选择要分割的面　　　（d）分割零件模型

图7-16　分割线

05 单击"特征"工具选项卡中的 ▇（拔模）按钮，将特征管理器切换到"拔模"属性管理器。

06 设置属性管理器选项。设置拔模类型为"分型线"、拔模角度为10度；在"拔模方向"框中单击选择棱线或顶面指示拔模方向；在 ▇（分型线）框中单击选择分割线（可选多条）。

07 单击 ✔（确定）按钮，完成拔模特征，如图7-17所示。

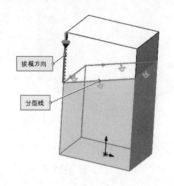
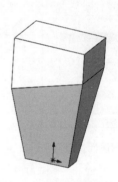

（a）属性管理器　　　　　（b）选择要分割的面　　　　（c）完成拔模特征

图7-17　拔模

如果要生成相反方向的拔模，则单击"拔模方向"框前的 ▇（反向）按钮，得到的拔模特征如图7-18所示。

图7-18　反向拔模特征

7.4.3　阶梯拔模

阶梯拔模是分型线拔模的变体，以中性面为拔模参考，使用分型线控制拔模操作范围。

【例7-9】阶梯拔模。操作步骤如下：

01　创建长方体零件。该长方体基于上视基准面创建，尺寸为60mm×40mm×40mm。

02　插入一条分割线。单击选择与零件相交的"上视基准面"，在关联工具栏中单击 ▢（草图绘制）命令，进入草图绘制环境，绘制开环草图。单击 ⌐（退出草图）按钮退出草图。

03　单击"特征"工具选项卡中的 ⌒ ·（曲线）→ ▨（分割线）按钮或单击菜单栏中的"插入"→"曲线"→"分割线"命令，将特征管理器切换到"分割线"属性管理器。

04　单击 ⌐（要投影的草图）框，选择开环草图；单击 ▨（要分割的面）框，选择要分割的侧面。单击 ✅（确定）按钮，完成分割线，如图7-19所示。

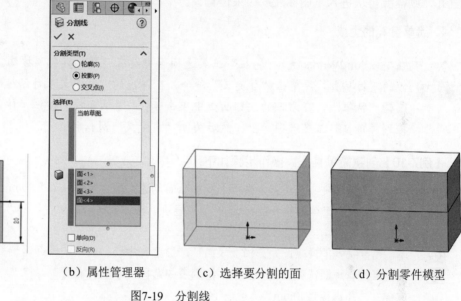

（a）绘制草图　　（b）属性管理器　　（c）选择要分割的面　　（d）分割零件模型

图7-19　分割线

05　单击"特征"工具选项卡中的 ▨（拔模）按钮，将特征管理器切换到"拔模"属性管理器。

06　设置属性管理器选项。设置拔模类型为"阶梯拔模"→"锥形阶梯"；在 ⬈（拔模角度）框中输入10度；单击"拔模方向"框，选择顶面指示拔模方向；单击 ⊕（分型线）框，再单击选择分割线（可选多条）。

07　单击 ✅（确定）按钮，完成拔模特征，如图7-20所示。

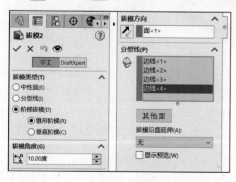
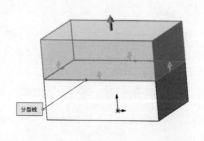
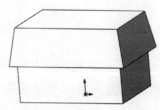

（a）属性管理器　　（b）指示拔摸方向并选择分割线　　（c）完成拔模特征

图7-20　阶梯拔模

7.5 孔特征

孔特征是指在已有的零件上生成各种类型的孔。SolidWorks的孔特征分为简单直孔和异型孔。

7.5.1 简单直孔

简单直孔是指一般的直孔且是光孔。在平面上放置孔并设定深度，一次只能放置一个孔，若要继续放置孔，则需要再次进入草图标注或约束位置。

1. 简单直孔的生成

在安装SolidWorks后，"特征"工具选项卡中没有"简单直孔"按钮。单击 ⚙·（选项）右侧的下拉按钮，再单击"自定义"命令，在弹出的"自定义"对话框的"命令"选项卡左侧选择"特征"，在右侧的按钮面板中单击 🔘（简单直孔）按钮，按住鼠标左键不放，将其拖到"特征"工具选项卡中，然后关闭"自定义"对话框。

【例7-10】创建简单直孔。操作步骤如下：

01 创建长方体零件。该长方体基于上视基准面创建，尺寸为120mm×80mm×12mm。

02 单击"特征"工具选项卡中的 🔘（简单直孔）按钮或执行菜单栏中的"插入"→"特征"→"简单直孔"命令。

03 单击需要钻孔的面（此处选择上表面），放置孔中心，将特征管理器切换到"孔"属性管理器。

04 设置属性管理器选项。在"从"下拉列表中选择"草图基准面"，将"终止条件"设置为"完全贯穿"，孔直径为40mm。

05 单击 ✔（确定）按钮，形成简单直孔，如图7-21所示。

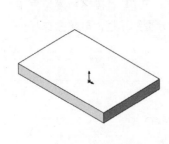  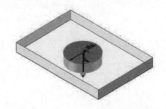 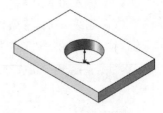

（a）长方体零件　　　（b）属性管理器　　　（c）孔预览　　　（d）最终结果

图7-21　简单直孔

在创建简单直孔时，也可以先创建一个包含孔中心位置（点）的草图，然后选择草图所在的点直接创建直孔。

2. 简单直孔的编辑

在生成孔后，可以对孔的直径和位置进行编辑。继续上面的操作，对直孔进行编辑，操作步骤如下：

01　在特征管理器中单击选择刚创建的孔特征，在关联工具栏中单击 （草图绘制）命令，进入草图编辑环境，对孔的定位点进行约束。

02　按空格键，单击 ⚓（正视于）按钮，标注草图。

03　按住Ctrl键的同时选中孔的中心及坐标原点，然后在属性管理器中单击 ⟋（重合）按钮，将点与坐标原点约束为重合。

04　单击 ✅（确定）按钮，结束草图编辑，如图7-22所示。

（a）特征管理器

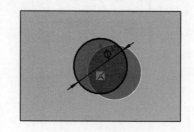
（b）孔定位预览

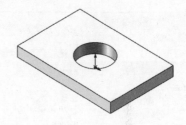
（c）最终结果

图7-22　编辑简单直孔

　读者也可以按Ctrl+B快捷键重建模型。

7.5.2　异型孔向导

异型孔向导是针对生成孔特征的工具，通过该命令不需要查阅相关标准设计手册，直接按各国的标准设计对应的标准孔即可。异型孔可以是沉头孔、光孔、螺纹孔等。一次可以放置多个孔，但是只能放置同一种类型的孔。

　读者还可以根据企业需求对标准孔数据进行扩充，或定制非标准件的配对孔。

1. 异型孔的生成

【例7-11】异型孔的生成。继续上面的操作，对直孔进行绘制，操作步骤如下：

01　单击"特征"工具选项卡中的 🔖（异型孔向导）按钮或单击菜单栏中的"插入"→"特征"→"异型孔向导"命令。将特征管理器切换到"孔规格"属性管理器。

02　打开"类型"选项卡，设置"孔类型"为"直螺纹孔"、"标准"为GB、"孔规格"为M10、"终止条件"为"完全贯穿"。

- 孔类型：定义异型孔的标准和类型。
- 孔规格：定义异型孔的大小和孔轴的配合情况。
- 终止条件：定义异型孔的生成条件。
- 选项：定义异型孔的附加参数。

03 打开"位置"选项卡，单击需要钻孔的面，然后放置孔中心。

"类型"选项卡用于设定孔类型参数，"位置"选项卡用于在平面或非平面上定义孔放置的位置，使用尺寸和其他草图工具来定位孔中心。

04 单击 ✔ （确定）按钮，生成异型孔，如图7-23所示。

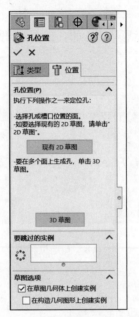

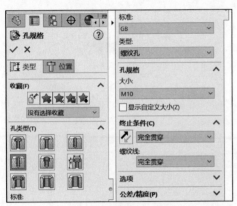

（a）"类型"选项卡　　　（b）面前的"位置"选项卡　　　（c）选择面后的"位置"选项卡

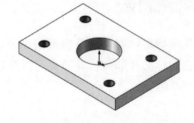

（d）放置孔中心　　　　　　　　　　（e）生成异型孔

图 7-23　异型孔

2. 异型孔的编辑

在生成异型孔后，可以对异型孔的位置进行编辑。继续上面的操作，对异型孔进行编辑，操作步骤如下：

01 在特征管理器中单击选择刚创建的孔特征的草图，在关联工具栏中单击 ▣ （草图绘制）命令，进入草图编辑环境，对孔的定位点进行约束。

02 按空格键，单击 ⬥ （正视于）按钮，即可修改标注草图。

03 单击 ✔ （确定）按钮，结束草图的编辑，如图7-24所示。

 异型孔包括柱形沉头孔、锥形沉头孔、直螺纹孔、锥形螺纹孔和旧制孔，使用方法与上面的类似，读者可以参考以上异型孔生成步骤。

（a）特征管理器   （b）编辑草图   （c）最终结果

图7-24 编辑异型孔

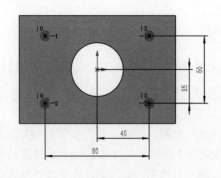

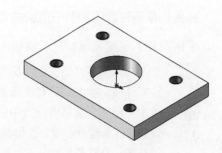

7.6 抽壳、包覆与圆顶特征

7.6.1 抽壳特征

抽壳用于在选定面的方向上挖空零件，生成薄壁特征。如果执行抽壳命令时没有选择模型上的任何面，可以生成一个闭合、掏空的实体模型。也可以使用多个厚度来抽壳模型。

【例7-12】抽壳特征。操作步骤如下：

01 打开Ex07_12.sldprt文件。

02 单击"特征"工具选项卡中的 （抽壳）按钮，将特征管理器切换到"抽壳"属性管理器。

03 设置属性管理器选项。输入厚度为2mm；单击 （移除的面）框，选择要移除的3个端面。

- 　（厚度）：用来设定壳的厚度。

- 　（移除的面）：在图形区域中选择要移除的面，也可以不选择，可得到空心闭合抽壳。

- 壳厚朝外：在原有零件上往外部增加尺寸。

- 多厚度设定：对于非圆表面，抽壳时壁厚可以不一样，在 （多厚度面）中选择不同壁厚的面，并输入厚度。

04 单击 （确定）按钮，完成抽壳特征，如图7-25所示。

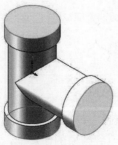

（a）特征管理器   （b）选择要移除的端面   （c）最终结果

图7-25 抽壳特征

7.6.2　包覆特征

包覆将草图轮廓闭合到平面或曲面上，生成凸台或切除特征。

【例7-13】创建包覆特征。继续上面的操作创建包覆特征，操作步骤如下：

01 单击选择与零件相交的"前视基准面"。在关联工具栏中单击 □ （草图绘制）命令，进入草图绘制环境，绘制闭环草图后退出草图。

02 单击"特征"工具选项卡中的 ❺ （包覆）按钮，将特征管理器切换到"包覆"属性管理器。

03 设置属性管理器选项。包覆参数选择"浮雕"；单击 □ （包覆草图的面）框，选择要生成包覆特征的草图；设置厚度为1mm；单击 ❺ （源草图）框，选择要生成包覆的表面。

- 包覆参数：选择生成特征的类型。"浮雕"是在所选表面生成凸台特征，"蚀雕"是在所选表面生成切除特征，"刻划"是在所选表面生成草图轮廓投影。
- ❺ （包覆草图的面）：在图形区域中选择要生成包覆的表面。
- 反向：改变包覆特征的方向。
- 厚度：在原有零件上往外生成凸台的尺寸。
- 源草图：用来生成包覆特征的草图。

04 单击 ✔ （确定）按钮，完成包覆特征，如图7-26所示。

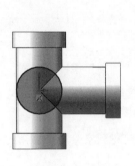

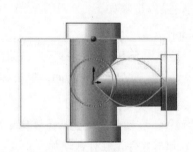

　（a）绘制草图　　　　（b）特征管理器　　　　（c）包覆预览　　　　（d）最终结果

图7-26　包覆特征

7.6.3　圆顶特征

读者可以同时在模型中添加一个或多个圆顶到所选平面或非平面。

【例7-14】创建圆顶特征。操作步骤如下：

01 打开Ex07_14.sldprt文件。

02 单击"特征"工具选项卡中的 ❺ （圆顶）按钮或执行菜单栏中的"插入"→"特征"→"圆顶"命令，将特征管理器切换到"圆顶"属性管理器。

03 设置属性管理器选项。单击 ❺ （到圆顶的面）框，再单击选择要生成圆顶特征的平面；设置距离为3mm。

- 到圆顶的面：要生成圆顶的平面。

- 距离：设置从圆顶平面的中心到圆顶最高点的垂直距离。
- （约束点或草图）：选择点或草图约束草图的形状，用来控制圆顶。
- 方向：圆顶默认方向垂直于所选面，如果不垂直于所选面，则可以选择一条线性边线作为生成圆顶方向的向量。

04 单击 ✔ （确定）按钮，完成圆顶特征，如图7-27所示。

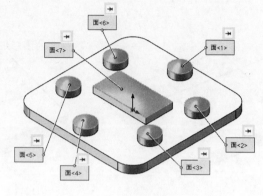
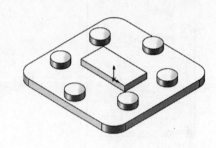

（a）特征管理器　　　　　　　　　（b）圆顶预览　　　　　　　　　（c）最终结果

图7-27　圆顶特征

7.7　附加特征实例

7.7.1　实例1

【例7-15】创建如图7-28所示的实体。操作步骤如下：

01 新建零件模型。单击标准工具栏中的 （新建）按钮，系统弹出"新建SolidWorks文件"对话框，选择 （零件）。单击"确定"按钮，进入零件设计环境。

02 单击"草图"工具栏上的 （草图绘制）按钮，在绘图区选择"上视基准面"，进入草图绘制界面，绘制如图7-29所示的草图。

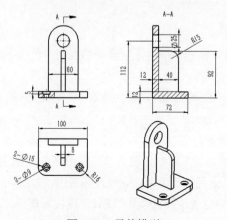

图 7-28　零件模型

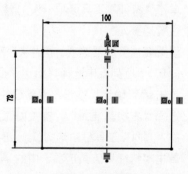

图 7-29　草图

03 单击"特征"工具选项卡中的 按钮，将特征管理器切换到"凸台-拉伸"属性管理器，同时绘图区切换为等轴测视图。

04 设置属性管理器选项。在"从"下拉列表中选择"草图基准面"，默认为沿一个方向拉伸，在"方向1"下拉列表中选择"给定深度"，深度设置为12mm。

单击 ✅ （确定）按钮，得到零件模型，如图7-30所示。

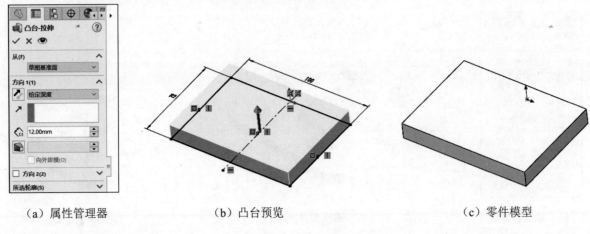

　（a）属性管理器　　　　　　　　（b）凸台预览　　　　　　　　　（c）零件模型

图7-30　凸台-拉伸

05 选择"前视基准面"，在关联工具栏中选择"草图绘制"命令，进入草图绘制界面。按空格键，在"方向"工具栏中选择 ，使草图平面平行于屏幕，绘制草图，如图7-31所示。

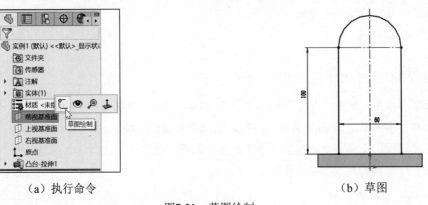

　　　　（a）执行命令　　　　　　　　　　　　　　（b）草图

图7-31　草图绘制

06 单击"特征"工具选项卡中的 按钮，将特征管理器切换到"凸台-拉伸"属性管理器。

设置属性管理器选项。在"从"下拉列表中选择"草图基准面"，默认为沿一个方向拉伸，在"方向1"下拉列表中选择"给定深度"，深度设置为12mm。

单击 ✅ （确定）按钮，得到零件模型，如图7-32所示。

07 选择"右视基准面"，在关联工具栏中选择"草图绘制"命令，进入草图绘制界面。按空格键，在"方向"工具栏中选择 ，使草图平面平行于屏幕，绘制开环草图，如图7-33所示。

08 单击"特征"工具选项卡中的 按钮，将特征管理器切换到"筋1"属性管理器。

设置属性管理器选项。设置筋"厚度"为 、8mm，拉伸方向设为 。

（a）属性管理器

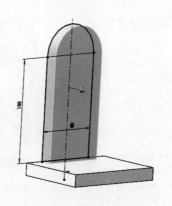

（b）凸台预览

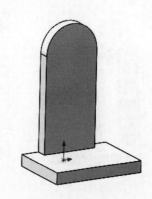

（c）零件模型

图7-32 凸台-拉伸

（a）执行命令

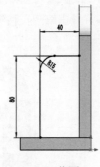

（b）草图

图7-33 草图绘制

单击 ✅（确定）按钮，完成筋特征，如图7-34所示。

（a）属性管理器

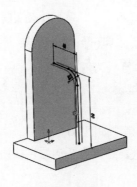

（b）筋预览

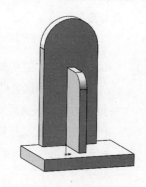

（c）零件模型

图7-34 筋特征

09 单击"特征"工具选项卡中的 （简单直孔）按钮。单击需要钻孔的面，放置孔中心，将特征管理器切换到"孔"属性管理器。

设置属性管理器选项。在"从"下拉列表中选择"草图基准面"，在"方向1"下拉列表中选择"完全贯穿"，设置孔直径为25mm。

单击 ✅（确定）按钮，形成简单直孔，如图7-35所示。

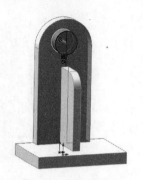

| （a）放置孔中心 | （b）属性管理器 | （c）孔预览 | （d）零件模型 |

图7-35　简单直孔

10 在特征管理器中单击孔的草图，在关联菜单中单击 （编辑草图）按钮，进入草图编辑界面。按空格键，单击 ⬆（正视于）按钮，约束圆与圆弧同心。

单击 ↳（退出草图）按钮，结束草图的编辑，如图7-36所示。

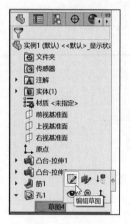

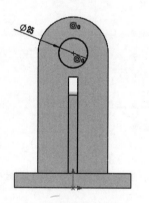
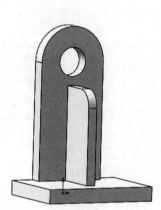

| （a）执行命令 | （b）编辑草图 | （c）约束圆与圆弧同心 | （d）结束草图的编辑 |

图7-36　编辑草图

11 单击"特征"工具选项卡中的 ⬚（圆角）按钮，将特征管理器切换到"圆角1"属性管理器。设置属性管理器选项，圆角类型设为"恒定大小圆角"，单击"边线和面或顶点"框，选择凸台-拉伸边线，设置距离值为16mm。

单击 ✅（确定）按钮，完成圆角，如图7-37所示。

12 单击"特征"工具选项卡中的 ⬚（异型孔向导）按钮，将特征管理器切换到"孔规格"属性管理器。

打开"类型"选项卡，设置"孔类型"为"旧制孔"、"类型"为"柱形沉头孔"。设置界面尺寸，即设置直径为9mm、深度为12mm、柱坑直径为15mm、柱坑深度为5mm，并设置"方向1"为"完全贯穿"。

打开"位置"选项卡，单击需要钻孔的面，放置孔中心。

 "方向1"为"完全贯穿"时，深度无法编辑，由孔的终止条件派生。

单击 ✅（确定）按钮，形成异型孔，如图7-38所示。

（a）属性管理器

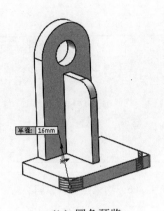

（b）圆角预览

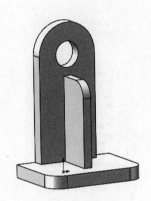

（c）完成圆角

图7-37　圆角特征

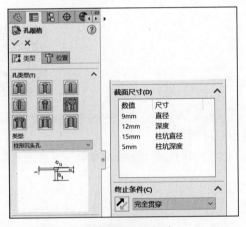

（a）"类型"选项卡

（b）"位置"选项卡

（c）放置孔中心

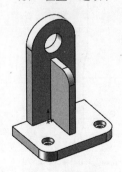

（d）形成异型孔

图7-38　异型孔特征

⑬ 在特征管理器中单击"孔2"的草图，在关联菜单中单击 ✐（编辑草图）按钮，进入草图编辑界面。按空格键，单击 ↥（正视于）按钮，对孔的中心位置进行标注。

单击 （退出草图）按钮，结束草图的编辑，如图7-39所示。

（a）执行命令   （b）约束点与圆弧同心   （c）结束草图的编辑

图7-39   最终模型

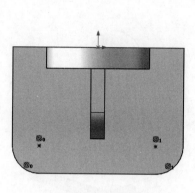

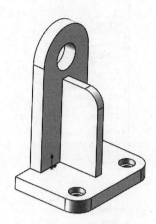

14   单击标准工具栏中的 ▣（保存）按钮，弹出"另存为"对话框，设置保存路径为"素材文件\Char07"、文件名为"实例1"，单击"保存"按钮。

7.7.2   实例2

【例7-16】创建如图7-40所示的实体。操作步骤如下：

01   新建零件模型。单击标准工具栏中的 �▾（新建）按钮，系统弹出"新建SolidWorks文件"对话框，选择 ◈（零件）。单击"确定"按钮，进入零件设计环境。

02   单击"草图"工具栏上的 ▱（草图绘制）按钮，在绘图区选择"上视基准面"。进入草图绘制界面，绘制草图，如图7-41所示。

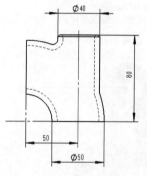

图 7-40   零件模型

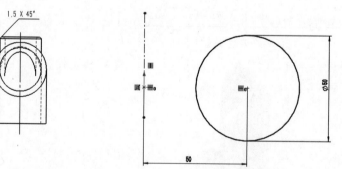

图 7-41   草图

03   单击"特征"工具选项卡中的 ◈（旋转凸台/基体）按钮，将特征管理器切换到"旋转"属性管理器，同时绘图区切换为等轴测视图。

设置属性管理器选项。在"旋转轴"下拉列表中选择"直线1"，默认为沿一个方向旋转，在"方向1"下拉列表中选择"给定深度"，并设置方向1的角度为90度。

单击 ▨（确定）按钮，得到零件模型，如图7-42所示。

（a）属性管理器

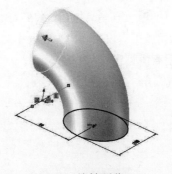

（b）旋转预览

（c）零件模型

图7-42 旋转

04 单击"上视基准面"，在关联工具栏中单击 （草图绘制）命令，进入草图绘制环境，绘制如图7-43所示的草图。

（a）执行命令

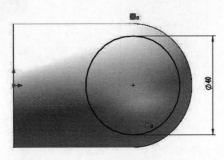

（b）草图

图7-43 草图绘制

05 单击"特征"工具选项卡中的 （拉伸凸台/基体）按钮，将特征管理器切换到"凸台-拉伸"属性管理器。

设置属性管理器选项。在"从"下拉列表中选择"草图基准面"，默认为沿一个方向拉伸，在"方向1"下拉列表中选择"给定深度"，并设置深度为80mm。

单击 ✔（确定）按钮，得到零件模型，如图7-44所示。

（a）属性管理器

（b）凸台-拉伸预览

（c）零件模型

图7-44 凸台-拉伸特征

06 单击"特征"工具选项卡中的 (圆角) 按钮，将特征管理器切换到"圆角"属性管理器。设置属性管理器选项。"圆角类型"设置为"恒定大小圆角"，单击"边线和面或顶点"框，选择凸台-拉伸边线，并设置距离值为5mm。

单击 ✅ （确定）按钮，完成圆角，如图7-45所示。

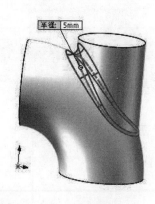

（a）属性管理器　　　　　　（b）圆角预览　　　　　　（c）完成圆角

图7-45　圆角特征

07 单击"特征"工具选项卡中的 (抽壳) 按钮，将特征管理器切换到"抽壳"属性管理器。设置属性管理器选项。输入厚度为5mm；单击 (移除的面) 框，选择要移除的端面。

单击 ✅ （确定）按钮，完成抽壳特征，如图7-46所示。

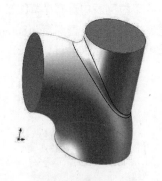

（a）属性管理器　　　　　　（b）选择面　　　　　　（c）零件模型

图7-46　抽壳特征

08 单击"特征"工具选项卡中的 (倒角) 按钮，将特征管理器切换到"倒角"属性管理器。设置属性管理器选项。单击"边线和面或顶点"框，选择圆柱体边线，设置倒角类型为"角度距离"、距离值为1.5mm、角度值为45度。

单击 ✅ （确定）按钮，完成倒角，如图7-47所示。

（a）属性管理器　　　　　　　　（b）选择边线　　　　　　　　（c）零件模型

图7-47　倒角特征

09　单击标准工具栏中的 📠 （保存）按钮，弹出"另存为"对话框，设置保存路径为"素材文件\Char07"、
文件名为"实例2"，单击"保存"按钮。

7.8　本章小结

通过本章的学习，读者可以熟悉SolidWorks附加特征的操作步骤，通过参数的设置熟练创建零件中
用到的附加特征的细节。灵活运用这些附加特征能够提高建模效率，创建复杂的三维模型。

7.9　自主练习

（1）使用简单直孔、圆角、筋等特征建立如图7-48所示的模型。

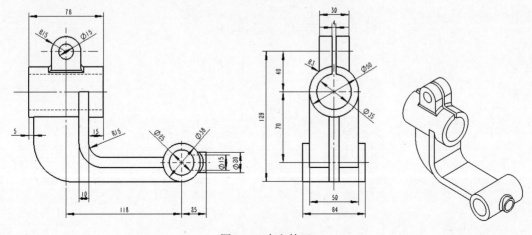

图7-48　自主练习1

（2）使用简单直孔、圆角、倒角等特征建立如图7-49所示的模型。

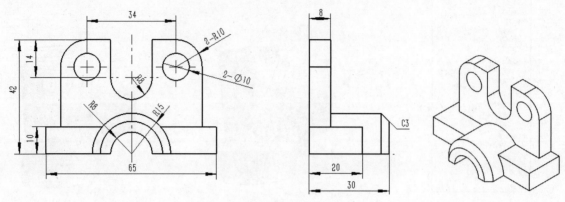

图7-49　自主练习2

（3）使用简单直孔、圆角、筋等特征建立如图7-50所示的模型。

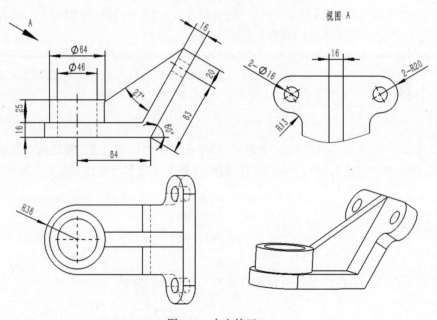

图7-50　自主练习3

第8章

实体编辑

前面几章讲解了基本的特征建模和倒角等特征。本章讲解在不改变已有特征的基本形态下，对其进行局部修饰的建模方法，如阵列特征、镜像特征等。运用实体编辑特征工具可以更方便地建立相同或相似的特征。

学习目标

❖ 熟练掌握各种阵列和镜像的方法。
❖ 掌握每种特征属性的编辑，并能够灵活应用。

8.1 阵列

阵列是指按照一定的方式复制源特征，包括线性阵列、圆周阵列、曲线驱动的阵列、草图驱动的阵列、表格驱动的阵列和填充阵列，可以完全满足设计中的需要。

当创建特征的多个实例时，阵列是最好的方法，优先选择阵列的原因有以下几点：

（1）重复使用几何体。源特征只被创建一次，参考源，创建和放置源的阵列实例。

（2）方便修改。源和阵列实例是相关的，实例随着源的改变而改变。

（3）使用装配体部件阵列。通过"特征驱动"阵列，在零件级创建的阵列可以在装配体级得到重新利用，这种阵列被用来放置零部件和子装配体。

（4）智能扣件。针对每个孔，智能扣件会自动向装配体添加扣件，这是智能扣件的一个优势。

　（1）源是被阵列的几何体，可以是一个或多个特征、实体或面。
（2）阵列实例简称实例，是通过阵列创建的源复制件，从源派生并且随着源的变化而变化。

8.1.1 线性阵列

线性阵列就是沿着一个或两个线性路径阵列一个或多个特征。调用"线性阵列"命令有以下两种方式：

（1）单击"特征"工具选项卡中的 🔡（线性阵列）按钮。

（2）执行菜单栏中的"插入"→"阵列/镜像"→ 🔡（线性阵列）命令。

其他实体编辑特征的调用方式和线性阵列特征命令类似，后续将不再赘述。

【例8-1】线性阵列。操作步骤如下：

01 打开Ex08_01.sldprt文件。

02 单击"特征"工具选项卡中的 ⁝⁝ （线性阵列）按钮，将特征管理器切换到"线性阵列"属性管理器。

03 设置属性管理器选项。单击 🔚 （要阵列的特征）框，选择"孔1"。

04 打开"方向1"组，单击"阵列方向"框，选择长方体边线；设置间距为15mm、实例数为3。

05 打开"方向2"组，单击"阵列方向"框，选择长方体边线，设置间距为25mm、实例数为3。

06 单击 ✔ （确定）按钮，完成线性阵列，如图8-1所示。

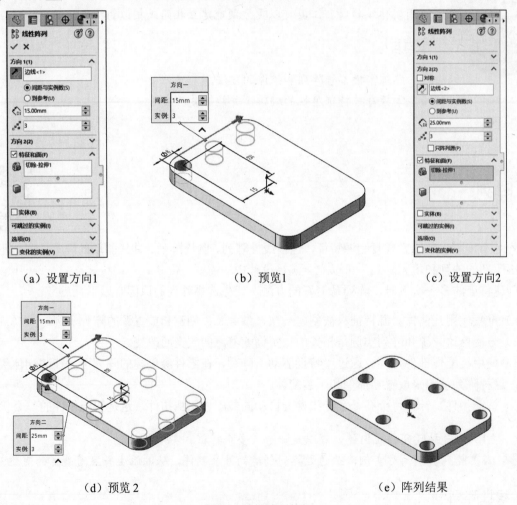

（a）设置方向1　　　（b）预览1　　　（c）设置方向2

（d）预览2　　　　　　　　　（e）阵列结果

图8-1　线性阵列特征

8.1.2　圆周阵列

圆周阵列就是根据旋转中心沿圆周路径阵列一个或多个特征。

【例8-2】圆周阵列。 操作步骤如下：

01 打开Ex08_02.sldprt文件。

02 单击"特征"工具选项卡中的 （圆周阵列）按钮，将特征管理器切换到"阵列（圆周）"属性管理器。

03 设置属性管理器选项。单击 （要阵列的特征）框，选择"孔1"；单击"阵列轴"框，选择内环面作为"临时轴"；设置角度为360度、实例数为6。

> **⚠ 注意**　执行菜单栏中的"视图"→"临时轴"命令。在图形区域显示临时轴，陈列时该轴将作为旋转中心。

04 单击 ✔（确定）按钮，完成圆周阵列，如图8-2所示。

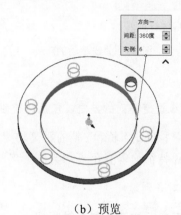
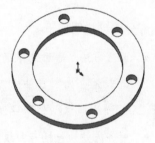

（a）属性管理器　　　　　　　　　（b）预览　　　　　　　　（c）阵列结果

图8-2　圆周阵列特征

8.1.3　曲线驱动的阵列

曲线驱动的阵列是沿曲线路径阵列一个或多个特征：

【例8-3】曲线驱动的阵列。 操作步骤如下：

01 采用上例的模型。打开一个模型，在要阵列的平面上绘制阵列曲线，单击 （退出草图）按钮。

02 单击菜单栏中的"插入"→"阵列/镜像"→ （曲线驱动的阵列）命令，将特征管理器切换到"曲线驱动的阵列"属性管理器。

03 设置属性管理器选项。在"方向1"组中单击"阵列方向"框，选择阵列曲线，设置实例数为5，勾选"等间距"复选框，设置曲线方法为"转换曲线"、对齐方法为"对齐到源"。

04 单击 （要阵列的特征）框，选择"孔1"。

05 单击 ✔（确定）按钮，完成曲线驱动的阵列，如图8-3所示。

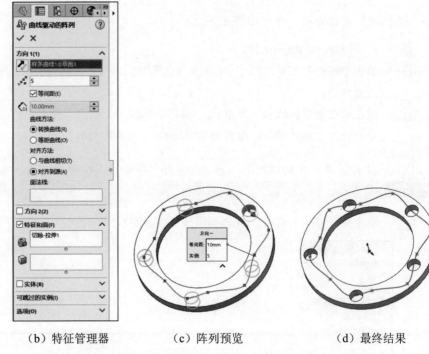

| （a）绘制草图 | （b）特征管理器 | （c）阵列预览 | （d）最终结果 |

图8-3　曲线驱动的阵列

部分选项说明如下。

- 曲线方法：通过选择定义的曲线设定阵列的方向，包括转换曲线和等距曲线。

  ➢ 转换曲线：从曲线原点到源特征的X轴和Y轴的距离均为阵列实例保留。

  ➢ 等距曲线：从曲线原点到源特征的垂直距离均为阵列实例保留。

- 对齐方法：包括与曲线相切和对齐到源。

  ➢ 与曲线相切：对齐为阵列方向与所选阵列曲线相切。

  ➢ 对齐到源：对齐阵列实例与源特征的原有对齐匹配。

8.1.4　草图驱动的阵列

对于阵列无规律的特征，可以使用草图驱动阵列，通过源特征阵列到草图上的每个点。

【例8-4】草图驱动的阵列。操作步骤如下：

01 采用上例的模型。在要阵列的平面上绘制草图，通过 ■ （点）命令定位要阵列实体的中心位置，单击 └╸ （退出草图）按钮。

02 单击菜单栏中的"插入"→"阵列/镜像"→ 🝊 （草图驱动的阵列）命令，将特征管理器切换到"由草图驱动的阵列"属性管理器。

03 设置属性管理器选项。打开"选择"组，单击 🖼 （参考草图）框，选择"草图3"；参考点设为"重心"。单击 🝖 （要阵列的特征）框，选择"切除-拉伸1"特征。

04 单击 ✅ （确定）按钮，完成草图驱动的阵列，如图8-4所示。

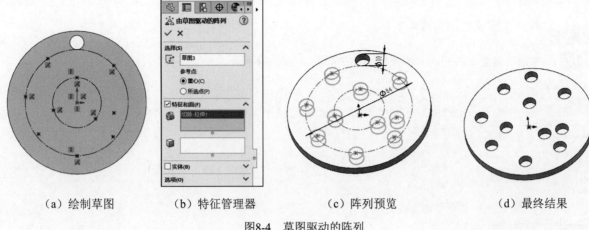

（a）绘制草图　　　　（b）特征管理器　　　　（c）阵列预览　　　　（d）最终结果

图8-4　草图驱动的阵列

8.1.5　表格驱动的阵列

对于阵列无规律的特征，可以使用表格驱动阵列，通过源特征阵列到表格中的每个坐标点。

【例8-5】表格驱动的阵列。操作步骤如下：

01 打开Ex08_05.sldprt文件。

02 单击"特征"工具选项卡中的 （坐标系），将特征管理器切换到"坐标系"属性管理器。

03 设置属性管理器选项。单击 ⚓（原点）框，再单击选择左下角的"顶点"，X轴选择水平边线，Y轴选择垂直边线。

⚠️注意　读者可以单击 ↗（反向）按钮，改变坐标轴的方向。

04 单击 ✅（确定）按钮，完成坐标系的创建，如图8-5所示。

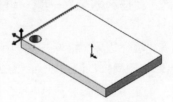
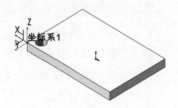

（a）属性管理器　　　　（b）原点与坐标轴的选取　　　　（c）最终结果

图8-5　坐标系的创建

05 执行菜单栏中的"插入"→"阵列/镜像"→ 🔲（表格驱动的阵列）命令，打开"由表格驱动的阵列"对话框。

06 设置参数。参考点设为"重心"，坐标系选择"坐标系1"，要复制的特征选择"切除-拉伸1"，按各个阵列实例的顺序输入坐标值。

输入坐标值时，双击文本框。

07 单击"确定"按钮，完成表格驱动的阵列，如图8-6所示。

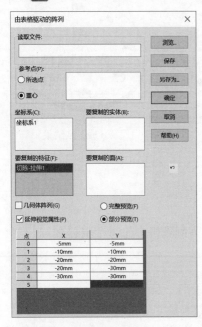

（a）"由表格驱动的阵列"对话框

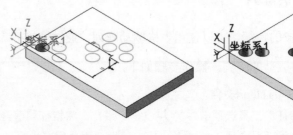

（b）预览

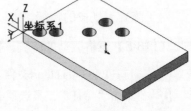

（c）最终结果

图8-6　表格驱动的阵列

8.1.6　填充阵列

填充阵列是使用特征阵列或预定义的切割形状来填充所定义的区域。

【例8-6】填充阵列。操作步骤如下：

01 打开Ex08_06.sldprt文件。该模型在阵列的平面上拥有一条直线绘制草图。

02 执行菜单栏中的"插入"→"阵列/镜像"→ 📇 （填充阵列）按钮，将特征管理器切换到"填充阵列"属性管理器。

03 设置属性管理器选项。在"填充边界"组单击 📷 （所选面）框，选择凸台上平面。

在"阵列布局"组选择 📷 （圆周），设置环间距为20mm、实例数为6、边距为5mm、阵列方向为"直线"。

单击 📷 （要阵列的特征）框，选择"孔1"。

04 单击 ✅ （确定）按钮，完成填充阵列，如图8-7所示。

 针对填充阵列中的实例数，读者可以在自定义属性中使用此实例数，还可以链接此值用于注解和方程式。此数值不可编辑或配置。

（a）属性管理器

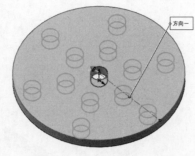
（b）选择阵列平面与方向（预览）

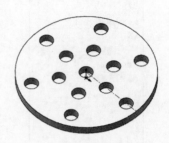
（c）最终结果

图8-7　填充阵列

8.2　镜像

镜像特征是指对称于基准面（或一个平面）镜像所选的特征。当镜像的源特征发生变化时，镜像的复制特征也会随之变化。

8.2.1　镜像特征

【例8-7】镜像特征。操作步骤如下：

01 打开Ex08_07.sldprt文件。单击"特征"工具选项卡中的 ┣┫ （镜像）按钮，将特征管理器切换到"镜像"属性管理器。

02 设置属性管理器选项。在"镜像面/基准面"组中单击 🗔 （镜像面/基准面）框，选择"前视基准面"。在"要镜像的特征"组中单击 🍩 （要镜像的特征）框，选择要镜像的特征。

- 🗔 （镜像面/基准面）框：选择一个基准面或实体面。
- 🍩 （要镜像的特征）框：选择要镜像的特征，既可以在图形区域选择，也可以在特征管理器中选择。
- 🗔 （要镜像的面）框：在图形区域中单击要镜像的面。
- 几何体阵列：可以加速特征阵列的生成及重建。

03 单击 ✅ （确定）按钮，完成镜像特征，如图8-8所示。

几何体阵列只能用于要镜像的特征和要镜像的面。

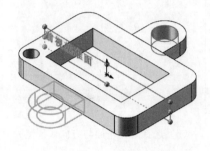

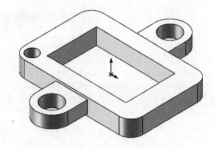

（a）属性管理器 　　　　　　（b）镜像预览 　　　　　　（c）最终结果

图8-8　镜像特征

8.2.2　镜像实体

实体特征没有"合并"时，可以选择镜像实体。

【例8-8】镜像实体。操作步骤如下：

01　继续使用上例的模型。单击"特征"工具选项卡中的 🔛（镜像）按钮，将特征管理器切换到"镜像"属性管理器。

02　设置属性管理器选项。打开"镜像面/基准面"组，单击 🔲（镜像面/基准面）框，选择"前视基准面"。打开"要镜像的实体"组，单击 🔲（要镜像的实体）框，选择要镜像的实体。

- 合并实体：勾选"合并实体"复选框时，镜像的单独实体会与原有实体合为一个实体。
- 缝合曲面：可以将镜像面附加到原有面上，将两个曲面缝合在一起。

03　单击 ✅（确定）按钮，完成镜像实体，如图8-9所示。

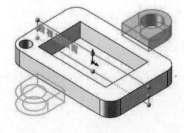

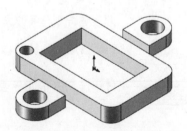

（a）属性管理器 　　　　　　（b）镜像预览 　　　　　　（c）最终结果

图8-9　镜像实体

8.3　更改特征属性

在完成特征的创建后，仍可以对草图、特征进行修改。

8.3.1　编辑草图平面

在绘制草图时，会遇到草图绘制平面选择不当的情况，此时可以更换草图绘制平面。

【例8-9】编辑草图平面。操作步骤如下：

01 打开一个模型。在零件模型的特征管理树下选中草图，右击，在弹出的快捷菜单中单击 ▥ （编辑草图平面）按钮。也可以单击特征的草图，在关联工具栏中单击 ▥ （编辑草图平面）按钮。

02 单击特征管理树下的基准面，就可以在特征管理树下选择合适的草图绘制平面来代替原先的草图绘制平面。

03 单击 ✔ （确定）按钮，完成草图平面的编辑，如图8-10所示。

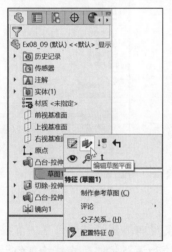
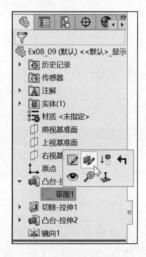
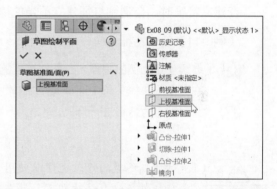

（a）执行编辑草图平面　　　　（b）关联工具栏　　　　（c）选择基准面

图8-10　编辑草图平面

8.3.2　编辑草图

在绘制草图时，会遇到草图绘制不当的情况，此时可以编辑草图。

【例8-10】编辑草图。操作步骤如下：

01 继续使用上例的模型。在零件模型的特征管理树下选中草图，右击，在弹出的快捷菜单中单击 ▥ （编辑草图）按钮。

也可以单击特征的草图，在关联工具栏中单击 ▥ （编辑草图）按钮，如图8-11所示。

02 此时即可对绘制的草图进行修改，单击 ↳ （退出草图）按钮，完成草图的编辑。

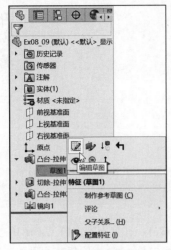

（a）执行编辑草图命令

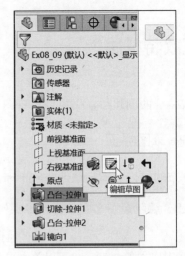

（b）关联工具栏

图8-11　编辑草图

 双击草图可以进行快速修改。

8.3.3　编辑特征

在建立特征时，会遇到特征建立不当的情况，此时可以更换特征参数。

【例8-11】编辑特征。操作步骤如下：

01 继续使用上例的模型。在零件模型的特征管理树下选中特征，右击，在弹出的快捷菜单中选择 （编辑特征）命令，如图8-12所示。

02 此时即可对特征进行修改，单击 ✅（确定）按钮，完成特征的编辑。

图8-12　编辑特征

 （1）对特征参数的修改也可以使用动态修改命令。系统不需要退回编辑特征的位置，直接对特征进行动态修改即可。动态修改是通过控标移动、旋转和调整拉伸及旋转特征的大小来修改对象的。

（2）通常采用双击草图或特征的方式进行快速修改。

8.3.4　父子关系

在SolidWorks中，特征管理树显示的特征默认情况下按先后顺序排列。后面建立的附加特征通常建立在现有基体特征之上。基体特征称为父特征，附加特征称为子特征，子特征依附于父特征。

【例8-12】查看父子特征关系。操作步骤如下：

01 继续使用上例的模型。在零件模型的特征管理树下选中特征，右击，在弹出的快捷菜单中选择"父子关系"。

02 此时即可对特征的父子关系进行查看，查看完毕后单击"关闭"按钮，如图8-13所示。

（a）执行"父子关系"命令

（b）"父子关系"对话框

图8-13　查看父子关系

 （1）父子关系不能编辑。
（2）不能将子特征排列到父特征之前。

8.3.5　压缩/解除压缩

特征被压缩后，在模型中不再显示，但是并没有被删除，被压缩的特征在设计树中以灰色显示。

【例8-13】压缩。操作步骤如下：

01 继续使用上例的模型。在零件模型的特征管理树下选中特征，右击，在弹出的快捷菜单中选择 ↓▇
（压缩）命令。

02 被压缩的特征在设计树中以灰色显示。要解除压缩的特征必须是"设计树"中已被压缩的特征，
如图8-14所示。

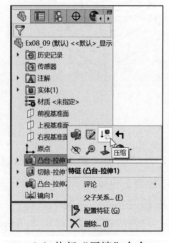

（a）执行"压缩"命令

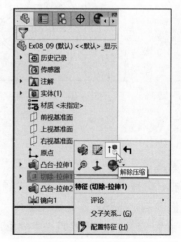

（b）执行"解除压缩"命令

图8-14　压缩/解除压缩

 不能从视图中选择该特征的某一个面来解除压缩的特征，因为视图中该特征不被显示。

8.3.6　退回和插入特征

"退回"特征可以查看某一特征生成前的模型的状态。将光标移至"控制棒"，按住鼠标左键向上拖动"控制棒"至"凸台-拉伸2"上方，如图8-15所示。此时，模型显示为"凸台-拉伸2"生成前的状态。

"插入"特征用于在某一特征之后插入新的特征。将光标移至"控制棒"，按住鼠标左键向上拖动"控制棒"至"凸台-拉伸2"上方。此时，建立新的特征，即可插入特征。

 读者也可以单击设计树中的特征并拖动，来更改特征的先后顺序，但不能改变原有的父子关系。

图8-15　退回特征

8.4　实例操作

8.4.1　基座

【例8-14】创建如图8-16所示的实体。操作步骤如下：

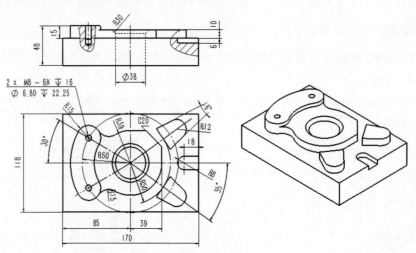

图8-16　实体

01 新建零件模型。单击标准工具栏中的 📄▾（新建）按钮，系统弹出"新建SolidWorks文件"对话框，选择 🍔（零件）。单击"确定"按钮，进入零件设计环境。单击"草图"工具栏上的 └┘（草图绘制）按钮，在绘图区选择"上视基准面"。进入草图绘制界面，绘制草图。

02 单击"特征"工具选项卡中的 🔩（拉伸凸台/基体）按钮，将特征管理器切换到"凸台-拉伸"属性管理器。

设置属性管理器选项。在"从"下拉列表中选择"草图基准面"，默认为沿一个方向拉伸，在"方向1"下拉列表中选择"给定深度"，设置深度为33mm。

单击 ✅（确定）按钮，得到零件模型，如图8-17所示。

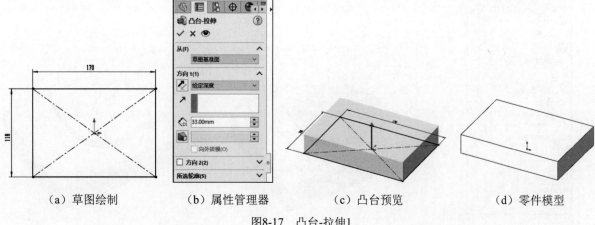

| （a）草图绘制 | （b）属性管理器 | （c）凸台预览 | （d）零件模型 |

图8-17　凸台-拉伸1

03　选择凸台顶面，在关联工具栏中选择"草图绘制"命令，进入草图绘制界面。按空格键，在"方向"工具栏中选择 ⬆ （正视于），使草图平面平行于屏幕，绘制草图，如图8-18所示。

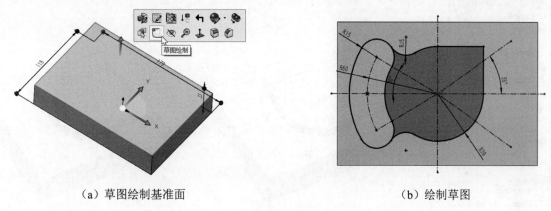

（a）草图绘制基准面　　　　　　　　　　　（b）绘制草图

图8-18　草图

04　单击"特征"工具选项卡中的 🎛 （拉伸凸台/基体）按钮，将特征管理器切换到"凸台-拉伸"属性管理器。

设置属性管理器选项。在"从"下拉列表中选择"草图基准面"，默认为沿一个方向拉伸，在"方向1"下拉列表中选择"给定深度"，设置深度为10mm，并选择轮廓。

单击 ✅ （确定）按钮，得到零件模型，如图8-19所示。

05　选中在03中绘制的草图后，单击"特征"工具选项卡中的 🎛 （拉伸凸台/基体）按钮，将特征管理器切换到"凸台-拉伸"属性管理器。

设置属性管理器选项。在"从"下拉列表中选择"草图基准面"，默认为沿一个方向拉伸，在"方向1"下拉列表中选择"给定深度"，设置深度为15mm，并选择轮廓。

单击 ✅ （确定）按钮，得到零件模型，如图8-20所示。

06　单击"特征"工具选项卡中的 🎲 （倒角）按钮，将特征管理器切换到"倒角1"属性管理器。

设置属性管理器选项。选中"角度距离"单选按钮 📐，单击"边线和面或顶点"列表框，选择凸台-拉伸边线，设置距离值为20mm、角度为45度。

单击 ✅ （确定）按钮，完成倒角，如图8-21所示。

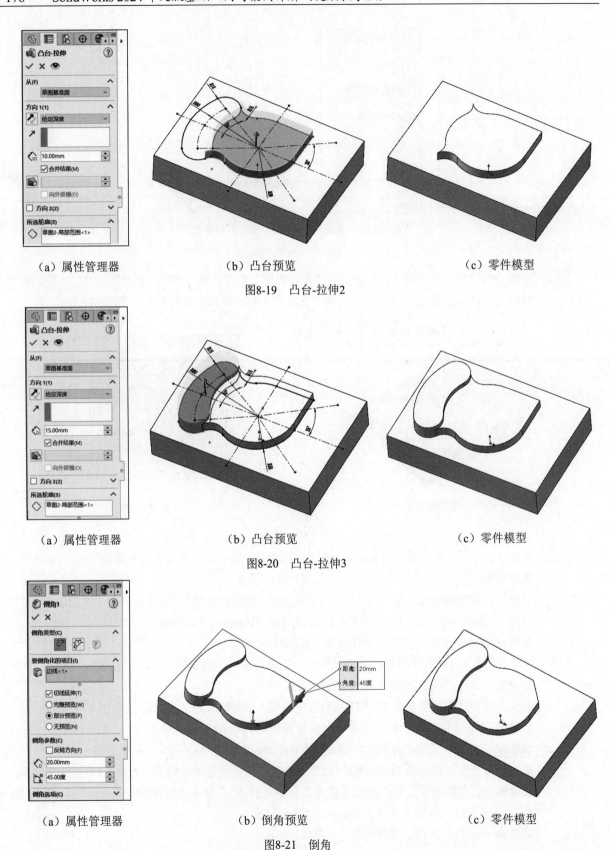

（a）属性管理器　　　　　　（b）凸台预览　　　　　　（c）零件模型

图8-19　凸台-拉伸2

（a）属性管理器　　　　　　（b）凸台预览　　　　　　（c）零件模型

图8-20　凸台-拉伸3

（a）属性管理器　　　　　　（b）倒角预览　　　　　　（c）零件模型

图8-21　倒角

07 选择"前视基准面",在关联工具栏中选择"草图绘制"命令,进入草图绘制界面。按空格键,在"方向"工具栏中选择 ⬆ (正视于),使草图平面平行于屏幕,绘制闭环草图,如图8-22所示。

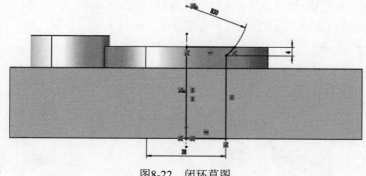

图8-22　闭环草图

08 单击"特征"工具选项卡中的 🔘 (旋转切除)按钮,将特征管理器切换到"切除-旋转"属性管理器。

设置属性管理器选项。旋转轴选择中心线,方向角度默认为360度,轮廓默认为封闭轮廓。

单击 ✅ (确定)按钮,完成旋转切除,如图8-23所示。

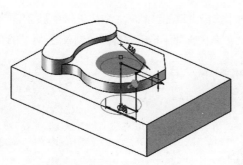

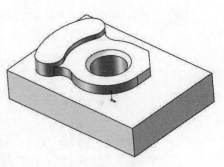

（a）属性管理器　　　　　　　　（b）预览　　　　　　　　（c）零件模型

图8-23　切除-旋转

09 选择凸台顶面,在关联工具栏中选择"草图绘制"命令,进入草图绘制界面。按空格键,在"方向"工具栏中选择 ⬆ (正视于),使草图平面平行于屏幕,绘制草图,如图8-24所示。

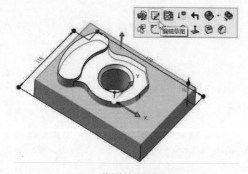

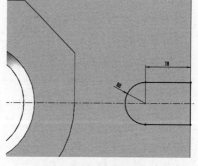

（a）草图绘制基准面　　　　　　　　　　　　（b）绘制草图

图8-24　草图

10 单击"特征"工具选项卡中的 ▣（拉伸切除）按钮，将特征管理器切换到"切除-拉伸"属性管理器。

设置属性管理器选项。在"从"下拉列表中选择"草图基准面"，默认为沿一个方向拉伸，在"方向1"下拉列表中选择"给定深度"，设置深度为6mm。

单击 ✅（确定）按钮，得到零件模型，如图8-25所示。

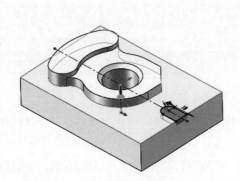
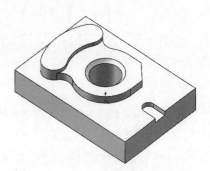

（a）属性管理器　　　　　　　　（b）预览　　　　　　　　（c）零件模型

图8-25　切除-拉伸

11 选择凸台顶面，在关联工具栏中选择"草图绘制"命令，进入草图绘制界面。按空格键，在"方向"工具栏中选择 ♪（正视于），使草图平面平行于屏幕，绘制草图，如图8-26所示。

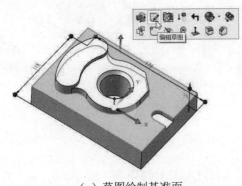
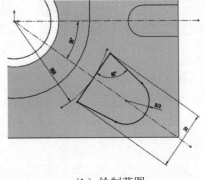

（a）草图绘制基准面　　　　　　　　　（b）绘制草图

图8-26　草图

12 单击"特征"工具选项卡中的 ◉（拉伸凸台/基体）按钮，将特征管理器切换到"凸台-拉伸4"属性管理器。

设置属性管理器选项。在"从"下拉列表中选择"草图基准面"，默认为沿一个方向拉伸，在"方向1"下拉列表中选择"给定深度"，设置深度为10mm，并选择轮廓。

单击 ✅（确定）按钮，得到零件模型，如图8-27所示。

13 单击"特征"工具选项卡中的 ⋈（镜像）按钮，将特征管理器切换到"镜像1"属性管理器。

设置属性管理器选项。单击 ▣（镜像面/基准面）框，选择"前视基准面"；单击 ▣（要镜像的特征）框，选择要镜像的特征。

单击 ✅（确定）按钮，完成镜像特征，如图8-28所示。

（a）属性管理器

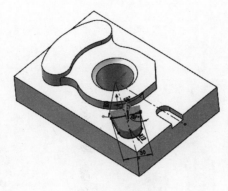

（b）预览

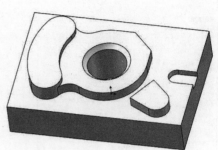

（c）零件模型

图8-27　凸台-拉伸

（a）属性管理器

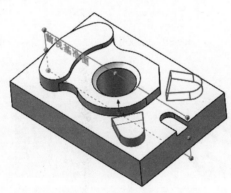

（b）预览

（c）零件模型

图8-28　镜像

14 单击"特征"工具选项卡中的 （异型孔向导）按钮或执行菜单栏中的"插入"→"特征"→
"孔"→"向导"命令，将特征管理器切换到"孔规格"属性管理器。

打开"类型"选项卡，设置"孔类型"为"直螺纹孔"、"标准"为GB、"类型"为"螺纹孔"、
"大小"为M8，并设置"方向1"为"给定深度"、盲孔深度为22.25mm、螺纹孔深度为16mm。
打开"位置"选项卡，在绘图区选择螺纹孔的中心位置。

单击 ✅（确定）按钮，得到螺纹孔，如图8-29所示。

15 在特征管理器中单击螺纹孔的草图，在关联菜单中单击选择 ✏（编辑草图）按钮，进入草图编辑
界面。按空格键，单击 ⬆（正视于）按钮，然后编辑草图尺寸。

单击 ↵（退出草图）按钮，结束草图编辑，如图8-30所示。

16 单击"视图"→"临时轴"命令，在图形区域显示临时轴，作为旋转中心。

17 单击"特征"工具选项卡中的 ✣（圆周阵列）按钮，将特征管理器切换到"阵列（圆周）"属
性管理器。

（a）属性管理器

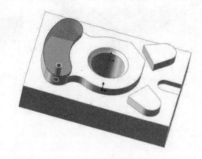

（b）孔预览

（c）零件模型

图8-29　螺纹孔

（a）执行命令

（b）预览

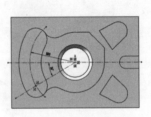

（c）编辑草图

（d）结束草图编辑

图8-30　草图编辑

设置属性管理器选项。单击阵列轴框，选择"临时轴"，设置角度为60度、实例数为2。单击要阵列的特征框，选择"M8螺纹孔1"，若方向相反，则单击阵列轴框前的"反向"按钮。单击 ✅ （确定）按钮，完成圆周阵列，如图8-31所示。

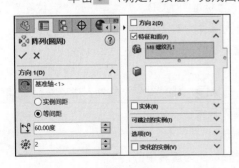

（a）属性管理器

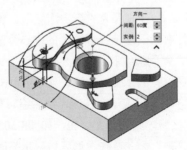

（b）阵列预览

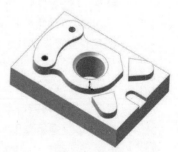

（c）零件模型

图8-31　圆周阵列

18 单击标准工具栏中的 ▦ (保存) 按钮,弹出"另存为"对话框,设置保存路径为"素材文件\Char08"、文件名为"实例1",单击"保存"按钮。

8.4.2 支架

【例8-15】创建如图8-32所示的实体。操作步骤如下:

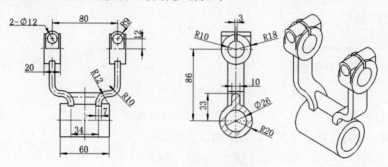

图8-32 实体

01 新建零件模型。单击标准工具栏中的 ▯ ⋅ (新建) 按钮,系统弹出"新建SolidWorks文件"对话框,选择 ◈ (零件)。单击"确定"按钮,进入零件设计环境。

02 单击"草图"工具栏上的 □ (草图绘制) 按钮,在绘图区选择"右视基准面"。进入草图绘制界面,绘制草图。

03 单击"特征"工具选项卡中的 ▤ (拉伸凸台/基体) 按钮,将特征管理器切换到"凸台-拉伸"属性管理器。

设置属性管理器选项。在"从"下拉列表中选择"草图基准面",默认为沿一个方向拉伸,在"方向1"下拉列表中选择"两侧对称",设置深度为60mm。

单击 ✓ (确定) 按钮,得到零件模型,如图8-33所示。

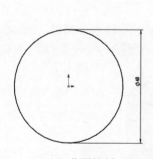

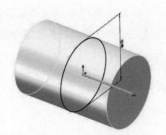

(a) 草图绘制　　　　(b) 属性管理器　　　　(c) 凸台预览　　　　(d) 零件模型

图8-33 凸台-拉伸1

04 选择右视基准面,在关联工具栏中选择"草图绘制"命令,进入草图绘制界面。按空格键,在"方向"工具栏中选择 ⬆ (正视于),使草图平面平行于屏幕,绘制草图,如图8-34所示。

05 单击"特征"工具选项卡中的 ▤ (拉伸凸台/基体) 按钮,将特征管理器切换到"凸台-拉伸"属性管理器。

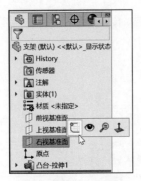

（a）草图绘制基准面

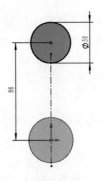

（b）绘制草图

图8-34　草图

设置属性管理器选项。在"从"下拉列表中选择"等距"，默认为沿一个方向拉伸，在"方向1"下拉列表中选择"给定深度"，设置深度为20mm。

单击 ✅（确定）按钮，得到零件模型，如图8-35所示。

（a）属性管理器

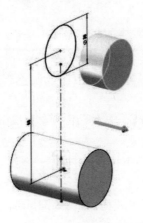

（b）凸台预览

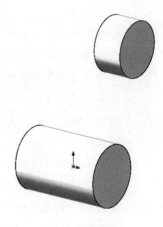

（c）零件模型

图8-35　凸台-拉伸2

06 选择前视基准面，在关联工具栏中选择"草图绘制"命令，进入草图绘制界面。按空格键，在"方向"工具栏中选择 ↥（正视于），使草图平面平行于屏幕，绘制草图，如图8-36所示。

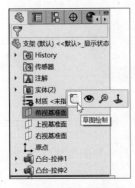

（a）草图绘制基准面

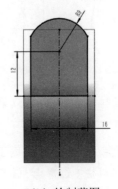

（b）绘制草图

图8-36　草图

07 单击"特征"工具选项卡中的  （拉伸凸台/基体）按钮，将特征管理器切换到"凸台-拉伸"属性管理器。

设置属性管理器选项。在"从"下拉列表中选择"草图基准面"，默认为沿一个方向拉伸，在"方向1"下拉列表中选择"两侧对称"，设置深度为36mm。

单击 ✅ （确定）按钮，得到零件模型，如图8-37所示。

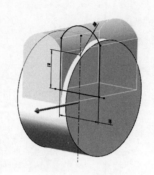
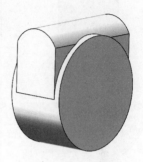

（a）属性管理器　　　　（b）凸台预览　　　　（c）零件模型

图8-37 凸台-拉伸3

08 选择前视基准面，在关联工具栏中选择"草图绘制"命令，进入草图绘制界面。按空格键，在"方向"工具栏中选择 ↥ （正视于），使草图平面平行于屏幕，绘制草图。

09 单击"特征"工具选项卡中的 （拉伸凸台/基体）按钮，将特征管理器切换到"凸台-拉伸"属性管理器。

设置属性管理器选项。在"从"下拉列表中选择"草图基准面"，默认为沿一个方向拉伸，在"方向1"下拉列表中选择"两侧对称"，设置深度为20mm。

单击 ✅ （确定）按钮，得到零件模型，如图8-38所示。

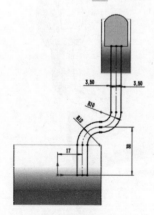
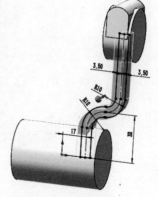
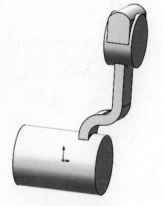

（a）草图绘制　　　（b）属性管理器　　　（c）凸台预览　　　（d）零件模型

图8-38 凸台-拉伸4

10 选择右视基准面，在关联工具栏中选择"草图绘制"命令，进入草图绘制界面。按空格键，在"方向"工具栏中选择 ↥ （正视于），使草图平面平行于屏幕，绘制草图。

11 单击"特征"工具选项卡中的 （拉伸凸台/基体）按钮，将特征管理器切换到"凸台-拉伸"属性管理器。

设置属性管理器选项。在"从"下拉列表中选择"草图基准面"，默认为沿一个方向拉伸，在"方向1"下拉列表中选择"成形到面"，选择面。

单击 ✔（确定）按钮，得到零件模型，如图8-39所示。

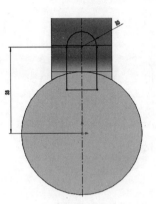  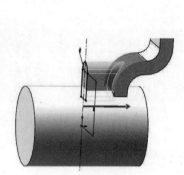 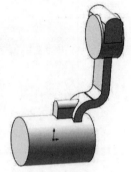

（a）草图绘制　　　（b）属性管理器　　　（c）凸台预览　　　（d）零件模型

图8-39　凸台-拉伸5

12 单击"特征"工具选项卡中的 （简单直孔）按钮，单击需要钻孔的面，放置孔的圆心，将特征管理器切换到"孔"属性管理器。

设置属性管理器选项。在"从"下拉列表中选择"草图基准面"，在"方向1"下拉列表中选择"完全贯穿"，并设置孔直径为26mm。

单击 ✔（确定）按钮，形成简单直孔，如图8-40所示。

  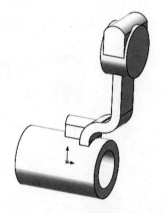

（a）属性管理器　　　（b）孔预览　　　（c）零件模型

图8-40　简单直孔1

13 在特征管理器中单击该孔的草图，在关联菜单中单击 （编辑草图）按钮，进入草图编辑界面。

按空格键，单击 ↓（正视于）按钮，标注草图。

单击 ↳（退出草图）按钮，结束草图编辑，得到如图8-41所示的模型。

14 按照**12**至**13**创建其余两个简单直孔。其中一个孔如图8-42所示，另一个孔如图8-43所示。

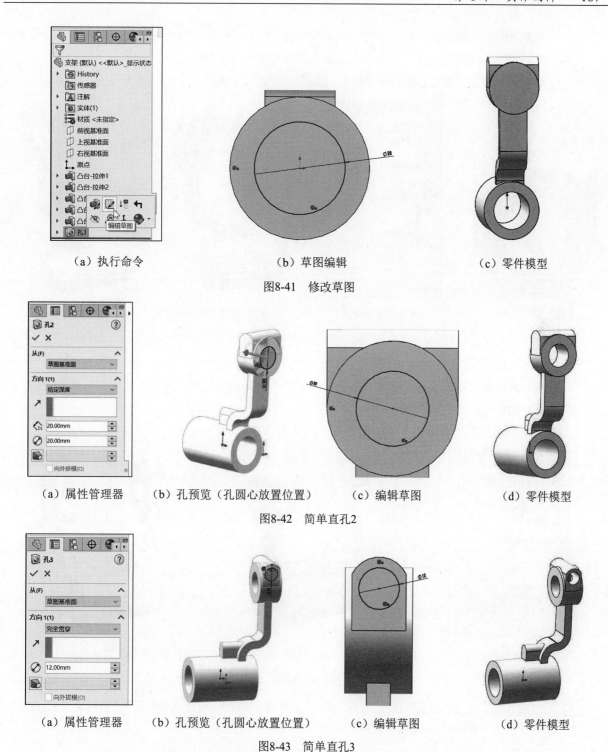

（a）执行命令　　　　　　　（b）草图编辑　　　　　　　（c）零件模型

图8-41　修改草图

（a）属性管理器　（b）孔预览（孔圆心放置位置）　（c）编辑草图　　（d）零件模型

图8-42　简单直孔2

（a）属性管理器　（b）孔预览（孔圆心放置位置）　（c）编辑草图　　（d）零件模型

图8-43　简单直孔3

15　选择右视基准面，在关联工具栏中选择"草图绘制"命令，进入草图绘制界面。按空格键，在"方向"工具栏中选择 ⊥（正视于），使草图平面平行于屏幕，绘制草图。

16　单击"特征"工具选项卡中的 ▣（拉伸切除）按钮，将特征管理器切换到"切除-拉伸"属性管理器。

设置属性管理器选项。在"从"下拉列表中选择"草图基准面"，默认为沿一个方向拉伸，在"方向1"下拉列表中选择"完全贯穿"，单击方向前的"反向"按钮。

单击 ✅ （确定）按钮，得到零件模型，如图8-44所示。

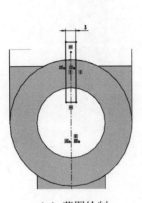
（a）草图绘制

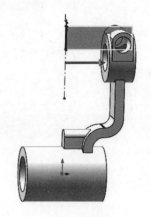
（b）属性管理器

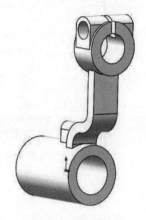
（c）切除预览

（d）零件模型

图8-44　切除-拉伸

17　单击"特征"工具选项卡中的 ▶◀ （镜像）按钮，将特征管理器切换到"镜像1"属性管理器。

设置属性管理器选项，单击 ⬚ （镜像面/基准面）框，单击选择"右视基准面"；单击要镜像的实体列表框，选择要镜像的实体。

单击 ✅ （确定）按钮，完成镜像特征，如图8-45所示。

（a）属性管理器

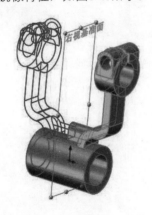
（b）预览

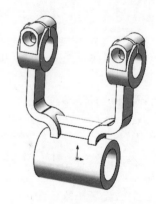
（c）零件模型

图8-45　镜像

18　单击标准工具栏中的 📷 （保存）按钮，弹出"另存为"对话框，设置保存路径为"素材文件\Char08"、文件名为"实例2"，单击"保存"按钮。

8.5　本章小结

通过本章的学习，读者可以在前几章建模的基础上进一步了解SolidWorks三维建模的灵活性。阵列和镜像命令的使用可以大大提高零部件的建模效率。掌握实体编辑工具的应用，能够实现对零部件的实时更改。

8.6 自主练习

（1）使用基础建模和实体编辑特征建立如图8-46所示的模型。

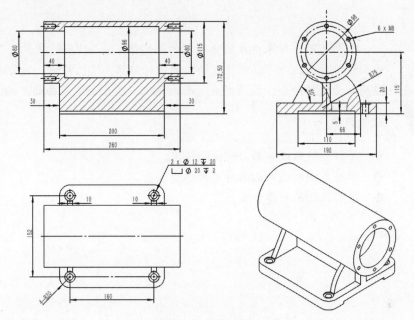

图8-46 自主练习1

（2）使用基础建模和实体编辑特征建立如图8-47所示的模型。

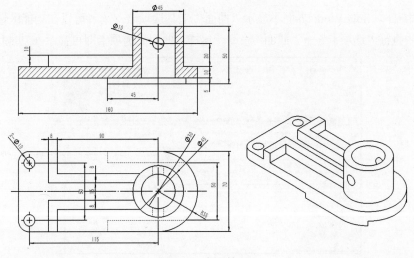

图8-47 自主练习2

第 9 章

曲线曲面设计

曲面是可以用来生成实体特征的几何体。SolidWorks提供了丰富的曲线和曲面设计命令，并可以对现有的曲面进行编辑。通过曲线、曲面特征以及灵活应用曲面编辑命令，能够完成汽车、飞机、轮船等复杂曲面产品的设计。

学习目标

❖ 了解各种曲线和曲面特征的作用。
❖ 掌握各种曲线和曲面特征的创建方法。
❖ 理解曲面的创建步骤。

9.1 曲线

曲线通常作为扫描路径，用于放样或扫描的引导线、放样的中心线，或构建线路系统以形成实体或曲面特征。SolidWorks的曲线包括分割线，投影曲线，组合曲线，通过X、Y和Z点的曲线，通过参考点的曲线以及螺旋线/涡状线等。下面介绍"曲面"工具选项卡的显示。

（1）默认情况下，SolidWorks界面不显示"曲面"工具选项卡，读者可以在功能区选项卡上右击，在弹出的快捷菜单中执行"选项卡"→"曲面"命令，这样"曲面"选项卡即可显示在功能区，如图9-1所示。

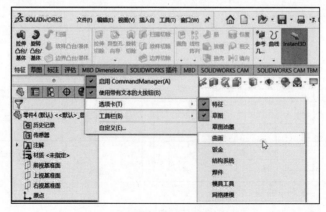

（a）快捷菜单

图9-1 显示"曲面"工具选项卡

（b）"曲面"选项卡

图9-1 显示"曲面"工具选项卡（续）

（2）默认情况下，SolidWorks界面也不显示"曲线"和"曲面"工具栏，读者可以在功能区空白处右击，在弹出的快捷菜单中执行"工具栏"→"曲线"或"曲面"命令，这样"曲线"或"曲面"工具栏即可显示在界面中，如图9-2所示。

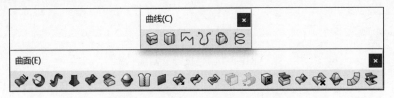

图9-2 "曲线"和"曲面"工具栏

9.1.1 分割线

分割线是将草图投影到模型面上所生成的曲线。它可以将所选的面分割为多个分离的面，从而可以单独选取每一个面。它有投影、轮廓和交叉点3种分割类型。

调用"分割线"命令有以下3种方式：

（1）单击"曲面"工具选项卡中"曲线"面板上的 🔲（分割线）按钮。

（2）执行菜单栏中的"插入"→"曲线"→ 🔲（分割线）命令。

（3）单击"曲线"工具栏上的 🔲（分割线）按钮。

 其他曲线和曲面特征的调用方式和分割线特征命令类似，后续将不再赘述。

1．投影

将草图投影到曲面上，并将所选的面分割。

【例9-1】投影分割线特征。操作步骤如下：

01 创建长方体零件（Ex08_07.sldprt）。该长方体基于上视基准面创建，尺寸为 ϕ60mm×100mm。随后基于右视基准面创建基准面1，并在该基准面上创建椭圆。

02 单击"曲线"工具栏上的 🔲（分割线）按钮，将特征管理器切换到"分割线"属性管理器。

03 设置分割类型为"投影"，选择要投影的草图为椭圆、要分割的面为圆柱面。

04 单击 ✅（确定）按钮，完成投影分割线的绘制，如图9-3所示。

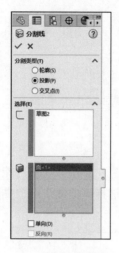

（a）属性管理器

（b）选择草图与面

（c）分割线

图9-3　创建投影分割线

2．轮廓

轮廓分割线也叫作轮廓最大分割线，就是在某一方向上看到的实体最大的外围轮廓线。曲面外形分模时常用这种方法。

【例9-2】轮廓分割线特征。操作步骤如下：

01 打开Ex09_02.sldprt文件。单击"曲线"工具栏上的 🗊（分割线）按钮，将特征管理器切换到"分割线"属性管理器。

02 设置分割类型为"轮廓"、拔模方向为"右视基准面"、要分割的面为圆柱面。

03 单击 ✅（确定）按钮，完成轮廓分割线的绘制，如图9-4所示。

（a）属性管理器

（b）选择基准面

（c）分割线

图9-4　创建轮廓分割线

3．交叉点

以交叉实体、曲面、面、基准面或曲面样条曲线来分割所选面。

【例9-3】交叉点分割线特征。操作步骤如下：

01 单击"曲线"工具栏上的  （分割线）按钮，将特征管理器切换到"分割线"属性管理器。

02 设置分割类型为"交叉点"、分割实体/面/基准面为曲面、要分割的面为圆柱面。曲面分割选项说明如下：

- 分割所有：分割穿越曲面上的所有可能区域。
- 自然：分割遵循曲面的形状。
- 线性：分割遵循线性方向。

03 单击 ✓ （确定）按钮，在"曲面-拉伸1"上单击，在关联工具栏中单击  （隐藏）按钮，将曲面隐藏后，完成交叉点分割线的绘制，如图9-5所示。

|（a）属性管理器|（b）选择面|（c）隐藏曲面操作|（d）分割线|

图9-5　创建交叉点分割线

9.1.2　投影曲线

从草图投影到模型面或草图基准面上，从而生成曲线。

1. 面上草图

将在基准面中绘制的草图曲线投影到实体的某个面上，从而生成一条曲线。

【例9-4】投影曲线特征。操作步骤如下：

01 打开Ex09_04.sldprt文件。

02 单击"曲线"工具栏上的 （投影曲线）按钮，将特征管理器切换到"投影曲线"属性管理器。

03 设置投影类型为"面上草图"、要投影的草图为椭圆、投影面为圆柱面。

04 单击 ✓ （确定）按钮，完成投影曲线的绘制，如图9-6所示。

2. 草图上草图

在相交的两个基准面上分别绘制草图，两个草图各自沿垂直方向投影在空间中相交生成一条曲线。

（a）属性管理器　　　　　　（b）选择面　　　　　　（c）投影曲线

图9-6　创建投影曲线方法1

【例9-5】投影曲线特征。操作步骤如下：

01 打开Ex09_05.sldprt文件。

02 单击"曲线"工具栏上的 🗍（投影曲线）按钮，将特征管理器切换到"投影曲线"属性管理器。

03 设置投影类型为"草图上草图"、要投影的草图为"草图2"和"草图3"。

04 单击 ✅（确定）按钮，完成投影曲线的绘制，如图9-7所示。

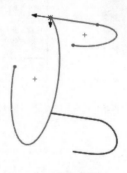

（a）属性管理器　　　　　　（b）选择草图　　　　　　（c）投影曲线

图9-7　创建投影曲线方法2

9.1.3　组合曲线

将多条曲线、草图实体或模型边线组合成一条新的曲线，组合曲线可以作为生成放样或扫描的引导曲线。

【例9-6】组合曲线特征。操作步骤如下：

01 打开Ex09_06.sldprt文件。

02 单击"曲线"工具栏上的 🗔（组合曲线）按钮，将特征管理器切换到"组合曲线"属性管理器。

03 要连接的实体选择多条草图边线，或选择不同的草图。

04 单击 ✅（确定）按钮，完成组合曲线的绘制，如图9-8所示。

（a）属性管理器

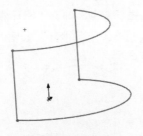

（b）选择边线

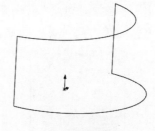

（c）组合曲线

图9-8　创建组合曲线

 组合曲线的各条线必须互相连接。

9.1.4　通过X、Y和Z点的曲线

通过输入一系列空间点的X、Y和Z值或利用保存的".txt"或".sldcrv"数据文件定义的点，生成通过这些点的样条曲线。

【例9-7】通过X、Y和Z点的曲线特征。操作步骤如下：

01　单击"曲线"工具栏上的 ⤴（通过X、Y和Z点的曲线）按钮，将特征管理器切换到"曲线文件"对话框，直接输入X、Y和Z值。

02　单击"确定"按钮，绘制曲线，如图9-9所示。

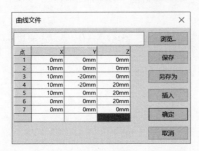

（a）输入数据

（b）得到的曲线

图9-9　绘制通过X、Y和Z点的曲线

 单击"另存为"按钮，可以将数据文件保存为"下载资源\Char09\XYZ.sldcrv"文件。

9.1.5　通过参考点的曲线

通过添加定义的点或已存在的点作为参考点而生成的样条曲线。

【例9-8】通过参考点的曲线特征。操作步骤如下：

01　打开Ex09_08.sldprt文件。

02　单击"曲线"工具栏上的 ⤴（通过参考点的曲线）按钮，将特征管理器切换到"曲线"属性管理器。

03 在"通过点"列表框中依次选择参考点，勾选"闭环曲线"复选框。

04 单击 ✅（确定）按钮，得到通过参考点的曲线，如图9-10所示。

（a）属性管理器

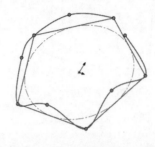
（b）选择点

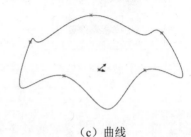
（c）曲线

图9-10　通过参考点的曲线

9.1.6　螺旋线/涡状线

螺旋线/涡状线既可以作为扫描特征的一条路径或引导曲线，也可以作为放样特征的引导曲线。

1. 螺旋线

【例9-9】螺旋线特征。操作步骤如下：

01 在前视基准面上绘制一个直径为40mm的圆。

02 单击"曲线"工具栏上的 🔩（螺旋线/涡状线）按钮，选择在 **01** 中绘制的圆。将特征管理器切换到"螺旋线/涡状线"属性管理器。

03 定义方式设置为"螺距和圈数"，恒定螺距，设置螺距为5mm、圈数为10、起始角度为90度，选中"顺时针"单选按钮。

- 高度和圈数：指定螺旋线的高度和圈数。
- 高度和螺距：指定螺旋线的高度和螺距。
- 可变螺距：指定螺旋线每个变化的螺距和圈数。
- 锥形螺纹线：指定锥形螺纹线的锥形角度，以及是否外张。

04 单击 ✅（确定）按钮，完成螺旋线的绘制，如图9-11所示。

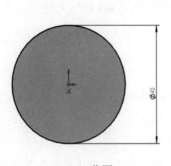
（a）草图

（b）属性管理器

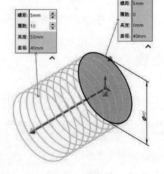
（c）预览

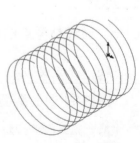
（d）螺旋线

图9-11　创建螺旋线

2. 涡状线

【例9-10】涡状线特征。操作步骤如下：

01　同上例，在前视基准面上绘制一个直径为40mm的圆。

02　单击"曲线"工具栏上的 ⟨（螺旋线/涡状线）按钮，选择在 01 中绘制的圆，将特征管理器切换
到"螺旋线/涡状线"属性管理器。

03　设置定义方式为"涡状线"，恒定螺距，并设置螺距为5mm、圈数为10、起始角度为90度，选中
"顺时针"单选按钮。

04　单击 ✓（确定）按钮，得到涡状线，如图9-12所示。

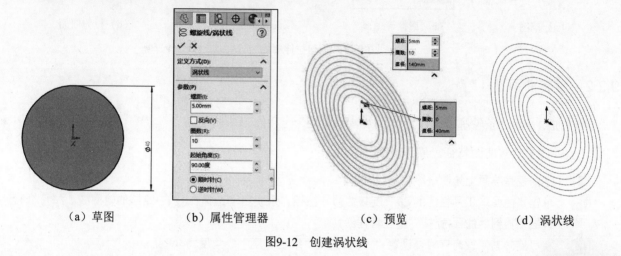

（a）草图　　　（b）属性管理器　　　（c）预览　　　（d）涡状线

图9-12　创建涡状线

9.2　曲面特征

曲面特征一般通过草图生成曲面实体，用于构造复杂的3D模型。创建曲面特征的方法和创建实体
特征的方法基本相同，包括拉伸、旋转、扫描、放样等。

9.2.1　拉伸曲面

由草图沿指定方向拉伸形成有边界的平面区域。

【例9-11】拉伸曲面特征。操作步骤如下：

01　在前视基准面上绘制一段半径为40mm的圆弧。

02　单击"曲面"工具栏上的 ◈（拉伸曲面）按钮，系统自动选择在 01 中绘制的圆弧。将特征管理
器切换到"曲面-拉伸"属性管理器。

03　在"从"下拉列表中选择"草图基准面"，设置方向1的"给定深度"为50mm。

04　单击 ✓（确定）按钮，得到拉伸曲面，如图9-13所示。

 对于平面草图，默认的拉伸方向垂直于草图基准面。对于3D草图，读者需要指明拉伸的方向。

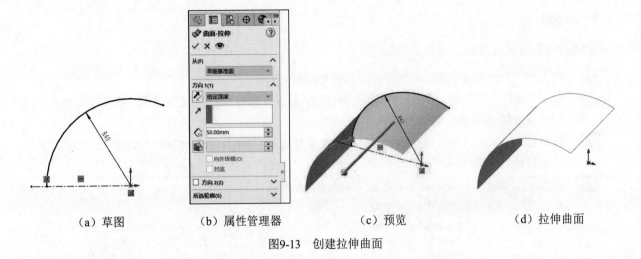

（a）草图   （b）属性管理器   （c）预览   （d）拉伸曲面

图9-13   创建拉伸曲面

9.2.2   旋转曲面

旋转曲面是将一条轮廓线绕指定的一条轴线旋转一定角度形成的曲面。

【例9-12】旋转曲面特征。操作步骤如下：

01   在前视基准面上绘制一段轮廓线。

02   单击"曲面"工具栏上的 （旋转曲面）按钮，系统自动选择在 **01** 中绘制的轮廓线。将特征管理器切换到"曲面-旋转"属性管理器。

03   将"旋转轴"设为直线，设置"方向1"为"给定深度"、角度为360度。

04   单击 （确定）按钮，得到旋转曲面，如图9-14所示。

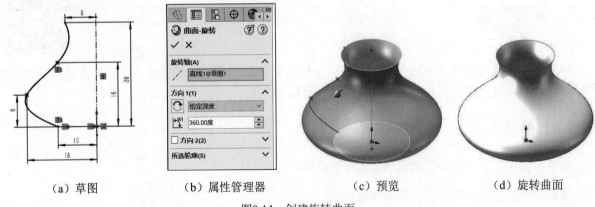

（a）草图   （b）属性管理器   （c）预览   （d）旋转曲面

图9-14   创建旋转曲面

    轮廓线不能与旋转轴线交叉。

9.2.3   扫描曲面

扫描曲面是一个扫描轮廓沿着一条路径生成的曲面。

【例9-13】扫描曲面特征。操作步骤如下：

01 在前视基准面上绘制一条路径，在上视基准面上绘制一个轮廓。为草图添加几何关系，选择轮廓与路径的重合点和路径，单击 🐞（穿透）按钮，退出草图，如图9-15所示。

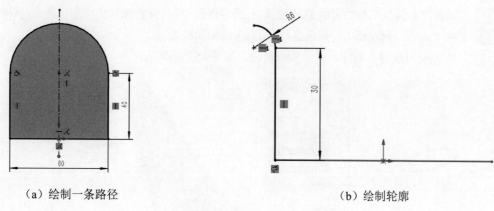

（a）绘制一条路径 （b）绘制轮廓

图9-15 草图

02 单击"曲面"工具栏上的 🔗（扫描曲面）按钮，将特征管理器切换到"曲面-扫描"属性管理器。

03 选择 01 中绘制的轮廓和路径。

04 单击 ✔️（确定）按钮，得到扫描曲面，如图9-16所示。

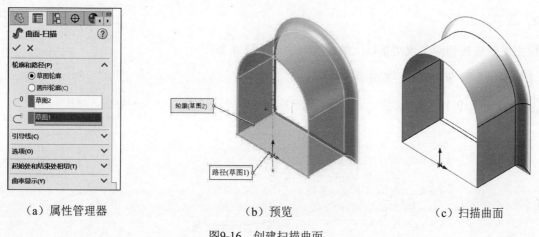

（a）属性管理器 （b）预览 （c）扫描曲面

图9-16 创建扫描曲面

 （1）轮廓可以是闭环或开环的，而实体扫描必须是闭环的。

（2）路径也可以为开环或闭环的。路径可以是一幅草图、一条曲线或一组草图曲线。

（3）路径的起点必须位于轮廓的基准面上。

（4）截面、路径或所形成的实体不能出现自相交叉的情况。

在有引导线的扫描中，引导线控制扫描曲面的截面形状和尺寸。用户可参考实体扫描，这里不再赘述。

9.2.4 放样曲面

放样曲面是指在两个或多个轮廓之间过渡生成的曲面，又叫蒙皮曲面。

1．简单放样

【例9-14】简单放样。操作步骤如下：

01　绘制3个放样草图轮廓。

02　单击"曲面"工具栏上的 （放样曲面）按钮，将特征管理器切换到"曲面-放样"属性管理器。

03　在"轮廓"列表框中按顺序选择在**01**中绘制的轮廓线。

04　单击 ✅（确定）按钮，得到放样曲面，如图9-17所示。

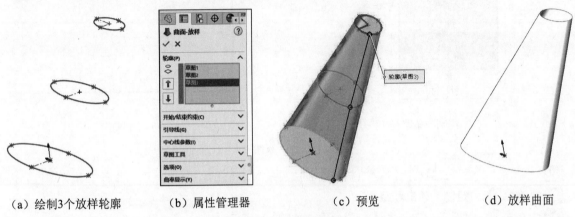

（a）绘制3个放样轮廓　　　（b）属性管理器　　　　（c）预览　　　　　（d）放样曲面

图9-17　创建放样曲面

2．引导线放样

使用引导线控制两条或两条以上的轮廓线生成放样曲面。

【例9-15】引导线放样。操作步骤如下：

01　打开Ex9_15.sldprt文件。该文件包括已绘制的3个放样轮廓及一条引导线，如图9-18所示。

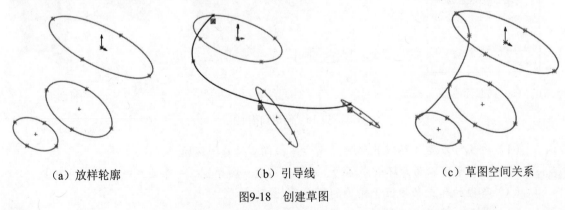

（a）放样轮廓　　　　　　　（b）引导线　　　　　　　（c）草图空间关系

图9-18　创建草图

02　单击"曲面"工具栏上的 （放样曲面）按钮，将特征管理器切换到"曲面-放样"属性管理器。

03　在"轮廓"列表框中按顺序选择绘制的轮廓线，在"引导线"列表框中选择绘制的引导线。

04　单击 ✅（确定）按钮，得到放样曲面，如图9-19所示。

3．中心线放样

可以由中心线引导放样形状，或者由中心线和引导线引导放样曲面。

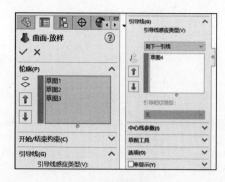

（a）属性管理器

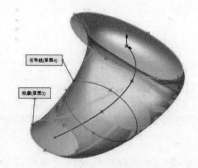

（b）预览

（c）放样曲面

图9-19 创建放样曲面

【**例9-16**】中心线放样。操作步骤如下：

01 打开Ex9_16.sldprt文件。该文件包括已绘制的3个放样轮廓、一条引导线及一条中心线，如图9-20所示。

（a）放样轮廓与引导线

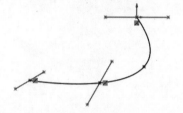

（b）中心线

（c）草图空间关系

图9-20 创建草图

02 单击"曲面"工具栏上的 ⬇（放样曲面）按钮，将特征管理器切换到"曲面-放样"属性管理器。

03 在"轮廓"列表框中按顺序选择绘制的轮廓线，在"引导线"列表框中选择绘制的引导线，在"中心线参数"列表框中选择绘制的中心线。

各选项的具体作用读者可在放样时尝试并观察效果，这里不再赘述。

04 单击 ✔（确定）按钮，得到放样曲面，如图9-21所示。

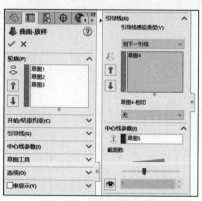

（a）属性管理器

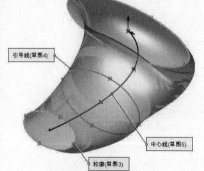

（b）预览

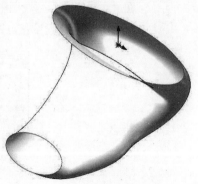

（c）放样曲面

图9-21 创建放样曲面

9.2.5　边界曲面

以双向在轮廓之间生成边界曲面。

【例9-17】 边界曲面特征。操作步骤如下：

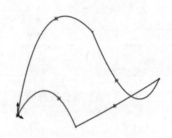

01　打开Ex9_15.sldprt文件。该文件使用3D草图绘制边界轮廓，如图9-22所示。

02　单击"曲面"工具栏上的（边界曲面）按钮，将特征管理器切换到"边界－曲面"属性管理器。

03　在"方向1"列表框中选择两条边界轮廓线，在"方向2"列表框中选择另外两条边界轮廓线。

04　单击（确定）按钮，得到边界曲面，如图9-23所示。

图9-22　边界轮廓

（a）属性管理器

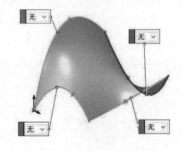

（b）预览

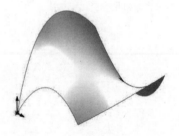

（c）边界曲面

图9-23　创建边界曲面

9.2.6　平面区域

【例9-18】 通过草图或零件上的封闭边线生成平面区域等。操作步骤如下：

01　打开Ex9_15.sldprt文件。该文件是一个封闭的草图。

02　单击"曲面"工具栏上的（平面区域）按钮，将特征管理器切换到"平面"属性管理器。

03　在"边界实体"列表框中选择草图。

04　单击（确定）按钮，得到平面区域，如图9-24所示。

（a）草图

（b）属性管理器

（c）预览

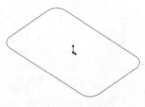

（d）平面区域

图9-24　创建平面区域

9.3　实例操作

本章对曲线和曲面特征进行了详细介绍，下面通过实例进一步熟悉SolidWorks中曲线和曲面的设计过程。

9.3.1　实例1——放样曲面

【例9-19】创建放样曲面。操作步骤如下：

01 单击标准工具栏中的 ▢·（新建）按钮，系统弹出"新建SolidWorks文件"对话框，选择 ● （零件）。单击"确定"按钮，进入零件设计环境。

02 在前视基准面上绘制一个圆。

03 单击"曲线"工具栏上的 ❎ （螺旋线/涡状线）按钮，选择 **02** 中绘制的圆。将特征管理器切换到"螺旋线/涡状线"属性管理器。

定义方式设置为"螺距和圈数"，恒定螺距，并设置螺距为30mm、圈数为3、起始角度为180度，选中"顺时针"单选按钮，选中"锥形螺纹线"复选框，设置锥形角度为25度。

单击 ✅ （确定）按钮，得到锥形螺旋线，如图9-25所示。

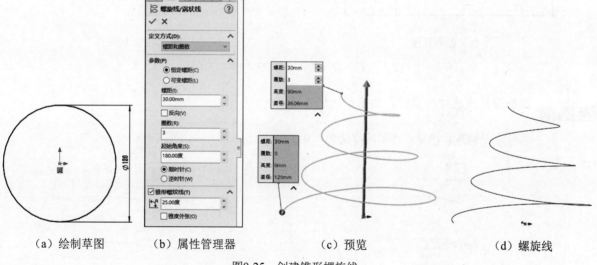

(a) 绘制草图　　　（b) 属性管理器　　　（c) 预览　　　（d) 螺旋线

图9-25　创建锥形螺旋线

04 在上视基准面上绘制正五边形，作为一个轮廓。

添加几何关系，选择五边形的中心与路径，单击 🐷 （穿透）按钮，退出草图，如图9-26所示。

05 继续在上视基准面上绘制一个正四边形，作为另一个轮廓。

添加几何关系，选择四边形的中心与路径，单击 🐷 （穿透）按钮，退出草图，如图9-27所示。

06 单击"曲面"工具栏上的 🔽 （放样曲面）按钮，将特征管理器切换到"曲面-放样1"属性管理器。在"轮廓"列表框中按顺序选择绘制的轮廓线。打开"中心线参数"选项组，设置中心线为"螺旋线/涡状线1"。

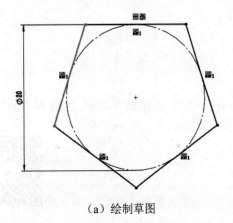
（a）绘制草图

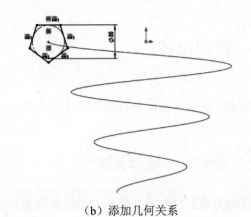
（b）添加几何关系

图9-26　创建正五边形轮廓

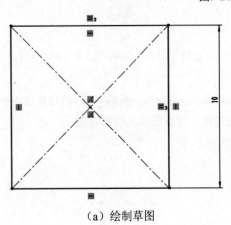
（a）绘制草图

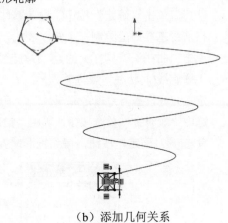
（b）添加几何关系

图9-27　创建正四边形轮廓

 在图形区域选择轮廓时，注意所选的位置要对应。

单击 ✅（确定）按钮，得到放样曲面，如图9-28所示。

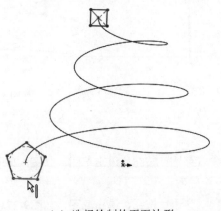
（a）选择绘制的正五边形

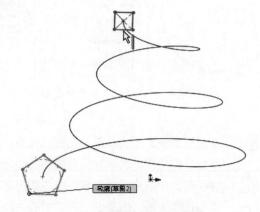
（b）选择绘制的正四边形

图9-28　放样曲面

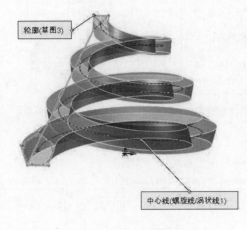

（c）属性管理器　　　　　　　　　（d）预览　　　　　　　　　（e）放样曲面

图9-28　放样曲面（续）

07　单击标准工具栏中的 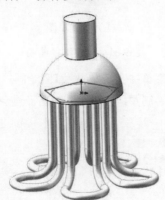（保存）按钮，弹出"另存为"对话框，设置保存路径为"素材文件\Char09"、文件名为"实例1"，单击"保存"按钮。

9.3.2　实例2——灯泡

【例9-20】创建如图9-29所示的实体。操作步骤如下：

图9-29　灯泡实体

01　单击标准工具栏中的 （新建）按钮，系统弹出"新建SolidWorks文件"对话框，选择 （零件）。单击"确定"按钮，进入零件设计环境。

02　在前视基准面上绘制草图。

03　单击特征工具栏上的 （旋转凸台/基体）按钮，将特征管理器切换到"旋转"属性管理器。设置旋转轴为中心线、旋转类型为"给定深度"，默认角度为360度。单击 （确定）按钮，得到旋转实体，如图9-30所示。

（a）绘制草图　　　　　（b）属性管理器　　　　　（c）预览　　　　　（d）旋转效果

图9-30　创建旋转实体

04 选择旋转实体底面，在快捷菜单中选择 ▣（草图绘制）。按空格键，单击 ↡（正视于）按钮，使得绘图平面平行于屏幕，绘制草图后，退出草图。

05 单击草图常用工具栏上的 ▣（3D草图）按钮，绘制草图，作为路径，如图9-31所示，退出草图。

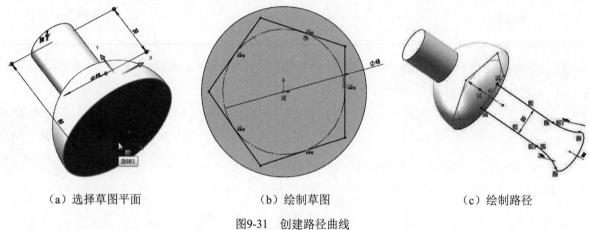

（a）选择草图平面　　　　　（b）绘制草图　　　　　（c）绘制路径

图9-31　创建路径曲线

06 选择旋转实体底面，在快捷菜单中选择 ▣（草图绘制）。按空格键，单击 ↡（正视于）按钮，使得绘图平面平行于屏幕，绘制圆，使得圆心与路径重合，如图9-32所示。退出草图。

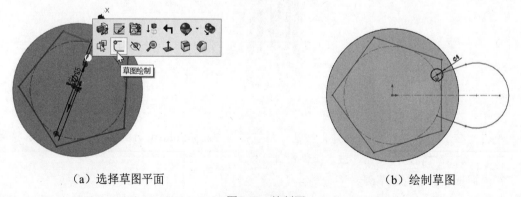

（a）选择草图平面　　　　　　　　　　　　（b）绘制草图

图9-32　绘制圆

07 单击"曲面"工具栏上的 ☞（扫描曲面）按钮，将特征管理器切换到"曲面-扫描"属性管理器。选择刚刚绘制的轮廓和路径。

单击 （确定）按钮，得到扫描曲面，如图9-33所示。

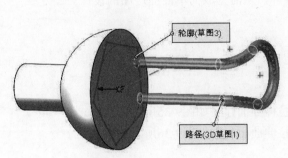

（a）属性管理器　　　　　（b）预览（选择绘制的轮廓和路径）　　　　　（c）扫描曲面

图9-33　创建扫描曲面

08 单击"视图"→"临时轴"命令，在图形区域显示临时轴，作为旋转中心。

09 单击"特征"工具选项卡中的 （圆周阵列）按钮，将特征管理器切换到"阵列（圆周）"属性管理器。

设置阵列轴为旋转实体的基准轴、角度为360度、实例数为5，选择要阵列的特征为"曲线-扫描1"。单击 （确定）按钮，完成圆周阵列，如图9-34所示。

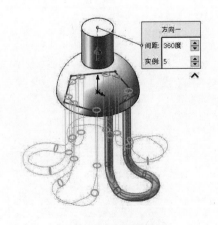
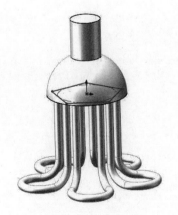

（a）属性管理器　　　　　（b）预览（选择特征）　　　　　（c）圆周阵列

图9-34　创建圆周阵列

10 单击标准工具栏中的 按钮，弹出"另存为"对话框，设置保存路径为"素材文件\Char09"、文件名为"实例2"，单击"保存"按钮。

9.4   本章小结

通过本章的学习，读者能够了解各种曲线和曲面特征命令的作用、掌握各种简单曲线和曲面的设计方法、理解曲面的建模步骤等，从而完成简单曲面产品的设计。

9.5   自主练习

（1）使用扫描曲面和拉伸曲面建立如图9-35所示的曲面。
（2）使用放样曲面和拉伸曲面建立如图9-36所示的曲面。

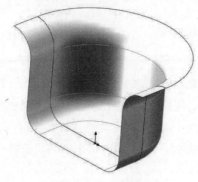

图 9-35   自主练习 1

图 9-36   自主练习 2

第10章

曲面编辑

曲面编辑功能允许用户基于已有的曲面实体来生成相关联的曲面实体。曲面特征主要是一种过渡特征。对于复杂的工业设计，可以首先创建曲面模型；对于封闭的曲面实体，可以加厚曲面变成实体特征。曲面编辑包括等距曲面、填充曲面、自由样式曲面、延伸曲面、加厚曲面、圆角曲面等。本章介绍一些常用的曲面编辑方法，在熟悉这些编辑方法后，读者将能够更加灵活地运用其他编辑功能。

学习目标

❖ 了解各种曲面编辑特征的作用。

❖ 掌握曲面编辑特征的操作方法。

❖ 分析曲面的创建过程。

10.1 等距曲面

等距曲面也被称作复制曲面，是一种用于创建与原始曲面等距的新曲面特征。该特征允许用户指定一个距离值，且这个距离值可以设置为零，从而生成与原始曲面完全重合的曲面。

【例10-1】等距曲面特征。操作步骤如下：

01　打开Ex10_01.sldprt文件。该文件为一个曲面。

02　单击"曲面"工具选项卡上的 ❄（等距曲面）按钮，将特征管理器切换到"曲面-等距1"属性管理器。

03　在"曲面"列表框中选择曲面，设置等距距离为10mm，单击 ↗（反转等距方向）按钮。

04　单击 ✅（确定）按钮，得到等距曲面，如图10-1所示。

（a）曲面　　　　　　（b）属性管理器　　　　　（c）预览　　　　　（d）等距曲面

图10-1　创建等距曲面

10.2　填充曲面

填充曲面是指沿着曲面或实体边线、草图或曲线定义的边界，对曲面修补而生成的曲面区域。还可以选择约束线或者约束点，控制填充曲面内部的形状。

【例10-2】填充曲面特征。操作步骤如下：

01 打开Ex10_02.sldprt文件。该文件为一个包含孔洞的曲面。本例来填充该孔洞。

02 使用3D草图绘制约束线，如图10-2所示。

<table>
<tr><td>（a）孔洞模型</td><td>（b）约束线</td></tr>
</table>

图10-2　带孔洞的曲面

03 单击"曲面"工具栏上的 （填充曲面）按钮，将特征管理器切换到"填充曲面"属性管理器。

04 在"修补边界"列表框中选择边界轮廓线，在"约束曲线"列表框中选择约束线。

05 单击 ✅ （确定）按钮，得到填充曲面，如图10-3所示。

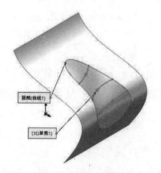
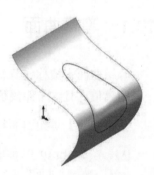

<table>
<tr><td>（a）属性管理器</td><td>（b）预览</td><td>（c）填充曲面</td></tr>
</table>

图10-3　创建填充曲面

> ⚠️ **注意**　在填充曲面时，需要注意与相邻面的过渡。填充曲面时可以不采用约束线。

10.3　自由样式曲面

自由样式曲面是通过在点上进行拖动操作，从而在平面或曲面上引入变形功能。

【例10-3】自由样式特征。操作步骤如下：

01 打开Ex10_03.sldprt文件。该模型为一个扫描曲面。

02 单击"曲面"工具栏上的 （自由样式）按钮，将特征管理器切换到"自由样式1"属性管理器。

03 设置控制类型为"通过点"，单击"添加曲线"按钮，添加纵向曲线；单击"反转方向"按钮，添加横向曲线；单击"添加点"按钮，添加两个控制点。

04 选择控制点，选择三重轴方向的数值，改变曲面的变形。

05 单击 ✅ （确定）按钮，得到自由样式曲面，如图10-4所示。

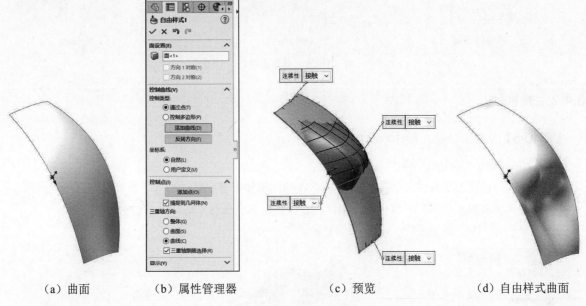

（a）曲面　　　　　（b）属性管理器　　　　　（c）预览　　　　　（d）自由样式曲面

图10-4　创建自由样式曲面

10.4　删除/替换面

删除面是指从实体模型中删除面以生成曲面，或者从曲面模型中删除面。替换面可以用新的曲面实体来替换曲面或实体中的面。

10.4.1　删除面

删除面是对实体中的面进行删除和自动修补。

【例10-4】删除面特征。操作步骤如下：

01 打开Ex10_04.sldprt文件。

02 单击"曲面"工具栏上的 （删除面）按钮，将特征管理器切换到"删除面"属性管理器。

03 在要删除的面列表框中选择侧面。

- 删除并修补：在删除曲面的同时，对所删除曲面后的曲面进行自动修补。

● 删除并填充：在删除曲面的同时，对所删除曲面后的曲面进行自动填充。

04 单击 ✓（确定）按钮，完成曲面的删除，如图10-5所示。

　　　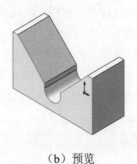　　　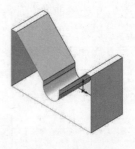

（a）属性管理器　　　　　　　　（b）预览　　　　　　　　（c）删除面

图10-5　创建曲面

10.4.2　替换面

【例10-5】替换面特征。操作步骤如下：

01 打开Ex10_05.sldprt文件。

02 单击"曲面"工具栏上的 🖨（替换面）按钮，将特征管理器切换到"替换面"属性管理器。

03 在要替换的目标面列表框中选择顶面，在替换曲面列表框中选择绘制的曲面。

04 单击 ✓（确定）按钮，完成曲面的替换，如图10-6所示。

　　　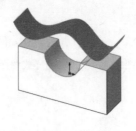　　　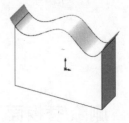

（a）属性管理器　　　　　　　　（b）预览　　　　　　　　（c）替换结果

图10-6　曲面替换

 替换曲面不必与目标面有相同的边界。实体中相邻面自动延伸到替换曲面。当替换曲面比目标面小的时候，替换曲面将延伸到与相邻面相交。

10.5　缝合曲面

缝合曲面是将两个或多个曲面组合在一起形成一个曲面，曲面的边线必须相邻但不必重合。

【例10-6】缝合曲面特征。操作步骤如下：

01 打开Ex10_06.sldprt文件。

02 单击"曲面"工具栏上的 🧰（缝合曲面）按钮，将特征管理器切换到"缝合曲面"属性管理器。

03　在要缝合的曲面列表框中选择两个曲面，调整缝隙范围。

04　单击 ✔（确定）按钮，完成曲面的缝合，如图10-7所示。

（a）属性管理器

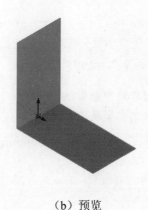

（b）预览

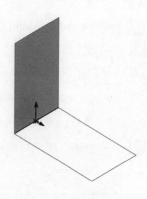

（c）缝合结果

图10-7　曲面缝合

10.6　延展曲面和延伸曲面

延展曲面通过平行于所选的基准面，将曲面边线按所选方向进行延展而生成曲面。延伸曲面是指沿一条或多条边线或者一个曲面来扩展曲面，并使曲面的扩展部分与原曲面保持一定的几何关系。

10.6.1　延展曲面

【例10-7】延展曲面特征。操作步骤如下：

01　打开Ex10_07.sldprt文件。

02　单击"曲面"工具栏上的 🥚（延展曲面）按钮，将特征管理器切换到"曲面-延展"属性管理器。

03　设置延展方向为"上视基准面"，在要沿展的曲面列表框中选择边线。

04　单击 ✔（确定）按钮，完成曲面的延展，如图10-8所示。

（a）属性管理器

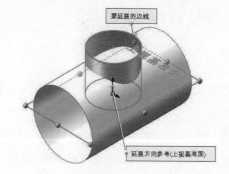

（b）选择延展方向及边线

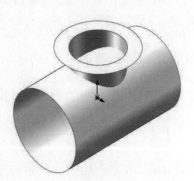

（c）曲面延展结果

图10-8　曲面延展

10.6.2　延伸曲面

【例10-8】延伸曲面特征。操作步骤如下：

01　打开Ex10_08.sldprt文件。

02　单击"曲面"工具栏上的按钮，将特征管理器切换到"延伸曲面"属性管理器。

03　选择曲面，设置终止条件为"距离"、延伸类型为"同一曲面"。

- 同一曲面：沿着曲面的几何体延伸曲面。
- 线性：沿着边线相切于原来的曲面延伸曲面。

04　单击按钮，完成曲面的延伸，如图10-9所示。

  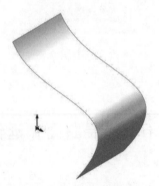

（a）属性管理器　　　　　　（b）选择延展方向及边线　　　　　（c）曲面延伸结果

图10-9　曲面延伸

 选择曲面的边线，可以指定某个边线的延伸。

10.7　剪裁/解除剪裁曲面

剪裁曲面是指以曲面、基准面或草图作为剪裁工具，剪裁相交的曲面，将不需要的部分去掉。解除剪裁曲面是沿其边界延伸现有的曲面来修补曲面上的洞及外部边线。

10.7.1　剪裁曲面

【例10-9】剪裁曲面特征。操作步骤如下：

01　打开Ex10_09.sldprt文件。

02　单击"曲面"工具栏上的按钮，将特征管理器切换到"剪裁曲面"属性管理器。

03　设置"剪裁类型"为"标准"，选择剪裁的曲面；选中"移除选择"单选按钮，选择要移除的部分。

- 标准：需要选择剪裁曲面、基准面或草图作为剪裁工具。
- 相互：曲面都可以作为剪裁工具。

04　单击 ✓（确定）按钮，完成曲面的剪裁，如图10-10所示。

（a）属性管理器

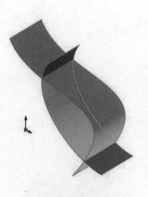

（b）选择剪裁的曲面

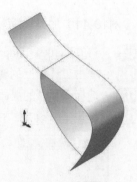

（c）曲面剪裁结果

图10-10　曲面剪裁

10.7.2　解除剪裁曲面

【例10-10】解除剪裁曲面特征。操作步骤如下：

01　打开Ex10_10.sldprt文件。该文件为两个圆柱相交的曲面。

02　单击"曲面"工具栏上的 ⬦（解除剪裁曲面）按钮，将特征管理器切换到"解除剪裁曲面"属性管理器。

03　在所选面/边界列表框中选择两个面，设置延伸的百分比为20%。

04　单击 ✓（确定）按钮，完成曲面的解除剪裁，如图10-11所示。

（a）原曲面

（b）属性管理器

（c）选择解除剪裁的曲面

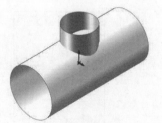

（d）解除剪裁结果

图10-11　解除剪裁曲面

10.8　加厚曲面

加厚曲面是指给曲面添加厚度，将曲面模型转换为实体模型。此外，加厚还可以用来切除实体并生成多实体零件。

10.8.1　加厚曲面特征

【**例10-11**】加厚曲面特征。操作步骤如下：

01　打开Ex10_11.sldprt文件。

02　单击工具栏上的  （加厚）按钮，将特征管理器切换到"加厚"属性管理器。

03　选择要加厚的曲面，设置厚度为1mm。

04　单击 ✅ （确定）按钮，完成曲面的加厚，如图10-12所示。

（a）属性管理器　　　　　　　（b）选择曲面　　　　　　　（c）曲面加厚结果

图10-12　曲面加厚

10.8.2　切除实体

【**例10-12**】切除实体特征。操作步骤如下：

01　打开Ex10_12.sldprt文件。

02　执行菜单栏中的"插入"→切除→  （加厚）命令，将特征管理器切换到"切除-加厚"属性管理器。

03　选择要切除的曲面，设置厚度为1mm。

04　单击 ✅ （确定）按钮，弹出"要保留的实体"对话框，选择"所有实体"，单击"确定"按钮，完成实体的切除，如图10-13所示。

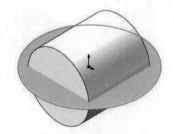

（a）属性管理器　　　　　　　（b）选择曲面　　　　　　　（c）实体切除结果

图10-13　切除实体

10.9　圆角曲面

圆角曲面沿实体或曲面特征中的一条或多条边线来生成圆形内部或外部面。

10.9.1　等半径圆角

【例10-13】等半径圆角曲面特征。操作步骤如下：

01 打开Ex10_13.sldprt文件。

02 单击"曲面"工具栏上的 （圆角）按钮，将特征管理器切换到"圆角"属性管理器。

03 设置圆角类型为"恒定大小圆角"，选择要进行圆角处理的边线，设置半径为10mm。

04 单击 ✅（确定）按钮，创建曲面圆角，如图10-14所示。

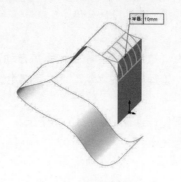
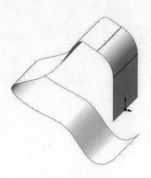

（a）属性管理器　　　　　　　　（b）选择边线　　　　　　　（c）曲面圆角结果

图10-14　创建曲面圆角

10.9.2　面圆角

【例10-14】面圆角曲面特征。操作步骤如下：

01 打开Ex10_14.sldprt文件。

02 单击"曲面"工具栏上的 （圆角）按钮，将特征管理器切换到"圆角"属性管理器。

03 设置圆角类型为"面圆角"，选择要进行圆角处理的曲面，设置半径为10mm。

04 单击 ✅（确定）按钮，完成曲面的圆角处理，如图10-15所示。

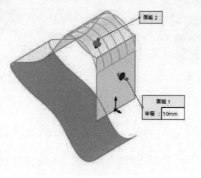
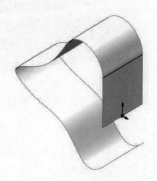

（a）属性管理器　　　　　　　　（b）选择面　　　　　　　　（c）曲面圆角结果

图10-15　创建曲面圆角

 可以单击"面组"前的 ↙（反转面方向）按钮来改变曲面圆角的方向。

10.10   实例操作——创建鼠标

本章对曲面编辑方法进行了详细介绍，下面通过实例进一步熟悉SolidWorks中曲面编辑的使用过程。

【例10-15】创建鼠标主体曲面。操作步骤如下：

01 单击标准工具栏中的 📄 ·（新建）按钮，系统弹出"新建SolidWorks文件"对话框，选择 ♣（零件）。单击"确定"按钮，进入零件设计环境。

02 在上视基准面上绘制草图。

03 单击"曲面"工具栏上的 ◈（拉伸曲面）按钮，系统自动选择在 **02** 中绘制的草图。将特征管理器切换到"曲面-拉伸"属性管理器。在"从"下拉列表中选择"草图基准面"，设置给定深度为30mm、拔模角度为10度。

单击 ✅（确定）按钮，得到拉伸曲面，如图10-16所示。

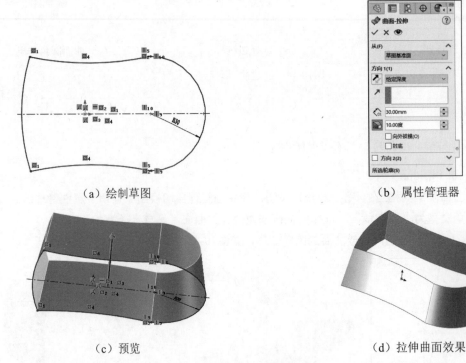

（a）绘制草图　　　　　　　　　　　（b）属性管理器

（c）预览　　　　　　　　　　　（d）拉伸曲面效果

图10-16　创建拉伸曲面

04 在前视基准面上绘制草图。

05 单击"曲面"工具栏上的 ◈（拉伸曲面）按钮，系统自动选择在 **04** 中绘制的草图。将特征管理器切换到"曲面-拉伸"属性管理器。在"从"下拉列表中选择"草图基准面"，设置方向1为"两侧对称"、深度为70mm。

单击 ✅（确定）按钮，得到拉伸曲面，如图10-17所示。

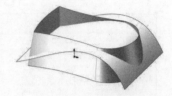

（a）绘制草图　　　（b）属性管理器　　　（c）预览　　　（d）拉伸曲面效果

图10-17　创建拉伸曲面

06 单击"曲面"工具栏上的 （剪裁曲面）按钮，将特征管理器切换到"曲面-剪裁"属性管理器。设置"剪裁类型"为"相互"，选择剪裁曲面；选中"移除选择"单选按钮，选择要移除的部分。单击 ✅（确定）按钮，完成曲面的剪裁，如图10-18所示。

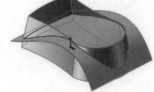

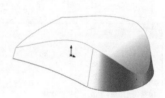

（a）属性管理器　　　（b）选择剪裁曲面　　　（c）选择移除曲面　　　（d）剪裁曲面结果

图10-18　创建剪裁曲面

07 单击"曲面"工具栏上的 （圆角）按钮，将特征管理器切换到"圆角"属性管理器。设置"圆角类型"为"恒定大小圆角"，选择要进行圆角处理的边线，设置半径为20mm。单击 ✅（确定）按钮，完成曲面的圆角处理，如图10-19所示。

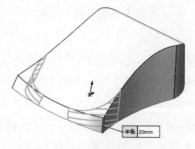

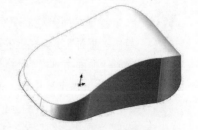

（a）属性管理器　　　（b）选择边线　　　（c）曲面圆角处理结果

图10-19　创建曲面圆角

08 单击"曲面"工具栏上的 ▨（圆角）按钮，将特征管理器切换到"圆角"属性管理器。设置"圆角类型"为"变量大小圆角"，选择要进行圆角处理的边线，选择半径控制点，在（R）输入框中输入圆角半径值。

单击 ✅（确定）按钮，完成圆角变化，如图10-20所示。

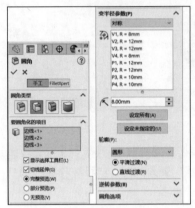
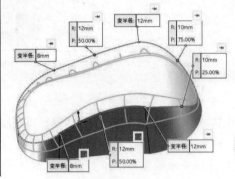

（a）属性管理器　　　　　　　（b）选择边线　　　　　　　（c）曲面圆角结果

图10-20　创建曲面圆角

09 单击"曲面"工具栏上的 ▨（圆角）按钮，将特征管理器切换到"圆角"属性管理器。设置"圆角类型"为"恒定大小圆角"，选择要进行圆角处理的边线，设置半径为10mm。

单击 ✅（确定）按钮，完成曲面的圆角处理，如图10-21所示。

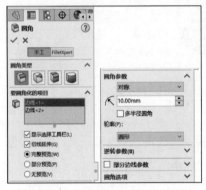
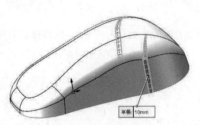

（a）属性管理器　　　　　　　（b）选择边线　　　　　　　（c）曲面圆角结果

图10-21　创建曲面圆角

10 在上视基准面上绘制草图。

11 单击"曲面"工具栏上的 ▨（拉伸曲面）按钮，系统自动选择在 **10** 中绘制的草图。将特征管理器切换到"曲面-拉伸"属性管理器。在"从"下拉列表中选择"草图基准面"，设置给定深度为30mm。

单击 ✅（确定）按钮，得到拉伸曲面，如图10-22所示。

12 单击"曲面"工具栏上的 ▨（剪裁曲面）按钮，将特征管理器切换到"剪裁曲面"属性管理器。设置"剪裁类型"为"标准"，"剪裁工具"选择在 **11** 中绘制的拉伸曲面；选中"移除选择"单选按钮，选择要移除的部分。

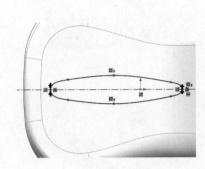

（a）绘制草图

（b）属性管理器

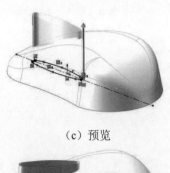

（c）预览

（d）拉伸曲面效果

图10-22 创建拉伸曲面

单击 （确定）按钮，完成曲面的剪裁，如图10-23所示。

（a）属性管理器

（b）选择剪裁曲面

（c）剪裁曲面结果

图10-23 创建剪裁曲面

⓭ 选择拉伸曲面3，在快捷菜单中选择 （隐藏），将其隐藏，如图10-24所示。

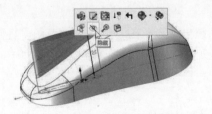

（a）执行命令

（b）隐藏特征结果

图10-24 隐藏特征

⓮ 在上视基准面上绘制草图。

⓯ 单击"曲面"工具栏上的 （拉伸曲面）按钮，系统自动选择在⓮中绘制的草图。将特征管理器切换到"曲面-拉伸"属性管理器。在"从"下拉列表中选择"草图基准面"，设置给定深度为30mm。

单击 （确定）按钮，得到拉伸曲面，如图10-25所示。

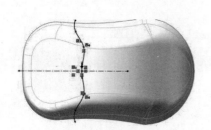

（c）预览

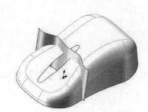

（a）绘制草图　　　　　　　（b）属性管理器　　　　　　　（d）拉伸曲面效果

图10-25　创建拉伸曲面

16 单击"曲面"工具栏上的 （等距曲面）按钮，将特征管理器切换到"曲面-等距"属性管理器。在曲面列表框中选择曲面，设置"等距参数"为0.5mm。

单击 （确定）按钮，得到等距曲面，如图10-26所示。

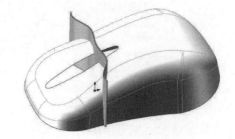

（a）属性管理器　　　　　　（b）选择曲面　　　　　　（c）等距曲面结果

图10-26　创建等距曲面

17 在前视基准面上绘制草图。

18 单击"曲面"工具栏上的 （拉伸曲面）按钮，系统自动选择在 **17** 中绘制的草图。将特征管理器切换到"曲面-拉伸"属性管理器。在"从"下拉列表中选择"草图基准面"，在"方向"下拉列表中选择"两侧对称"，设置深度为60mm。

单击 （确定）按钮，得到拉伸曲面，如图10-27所示。

19 单击"曲面"工具栏上的 （等距曲面）按钮，将特征管理器切换到"曲面-等距"属性管理器。在曲面列表框中选择曲面，设置等距距离为0.5mm。

单击 （确定）按钮，得到等距曲面，如图10-28所示。

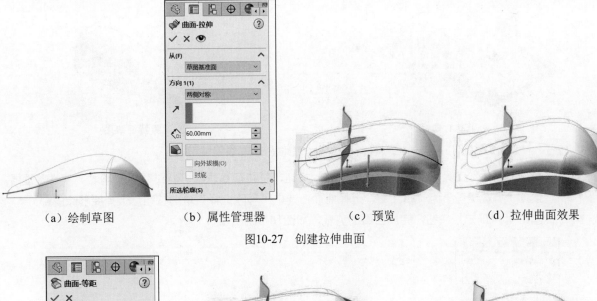

| （a）绘制草图 | （b）属性管理器 | （c）预览 | （d）拉伸曲面效果 |

图10-27 创建拉伸曲面

（a）属性管理器　　　　　　　　（b）选择曲面　　　　　　　（c）等距曲面结果

图10-28 创建等距曲面

20 单击"曲面"工具栏上的  （剪裁曲面）按钮，将特征管理器切换到"曲面-剪裁"属性管理器。设置"剪裁类型"为"相互"，选择曲面；选中"移除选择"单选按钮，选择要移除的部分。单击 ✅ （确定）按钮，完成曲面的剪裁，如图10-29所示。

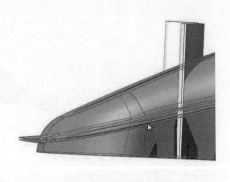

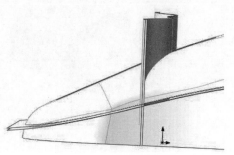

（a）属性管理器　　　　　　　（b）选择剪裁曲面　　　　　　　（c）剪裁曲面结果

图10-29 创建剪裁曲面

21 选择拉伸曲面和等距曲面，在快捷菜单中选择 （隐藏），将其隐藏，如图10-30所示。

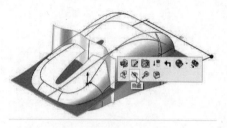

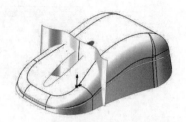

（a）执行命令　　　　　　　　　　　　　（b）隐藏特征结果

图10-30　隐藏特征

22　单击"曲面"工具栏上的 （剪裁曲面）按钮，将特征管理器切换到"曲面-剪裁"属性管理器。设置"剪裁类型"为"相互"，选择曲面；选中"移除选择"单选按钮，选择要移除的部分。单击 （确定）按钮，完成曲面的剪裁，如图10-31所示。

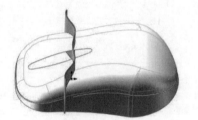

（a）属性管理器　　　　　（b）选择剪裁曲面　　　　　（c）剪裁曲面结果

图10-31　创建剪裁曲面

23　选择拉伸曲面和等距曲面，在快捷菜单中选择 （隐藏），将其隐藏，如图10-32所示。

24　在前视基准面上绘制草图。

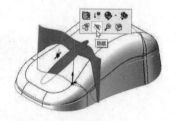

（a）执行命令　　　　　　　　　　　　　（b）隐藏特征结果

图10-32　隐藏特征

25　单击"曲面"工具栏上的 （拉伸曲面）按钮，系统自动选择在 24 中绘制的草图。将特征管理器切换到"曲面-拉伸"属性管理器。在"从"下拉列表中选择"草图基准面"，设置"方向1"为"给定深度"，设置给定深度为20mm。

单击 （确定）按钮，得到拉伸曲面，如图10-33所示。

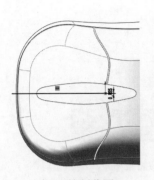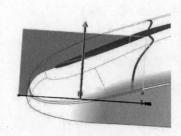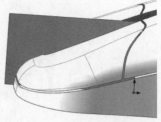

（a）绘制草图　　　（b）属性管理器　　　（c）预览　　　（d）拉伸曲面效果

图10-33　创建拉伸曲面

26 单击"曲面"工具栏上的 （等距曲面）按钮，将特征管理器切换到"曲面-等距"属性管理器。在曲面列表框中选择曲面，设置等距距离为0.5mm。

单击 ✅（确定）按钮，得到等距曲面，如图10-34所示。

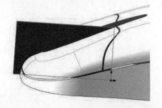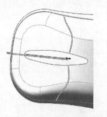

（a）属性管理器　　　　　（b）选择曲面　　　　　（c）等距曲面结果

图10-34　创建等距曲面

27 单击"曲面"工具栏上的 ✏（剪裁曲面）按钮，将特征管理器切换到"曲面-剪裁"属性管理器。设置"剪裁类型"为"相互"，选择曲面；选中"移除选择"单选按钮，选择要移除的部分。

单击 ✅（确定）按钮，完成曲面的剪裁，如图10-35所示。

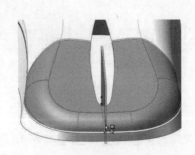

（a）属性管理器　　　　（b）选择剪裁曲面　　　　（c）剪裁曲面结果

图10-35　创建剪裁曲面

28 选择拉伸曲面和等距曲面，在快捷菜单中选择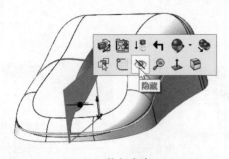（隐藏），将其隐藏，如图10-36所示。

　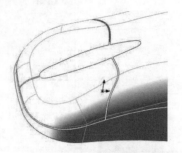

（a）执行命令　　　　　　　　　　　　（b）隐藏特征结果

图10-36　隐藏特征

29 单击工具栏上的（加厚曲面）按钮，将特征管理器切换到"加厚"属性管理器。选择要加厚的曲面，设置厚度为0.5mm。

　　单击 ✔ （确定）按钮，完成曲面的加厚，如图10-37所示。

　　　　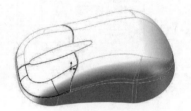

（a）属性管理器　　　　　　（b）选择曲面　　　　　　（c）加厚曲面结果

图10-37　加厚曲面

30 重复加厚操作，完成其他曲面的加厚，如图10-38所示。

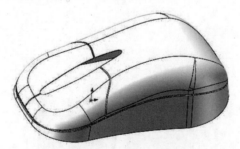

图10-38　加厚的曲面

31 单击标准工具栏中的（保存）按钮，弹出"另存为"对话框，设置保存路径为"素材文件\Char10"、文件名为"实例"、保存类型为"*.prt；*.sldprt"，单击"保存"按钮。

10.11　本章小结

通过本章的学习，读者可以在学习曲线和曲面特征的基础上进一步掌握曲面编辑工具的应用，应用简单的曲面特征和编辑工具创建复杂的曲面，逐渐积累良好的曲面建模思路。

10.12　自主练习

（1）使用曲面特征和缝合曲面工具建立如图10-39所示的曲面。
（2）使用曲面特征和曲面编辑工具建立如图10-40所示的曲面。

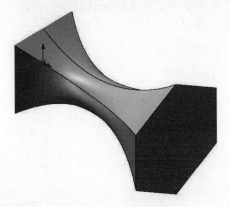

图 10-39　自主练习 1

图 10-40　自主练习 2

第 11 章

钣金设计

本章讲解SolidWorks钣金设计。在创建模型时，建模思路与实际生产加工方式类似，而且SolidWorks还提供了非常方便的钣金零件设计功能。本章从基础特征开始，用实例来讲解钣金特征，让读者能够在练习实例的过程中掌握钣金初级到高级的特征，并且以一个比较典型的实例来详细讲解钣金的应用，最后提供多个自主练习实例来强化钣金的学习。

学习目标

❖ 了解钣金的两种生成方法。
❖ 掌握钣金特征的操作方法。
❖ 能够熟练建立钣金模型。

11.1 钣金的生成

钣金零件是一种专门针对金属薄板（通常6mm以下）的使用综合冷加工工艺制成的零件，其特点是零件的厚度一致。钣金零件在工业上是一种常用的零件。钣金的生成有以下两种方法。

1. 钣金零件建模

使用钣金特有的特征生成钣金零件，可以确保在设计初期阶段就将零件定义为钣金零件。

（1）使用基体法兰创建钣金零件。
（2）在钣金零件中加入法兰特征。
（3）使用延伸面来封闭边角。
（4）建立成型工具。
（5）在钣金展开状态下设计钣金零件盒，使用绘制的折弯工具加入折弯特征。

2. 将已有零件转换为钣金零件

使用"转换为钣金"命令将已建立的零件模型转换为钣金零件。

（1）用户既可以输入SolidWorks建立的模型，也可以输入其他CAD软件绘制的模型，需要将该模型保存为SolidWorks可以识别的格式，比如IGES。

（2）在非钣金零件中识别折弯。

（3）将薄壁零件的边角切口识别为钣金零件。

（4）将钣金特有的特征添加到转换的钣金零件上。

11.2　钣金特征

SolidWorks有一些特有的钣金零件建模的特征，包括法兰特征、转换为钣金、放样折弯、褶边、边角、成型工具展开、折叠等。下面首先介绍"钣金特征"的常用工具栏和工具栏的显示。

（1）在默认情况下，SolidWorks界面不显示"钣金"选项卡，读者可以在功能区选项卡上右击，在弹出的快捷菜单中执行"选项卡"→"钣金"命令，这样"钣金"选项卡即可显示在功能区，如图11-1所示。

图11-1　"钣金"选项卡

（2）在默认情况下，SolidWorks界面不显示"钣金"工具栏，读者可以在功能区空白处右击，在弹出的快捷菜单中执行"工具栏"→"钣金"命令，这样"钣金"工具栏即可显示在界面中，如图11-2所示。

图11-2　"钣金"工具栏

11.2.1　法兰特征

1. 基体法兰

基体法兰是创建钣金零件的起点，建立基体法兰特征后，系统就会将该零件转换为钣金零件。该特征不仅生成了零件最初的实体，还为以后用到的钣金特征设置了参数。调用"基体法兰"命令有以下3种方式：

（1）单击"钣金"工具选项卡中的 （基体法兰/薄片）按钮。

（2）执行菜单栏中的"插入"→"钣金"→ （基体法兰）命令。

（3）单击钣金工具栏中的 （基体法兰/薄片）按钮。

其他钣金特征的调用方式和基体法兰特征命令类似，后续将不再赘述。

【例11-1】 基体法兰特征。操作步骤如下：

01 单击 ▄ （草图绘制）按钮，选择"前视基准面"绘制草图。单击 ↳ （退出草图）按钮，退出草图。

02 单击钣金工具栏的 ⩗ （基体法兰/薄片）按钮，将特征管理器切换到"基体法兰"属性管理器。

03 设置属性管理器。在"方向1"下拉列表中选择"两侧对称"，设置深度为120mm、钣金参数为1mm、折弯半径为2mm、K因子为0.5、自动切释放槽类型为"矩形"。

!!! 说明　K因子为钣金内表面到中性面的距离t与钣金厚度T的比值，即等于t/T。

04 单击 ✔ （确定）按钮，得到基体法兰，如图11-3所示。

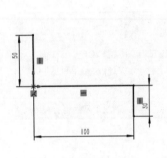

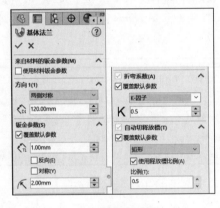

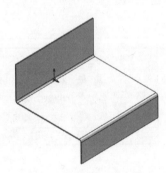

（a）绘制草图　　　　　（b）属性管理器　　　　　（c）基体法兰

图11-3　创建基体法兰

05 利用"基体法兰"命令生成一个钣金零件后，钣金特征管理器将出现在如图11-4所示的菜单中。该特征管理器中包含3个特征，分别代表钣金的3个基本操作。

- ▦ （钣金）特征：包含钣金零件的定义，保存了整个零件的默认折弯参数信息，如折弯半径、折弯系数、自动切释放槽参数等。

- ⩗ （基体-法兰）特征：钣金零件的第一个实体特征，包括深度、厚度和折弯半径等信息。

- ▨ （平板型式）特征：在默认情况下，当零件处于折弯状态时，平板型式特征是被压缩的，将该特征解除压缩就可以展开钣金零件。当平板型式特征被压缩时，添加到钣金零件的所有新特征将自动插入平板型式特征中。

　当平板型式特征解除压缩后，平板型式特征下方插入的新特征不会在折叠零件中显示。

图11-4　"基体法兰"
特征管理器

2．薄片

薄片特征是在垂直于钣金零件厚度方向上添加相同厚度的凸缘。

【例11-2】薄片特征。操作步骤如下：

01 继续上面的操作，单击钣金零件平面，在快捷菜单中选择 ▢ （草图绘制）。

02 按空格键，单击 ⊥ （正视于）按钮，使得绘图平面平行于屏幕，绘制草图，如图11-5所示。

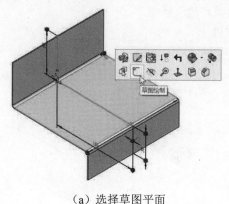
（a）选择草图平面

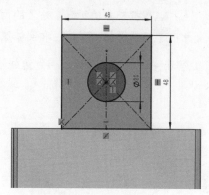
（b）绘制草图

图11-5　创建草图

03 单击钣金工具栏中的 ⱳ （基体法兰/薄片）按钮，将特征管理器切换到"基体法兰"属性管理器。

04 设置属性管理器参数，勾选"合并结果"复选框。

05 单击 ✔ （确定）按钮，得到薄片，如图11-6所示。

（a）属性管理器

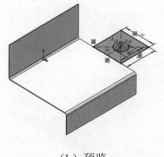
（b）预览

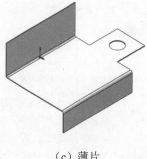
（c）薄片

图11-6　创建薄片

注意　薄片的草图可以是单一或多重封闭轮廓。创建薄片后，在特征管理器中显示薄片特征。

3．边线法兰

边线法兰用于为钣金零件添加折弯特征。可以利用钣金零件的边线添加法兰，通过所选边线可以设置法兰的尺寸和方向。

【例11-3】边线法兰特征。操作步骤如下：

01 继续上面的操作，单击钣金工具栏中的 ⱳ （边线法兰）按钮，将特征管理器切换到"边线-法兰"属性管理器。

02　设置属性管理器参数。单击"边线"列表框，选择边线<1>和边线<2>。

03　设置法兰角度为90度；设置长度终止条件为"给定深度"、深度值为18mm，选择 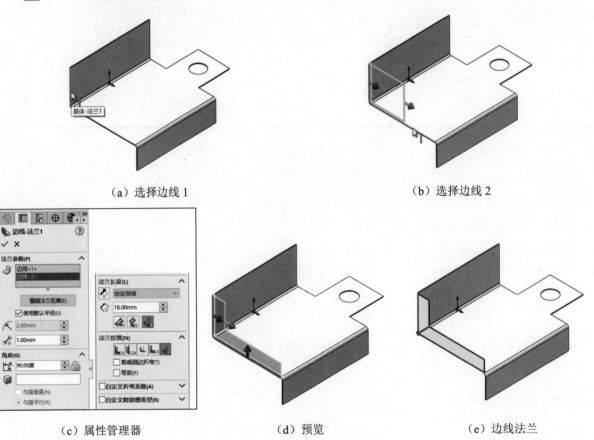（双弯曲）；设置法兰位置为 （与折弯相切）。

- 材料在内：法兰的顶部与实体原有顶部重合。
- 材料在外：法兰的底部与实体原有顶部重合。
- 折弯在外：法兰底部将依据折弯半径等距。
- 虚拟交点的折弯：法兰的内侧面与实体原有顶部边线重合。
- 与折弯相切：法兰和实体原有面均与折弯相切。

04　单击 （确定）按钮，得到边线法兰，如图11-7所示。

（a）选择边线 1

（b）选择边线 2

（c）属性管理器

（d）预览

（e）边线法兰

图11-7　创建边线法兰

4．斜接法兰

斜接法兰按草图将一系列法兰添加到钣金零件的一条或多条边线上。草图可以包括直线或圆弧，草图基准面必须垂直于生成斜接法兰的第一条边线。

【例11-4】斜接法兰特征。操作步骤如下：

01　继续上面的操作，单击钣金零件平面，在快捷菜单中选择 （草图绘制）。

02　按空格键，单击 （正视于）按钮，使得绘图平面平行于屏幕，绘制草图。

03　单击钣金工具栏中的 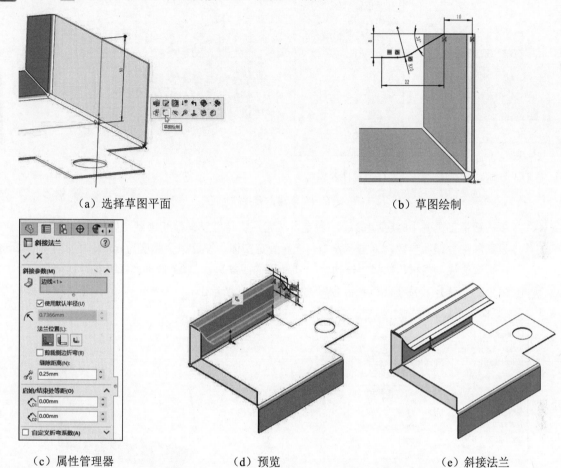（斜接法兰）按钮，将特征管理器切换到"斜接法兰"属性管理器。

04　系统会自动选定斜接法兰特征的第一条边线，将法兰设置为"材料在内"。

05　单击 ✓（确定）按钮，得到斜接法兰，如图11-8所示。

（a）选择草图平面　　　　　　　　　　（b）草图绘制

（c）属性管理器　　　　　　（d）预览　　　　　　（e）斜接法兰

图11-8　创建斜接法兰

⚠ 注意
（1）若使用圆弧生成斜接法兰，则可在圆弧和厚度边线之间绘制一段短的直线草图。

（2）可将一系列法兰特征添加到钣金零件的一条或多条边线上。

11.2.2　转换为钣金

通过选取折弯，可以将实体/曲面转换为钣金零件。

【例11-5】转换为钣金特征。操作步骤如下：

01　单击 （草图绘制）按钮，选择"前视基准面"，绘制草图。单击 ↳（退出草图）按钮，退出草图。

02　单击 （拉伸凸台/基体）按钮，将特征管理器切换到"凸台-拉伸"属性管理器。

03　设置属性管理器参数。在"方向1"下拉列表中选择"给定深度"，设置深度为50mm。

04　单击 ✓（确定）按钮，得到拉伸凸台，如图11-9所示。

（a）绘制草图　　　　（b）属性管理器　　　　（c）预览　　　　（d）薄片

图11-9　创建凸台-拉伸特征

05 单击钣金工具栏中的 （转换到钣金）按钮，将特征管理器切换到"转换到钣金"属性管理器。

06 设置属性管理器参数，单击下表面，选择固定实体，设置钣金厚度为1mm、折弯半径为2mm。单击折弯边线列表框，选择折弯边线（选择面的四条边）。其余选项选择系统默认值。

07 单击 （确定）按钮，得到钣金零件，如图11-10所示。

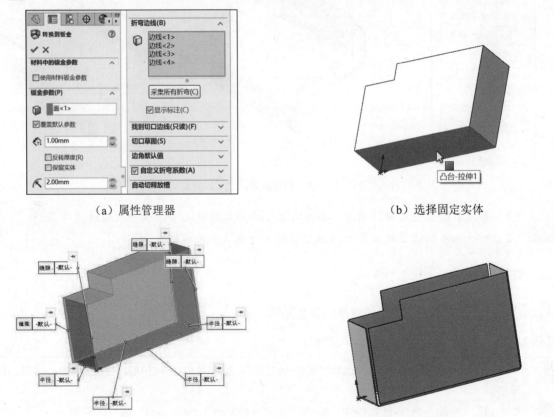

（a）属性管理器　　　　　　　　　　　　（b）选择固定实体

（c）选择边线　　　　　　　　　　　　（d）钣金零件

图11-10　转换到钣金特征

08 利用 "转换到钣金" 命令生成一个钣金零件后，在钣金特征管理器中解除 "平板型式" 特征的压缩，展开钣金零件，如图11-11所示。

（a）执行命令

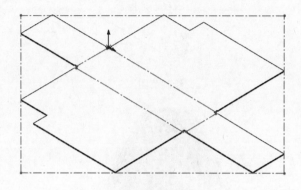

（b）展开钣金零件效果

图11-11 展开钣金零件

该特征管理器中包含3个特征，分别代表钣金的3个基本操作。

- （钣金）特征：包含钣金零件的定义，保存了整个零件的默认折弯参数信息，如折弯半径、折弯系数、自动切释放槽参数等。
- （转换实体）特征：包含钣金零件厚度、折弯边线等。
- （平板型式）特征：在默认情况下，当零件处于折弯状态时，平板型式特征是被压缩的，将该特征解除压缩就可以展开钣金零件。当平板型式特征被压缩时，添加到钣金零件的所有新特征将自动插入平板型式特征中。

11.2.3 放样折弯

放样折弯可以使用放样的方式创建折弯并生成钣金特征。其中，放样折弯使用的草图必须是两个无尖锐边缘的开环轮廓。通过成型制造方法创建的放样折弯特征中的折弯线角仅为近似值，使用折弯制造方法创建放样折弯可获得准确结果。

【例11-6】放样折弯特征。操作步骤如下：

01 创建一个与上视基准面平行的基准面1，并分别上视基准面与基准面1上绘制草图。

02 单击钣金工具栏中的 （放样折弯）按钮，将特征管理器切换到 "放样折弯" 属性管理器。

03 设置属性管理器参数。设置制造方法为 "折弯"，单击轮廓列表框，选择放样轮廓，设置钣金厚度为1mm。

04 单击 （确定）按钮，得到放样折弯，如图11-12所示。

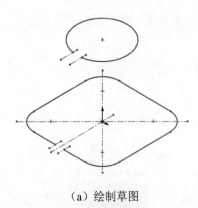

（a）绘制草图

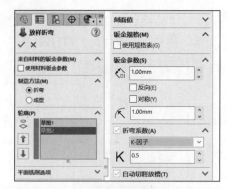

（b）属性管理器

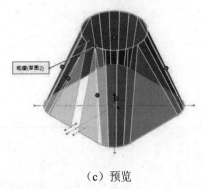

（c）预览

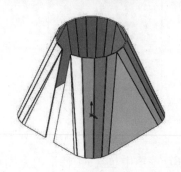

（d）放样折弯

图11-12   创建放样折弯

11.2.4   褶边

褶边工具可以将钣金零件的边线卷成不同的形状，通常用于绘制双折边、卷边。

【例11-7】褶边特征。操作步骤如下：

01 参照例11-1，利用 （基体法兰/薄片）工具创建钣金零件，如图11-13所示。

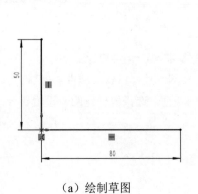

（a）绘制草图

（b）属性管理器

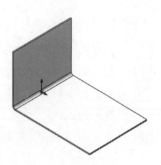

（c）基体法兰

图11-13   创建基体法兰

02 单击钣金工具栏中的 （褶边）按钮，将特征管理器切换到"褶边"属性管理器。

03 设置属性管理器，单击"边线"列表框，选择褶边边线，单击 （材料在内）按钮，设置褶边类型为 （打开），设置长度为10mm、缝隙距离为2mm。

04 单击 （确定）按钮，得到褶边，如图11-14所示。

（a）属性管理器

（b）选择褶边边线（预览）

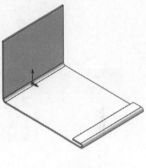

（c）褶边

图11-14　创建褶边

提　示　读者可尝试采用不同的褶边类型生成钣金零件，并观察其变化情况。

11.2.5　转折

转折工具通过从草图线生成两个折弯将材料添加到钣金零件上。

【例11-8】转折特征。操作步骤如下：

01 参照例11-1，利用 （基体法兰/薄片）工具创建钣金零件，如图11-15所示。

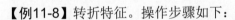

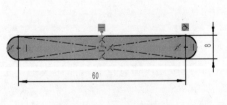

（a）绘制草图

（b）属性管理器

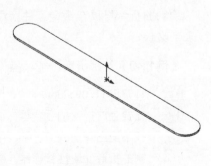

（c）基体法兰

图11-15　创建薄片

02　在要生成转折的钣金零件面上绘制一条直线。

03　在不退出草图的情况下，单击钣金工具栏中的 （转折）按钮，将特征管理器切换到"转折"属性管理器。

04　设置属性管理器，选择固定面为钣金零件顶面；设置转折等距终止条件为"给定深度"、深度为 10mm、尺寸位置为 （外部等距）；设置转折位置为 （折弯中心线）、折弯角度为120度。

05　单击 （确定）按钮，生成转折，如图11-16所示。

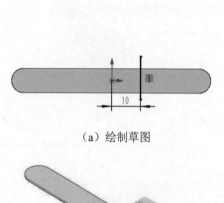

（a）绘制草图

（b）属性管理器

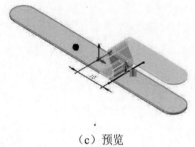

（c）预览

（d）转折

图11-16　生成转折

> ⚠️ **注意**　转折草图必须是直线。

11.2.6　绘制的折弯

绘制的折弯可以在钣金零件上添加折弯线，首先要在创建折弯的面上绘制一条草图线来定义折弯。

【例11-9】绘制折弯特征。操作步骤如下：

01　打开Ex11_09.sldprt文件，利用该钣金零件创建折弯。

02　在要生成折弯的钣金零件面上绘制一条直线。

03　在不退出草图的情况下，单击钣金工具栏中的 （绘制的折弯）按钮，将特征管理器切换到"绘制的折弯"属性管理器。

04　设置属性管理器参数，选择固定面为钣金零件顶面，设置转折位置为 （折弯中心线）、折弯角度为120度。

05 单击 ✔ （确定）按钮，生成折弯，如图11-17所示。

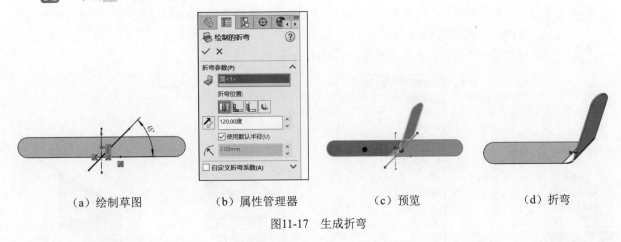

（a）绘制草图　　　　（b）属性管理器　　　　（c）预览　　　　（d）折弯

图11-17　生成折弯

11.2.7　交叉折断

交叉折断主要用于大型钣金零件平面，可以增加强度，减少变形概率。

【例11-10】交叉折断特征。操作步骤如下：

01 打开Ex11_10.sldprt文件。

02 单击钣金工具栏中的 ✎ （交叉-折断）按钮，将特征管理器切换到"交叉折断"属性管理器。

03 设置属性管理器参数，选择面为钣金零件顶面，系统自动添加交叉轮廓，设置断开半径为1mm、断开角度为90度。

04 单击 ✔ （确定）按钮，生成交叉折断，如图11-18所示。

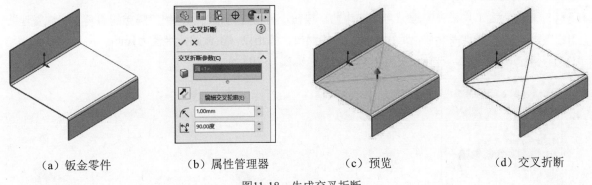

（a）钣金零件　　　　（b）属性管理器　　　　（c）预览　　　　（d）交叉折断

图11-18　生成交叉折断

11.2.8　边角

1. 闭合角

闭合角是在钣金法兰或其他钣金特征之间添加材料，调整边角缝隙，使法兰对齐。

【例11-11】闭合角特征。操作步骤如下：

01 打开Ex11_11.sldprt文件。

02 单击钣金工具栏中的 （闭合角）按钮，将特征管理器切换到"闭合角"属性管理器。

03 设置属性管理器参数，选择要延伸的面为法兰侧面，系统自动添加要匹配的面，设置边角类型为 ⌐」（对接）、缝隙距离为0.1mm。

04 单击 ✓（确定）按钮，生成闭合角，如图11-19所示。

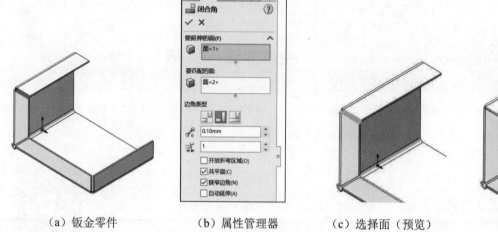

（a）钣金零件　　　（b）属性管理器　　　（c）选择面（预览）　　　（d）闭合角

图11-19　生成闭合角

2. 焊接的边角

焊接的边角可以添加焊缝到折叠的钣金零件边角，包括斜接法兰、边线法兰及闭合角。

【例11-12】 焊接边角特征。操作步骤如下：

01 继续上面的操作。

02 单击钣金工具栏中的 ⬡（焊接的边角）按钮，将特征管理器切换到"焊接的边角"属性管理器。

03 设置属性管理器参数，选择焊接边角的侧面、停止点，设置圆角半径为1mm。

04 单击 ✓（确定）按钮，生成焊接的边角。如图11-20所示。

　　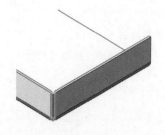　　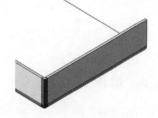

（a）属性管理器　　　（b）选择焊接边角的侧面（预览）　　　（c）焊接的边角

图11-20　生成焊接的边角

> **⚠ 注意**　生成焊接的边角之前，两个法兰面需要对齐。因此，焊接的边角需要和闭合角工具配合使用。

3. 断开的边角/边角剪裁

断开边角可以在钣金零件的边线或者面中建立圆角形状或倒角形状的边角。

【例11-13】断开的边角/边角剪裁特征。操作步骤如下：

01 打开Ex11_13.sldprt文件。

02 单击钣金工具栏中的 （断开的边角/边角剪裁）按钮，将特征管理器切换到"断裂边角"属性管理器。

03 设置属性管理器参数，选择边角边线，设置折断类型为 （倒角）、距离为25mm。

04 单击 （确定）按钮，生成断开的边角，如图11-21所示。

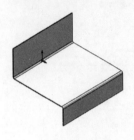  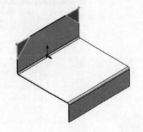 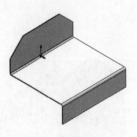

　（a）钣金零件　　　　（b）属性管理器　　（c）选择边角边线（预览）　　（d）断开的边角

图11-21　生成断裂边角

读者也可以选择法兰面生成断开的边角，如图11-22所示。

 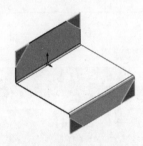 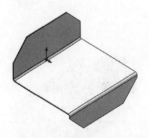

　　（a）属性管理器　　　　　　（b）选择面（预览）　　　　　（c）断开的边角

图11-22　生成断开的边角

11.2.9　成形工具

钣金成形工具在钣金零件中用于钣金的折弯、伸展或冲模。

1. 使用成形工具

【例11-14】成形工具。操作步骤如下：

01 打开Ex11_14.sldprt文件。

02 单击任务窗格中的 （设计库），在文件树中找到formingtools文件夹，单击打开。

 SolidWorks提供的成形工具包括embosses（压凸）、extrudedflangs（拉伸孔）、louvers（百叶窗）、ribs（筋）、lances（切口）等。

03 单击打开louvers（百叶窗）文件夹，选择louver成形工具，并将按住鼠标左键，其拖动到钣金零件的面上，此时特征管理器切换到"库特征"属性管理器。

04 在将特征放置在目标面上之前使用Tab键反转特征，并使用方向键将成形工具旋转再松开鼠标。此时将特征管理器切换到"成形工具特征"属性管理器。

05 读者也可以通过"成形工具特征"属性管理器来设置成形工具的位置。选择方位面为钣金零件的侧面，设置旋转角度为270度。

06 打开"位置"选项卡，使用草图对成形工具中心点进行定位。

07 单击 ✅（确定）按钮，生成百叶窗，如图11-23所示。

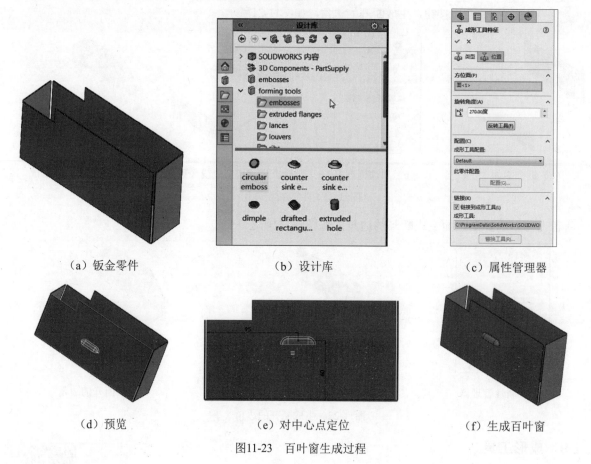

（a）钣金零件　　　　　（b）设计库　　　　　（c）属性管理器

（d）预览　　　　　（e）对中心点定位　　　　　（f）生成百叶窗

图11-23　百叶窗生成过程

2. 创建成形工具

读者也可以自己创建成形工具，并将其添加到设计库中。创建的成形工具与系统自带的成形工具使用方法一样。

【例11-15】创建成形工具。具体操作步骤如下：

01 打开Ex11_15.sldprt文件。

02 选择实体，在快捷菜单中选择 🔵（外观），编辑颜色。将特征管理器切换到"颜色"属性管理器。

03 设置实体类型为 ⬛（选取面），选择实体侧面和分割面。单击主要颜色列表框，弹出"颜色"对话框，选择"红色"。

04 单击 ✅（确定）按钮，完成切除面颜色的设置，如图11-24所示。

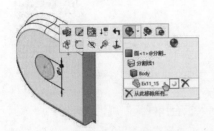

（a）编辑颜色1

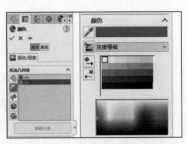

（b）属性管理器

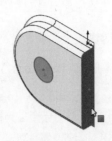

（c）选择侧面和分割面

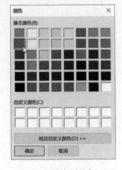

（d）编辑颜色2

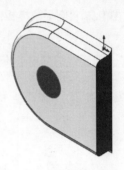

（e）切除面颜色

图11-24 为切除面添加颜色

（1）成型工具中有一个草图，用于钣金成形工具的定位草图。
（2）成型工具如果有切除的特征，需要将切除的面设定为红色（必须为红色）。

05 单击标准工具栏中的 🖫（保存）按钮，将成形工具名称设为"凸台"。

06 在特征管理器中的零件名称上右击，在弹出的快捷菜单中选择"添加到库"命令。将特征管理器切换到"添加到库"属性管理器。

07 保存"凸台"到"设计库文件夹"，选择保存路径为Design Library\forming tools\louvers\。

08 单击 ✅（确定）按钮，将创建的成形工具保存到设计库，如图11-25所示。

（a）执行命令

（b）将零件添加到库

图11-25 另存零件至louvers文件夹

11.2.10 钣金角撑板

创建钣金角撑板，使特定凹口贯穿整个折弯。

【例11-16】钣金角撑板特征。操作步骤如下：

01 打开Ex11_16.sldprt文件。

02 单击钣金工具栏中的 （钣金角撑板），将特征管理器切换到"钣金角撑板"属性管理器。

03 设置属性管理器，选择与一个折弯相邻的两个平面，系统会自动选择参考线和参考点，将距参考点的距离设为80mm；在轮廓下，选择与折弯面对称的角撑板，设置缩进深度为20mm，选择角撑板类型为 （圆形角撑板）；在轮廓下，设置缩进宽度为5mm。

> **注意** 对于不对称的角撑板和扁平角撑板，用户可以参考操作步骤灵活操作。

04 单击 ✓（确定）按钮，生成钣金角撑板，如图11-26所示。

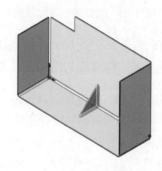

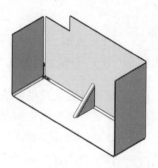

（a）属性管理器　　　　　　（b）选择面（预览）　　　　　　（c）钣金角撑板

图11-26　生成钣金角撑板

11.2.11 通风口

使用草图实体在塑料或钣金设计中生成通风口供空气流通。

【例11-17】通风口特征。操作步骤如下：

01 打开Ex11_17.sldprt文件。

02 在钣金零件平面上绘制草图。

03 单击钣金工具选项卡中的 ▦（通风口）按钮，将特征管理器切换到"通风口"属性管理器。

04 设置属性管理器。选择封闭的草图线段作为通风口边界；在几何体属性中，系统为通风口自动选择钣金平面，设置圆角半径为2mm，这个值将应用于边界、筋、翼梁和填充边界之间的所有相交处。

05 在流动区域中，系统自动计算通风口的流动区域面积和开放区域；在筋区域中，选择草图线段作为筋。筋的深度默认为钣金厚度，设置筋的宽度为1mm。

06 在翼梁区域中，选择草图线段作为翼梁。翼梁的深度默认为钣金厚度，设置翼梁的宽度为1mm。

07 在填充边界中，选择封闭的草图线段，至少有一个筋与填充边界相交，填充边界的深度默认为钣金厚度，此处不做选择。

08 单击 ✅ （确定）按钮，生成通风口，如图11-27所示。

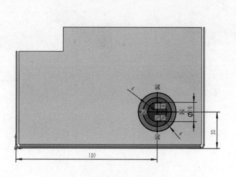

（a）绘制草图

（b）属性管理器

（c）预览

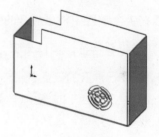

（d）通风口

图11-27　生成通风口

11.2.12　展开/折叠

使用展开和折叠工具可在钣金零件中展开和折叠一个、多个或所有折弯。

1. 展开

展开有两个命令： 🗂️ （展开）是将钣金零件的一个或多个折弯展开； 🗂️ （平展）是将钣金零件的全部折弯展开。

 若要在具有折弯的零件上添加钻孔、挖槽等特征，则必须将零件展开。

【例11-18】展开特征。操作步骤如下：

01 打开Ex11_18.sldprt文件。

02 单击钣金工具栏中的 （展开）按钮，将特征管理器切换到"展开"属性管理器。

03 设置属性管理器，选择一个面作为固定面，选择要展开的折弯。

⚠️ 注意　**可以单击"收集所有折弯"按钮来展开零件中所有合适的折弯。**

04 单击 ✅（确定）按钮，完成展开，如图11-28所示。

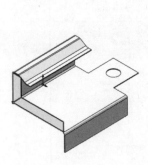

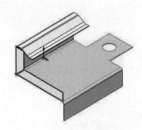
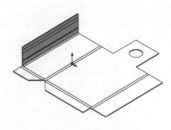

（a）钣金零件　　　（b）属性管理器　　　（c）选择固定面　　　（d）展开效果

图11-28　钣金展开

2．折叠

折叠可以在钣金零件中将已展开的钣金再次恢复为折弯状态，是相对于展开或平展的逆操作。

【例11-19】折叠特征。操作步骤如下：

01 打开一个已展开的钣金零件文件Ex11_19.sldprt。

02 单击钣金工具栏中的 （折叠）按钮，将特征管理器切换到"折叠"属性管理器。

03 设置属性管理器，选择一个面作为固定面，选择要折叠的折弯。

⚠️ 注意　**可以单击"收集所有折弯"按钮来折叠零件中所有合适的折弯。**

04 单击 ✅（确定）按钮，完成折叠，如图11-29所示。

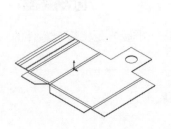

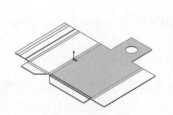
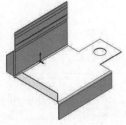

（a）展开的钣金零件　　　（b）属性管理器　　　（c）选择固定面　　　（d）折叠效果

图11-29　钣金折叠

11.2.13 切口

切口是生成一个沿所选模型边线的切口特征。切口既可以用在钣金零件中，也可以用在其他零件中。

【例11-20】切口特征。操作步骤如下：

01 打开Ex11_20.sldprt文件。

02 单击钣金工具栏的 （切口）按钮，将特征管理器切换到"切口"属性管理器。

03 设置属性管理器，选择要切口的边线，设置切口缝隙为1mm。

04 单击 ✅（确定）按钮，完成切口，如图11-30所示。

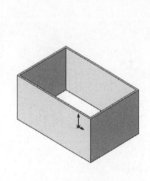

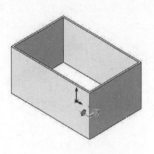
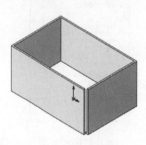

（a）实体零件　　　　（b）属性管理器　　　　（c）选择边线　　　　（d）切口效果

图11-30　生成切口

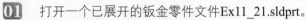

单击"改变方向"按钮，可改变切口的方向。

11.2.14 切除

切除可以在钣金折弯处生成切除特征。

【例11-21】切除特征。操作步骤如下：

01 打开一个已展开的钣金零件文件Ex11_21.sldprt。

02 单击钣金平面，在快捷菜单中选择 （绘制草图）。按空格键，单击 （正视于）按钮，绘制草图，如图11-31所示。

03 单击钣金工具选项卡中的 （拉伸-切除）按钮，将特征管理器切换到"切除-拉伸"属性管理器。

04 设置属性管理器，在"从"选择下拉列表中选择"草图基准面"，在"方向1"下拉列表中选择"完全贯穿"。

05 单击 ✅（确定）按钮，完成拉伸切除，如图11-32所示。

06 单击钣金工具栏中的 （折叠）按钮，将特征管理器切换到"折叠"属性管理器。选择一个面作为固定面，选择要折叠的折弯。将零件恢复到折叠状态，完成钣金折弯的切除操作，如图11-33所示。

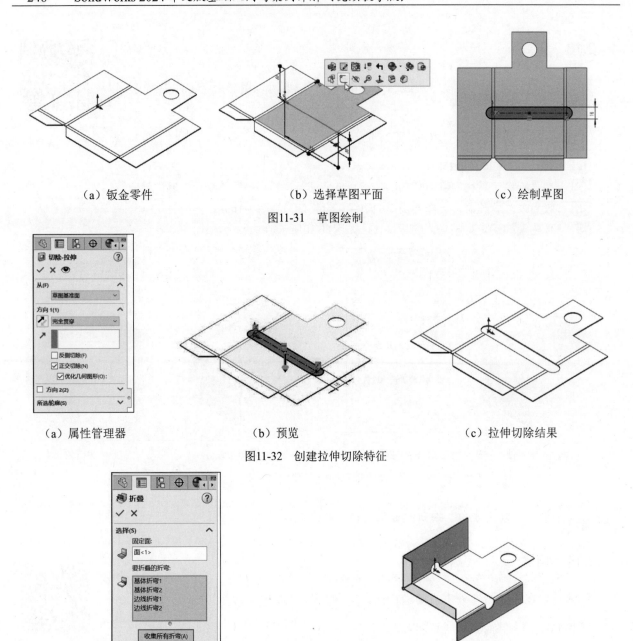

（a）钣金零件   （b）选择草图平面   （c）绘制草图

图11-31　草图绘制

（a）属性管理器   （b）预览   （c）拉伸切除结果

图11-32　创建拉伸切除特征

（a）属性管理器   （b）钣金最终结果

图11-33　完成钣金折弯的切除

11.3　实例操作

【例11-22】创建机箱侧板钣金实例。操作步骤如下：

01 单击 ⬚（草图绘制）按钮，选择"前视基准面"，绘制草图。单击 ⬚（退出草图）按钮，退出草图。

02 单击钣金工具栏中的 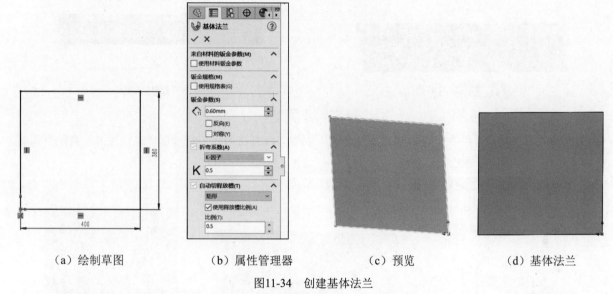（基体法兰/薄片）按钮，将特征管理器切换到"基体法兰"属性管理器。设置钣金参数厚度为0.6mm、K因子为0.5、自动切释放槽类型为"矩形"。

单击 ✅（确定）按钮，得到基体法兰，如图11-34所示。

（a）绘制草图   （b）属性管理器   （c）预览   （d）基体法兰

图11-34　创建基体法兰

03 单击钣金工具栏中的 （边线法兰）按钮，将特征管理器切换到"边线-法兰1"属性管理器。单击"边线"列表框，选择边线。设置法兰角度为90度、长度终止条件为"给定深度"、深度为8mm，选择 （外部虚拟交点）；法兰位置设为 （材料在外）。

单击 ✅（确定）按钮，得到边线法兰，如图11-35所示。

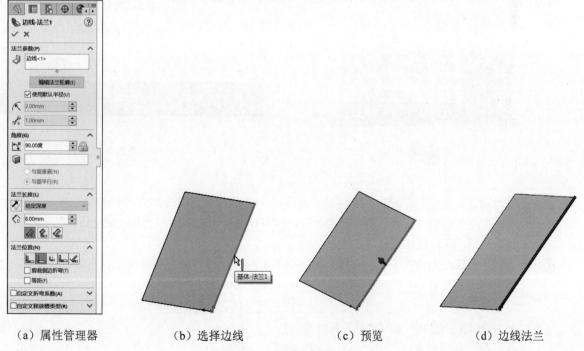

（a）属性管理器   （b）选择边线   （c）预览   （d）边线法兰

图11-35　创建边线法兰

04 选择边线法兰侧面，在快捷菜单中选择 ✏️（绘制草图）。按空格键，单击 ⬆️（正视于）按钮，绘制草图，如图11-36所示。

（a）选择草图平面　　　　　　　　　　　　　（b）绘制草图

图11-36　草图绘制

05 单击钣金工具栏中的 🪝（基体法兰/薄片）按钮，将特征管理器切换到"基体法兰"属性管理器，勾选"合并结果"复选框。

单击 ✅（确定）按钮，得到薄片，如图11-37所示。

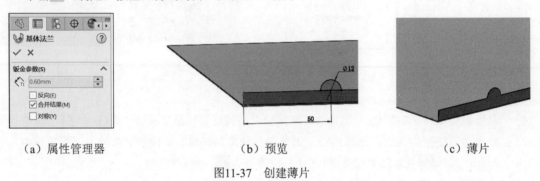

（a）属性管理器　　　　　（b）预览　　　　　　　　（c）薄片

图11-37　创建薄片

06 选择钣金平面，在快捷菜单中选择 ✏️（绘制草图），按空格键，单击 ⬆️（正视于）按钮，绘制草图，如图11-38所示。

（a）选择草图平面　　　　　　　　　　　　（b）绘制草图

图11-38　草图绘制

07 单击钣金工具栏中的 🔲（拉伸切除）按钮，将特征管理器切换到"切除-拉伸"属性管理器。在"从"下拉列表中选择"草图基准面"，在"方向1"下拉列表中选择"完全贯穿"。单击 ✅（确定）按钮，完成拉伸切除，如图11-39所示。

08 单击"特征"工具选项卡中的 ⬚⬚（线性阵列）按钮，将特征管理器切换到"阵列（线性）"属性管理器。

打开"方向1"组，单击阵列方向框，选择法兰边线；设置间距为300mm、实例数为2；将要阵列的特征设为"薄片"和"切除-拉伸1"。

单击 ✅（确定）按钮，完成线性阵列，如图11-40所示。

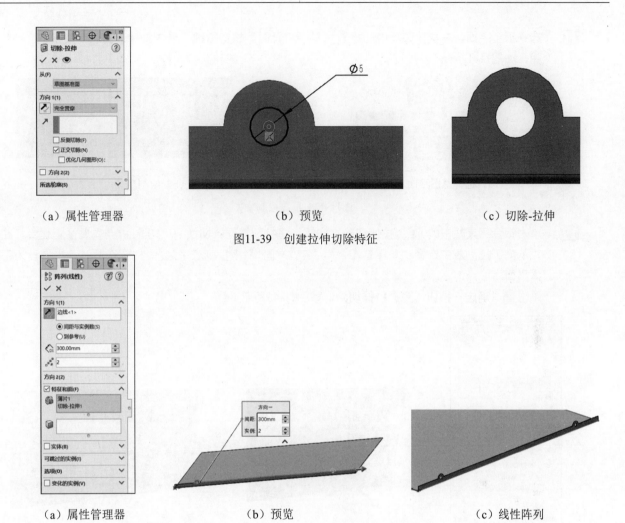

（a）属性管理器　　　　　　　　　（b）预览　　　　　　　　　　（c）切除-拉伸

图11-39　创建拉伸切除特征

（a）属性管理器　　　　　　　　　（b）预览　　　　　　　　　　（c）线性阵列

图11-40　创建线性阵列

09　单击钣金工具栏中的 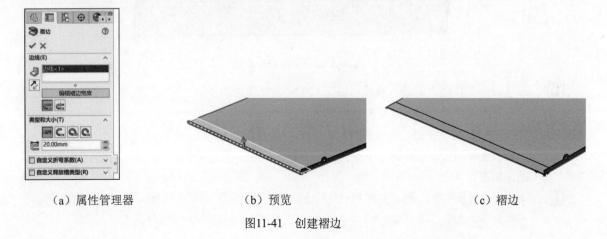（褶边）按钮，将特征管理器切换到"褶边"属性管理器。单击"边线"
　　　列表框，选择基体边线，单击 （材料在内）按钮，设置褶边类型为 （闭合）、长度为20mm。
　　　单击 （确定）按钮，得到褶边，如图11-41所示。

（a）属性管理器　　　　　　　　　（b）预览　　　　　　　　　　（c）褶边

图11-41　创建褶边

10 选择钣金平面，在快捷菜单中选择 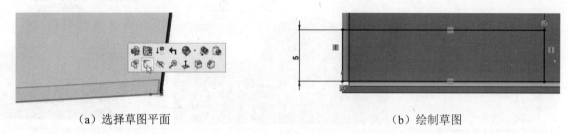（绘制草图）。按空格键，单击 ↥（正视于）按钮，绘制草图，如图11-42所示。

（a）选择草图平面　　　　　　　　　　　（b）绘制草图

图11-42　草图绘制

11 单击钣金工具栏中的 ▣（拉伸切除）按钮，将特征管理器切换到"切除-拉伸"属性管理器。在"从"下拉列表中选择"草图基准面"，在"方向1"下拉列表中选择"成形到面"，平面设为基体平面。

单击 ✓（确定）按钮，完成拉伸切除，如图11-43所示。

（a）属性管理器　　　　　（b）预览　　　　　　（c）拉伸切除

图11-43　创建拉伸切除特征

12 重复**10**和**11**，进行拉伸切除，如图11-44所示。

图11-44　完成拉伸切除

13 单击钣金工具栏中的 ▧（展开）按钮，将特征管理器切换到"展开"属性管理器。选择钣金基体平面作为固定面，选择要展开的折弯为"褶边折弯1"。

单击 ✓（确定）按钮，完成展开，如图11-45所示。

14 选择钣金平面，在快捷菜单中选择 ▣（绘制草图）。按空格键，单击 ↥（正视于）按钮，绘制草图，如图11-46所示。

15 单击钣金工具栏中的 ▣（拉伸切除）按钮，将特征管理器切换到"切除-拉伸"属性管理器。在"从"下拉列表中选择"草图基准面"，在"方向1"下拉列表中选择"完全贯穿"。

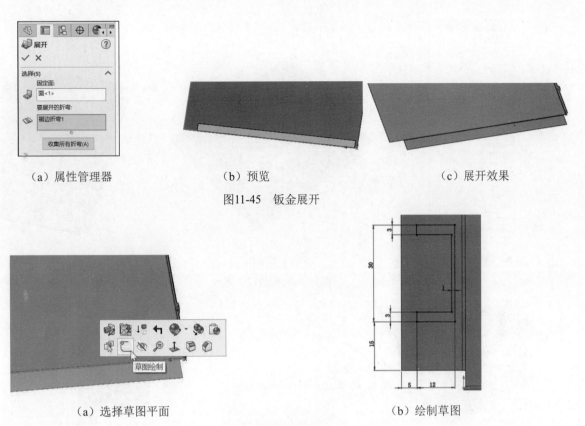

（a）属性管理器　　　　　　（b）预览　　　　　　（c）展开效果

图11-45　钣金展开

（a）选择草图平面　　　　　　　　　（b）绘制草图

图11-46　草图绘制

单击 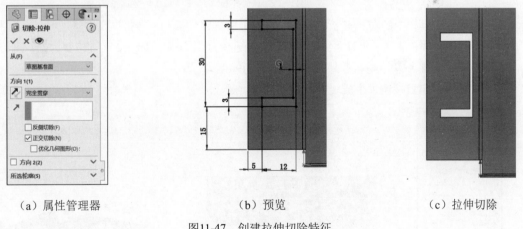（确定）按钮，完成拉伸切除，如图11-47所示。

（a）属性管理器　　　　　　（b）预览　　　　　　（c）拉伸切除

图11-47　创建拉伸切除特征

16 单击"特征"工具选项卡中的 ⚎（线性阵列）按钮，将特征管理器切换到"阵列（线性）"属性
管理器。打开"方向1"组，单击阵列方向框，选择法兰边线；设置间距为90mm、实例数为4；
将要阵列的特征设为"切除-拉伸"。

单击 ✅（确定）按钮，完成线性阵列，如图11-48所示。

17 选择钣金平面，在快捷菜单中选择 🖊（绘制草图）。按空格键，单击 ⬍（正视于）按钮，绘制一
条直线，如图11-49所示。

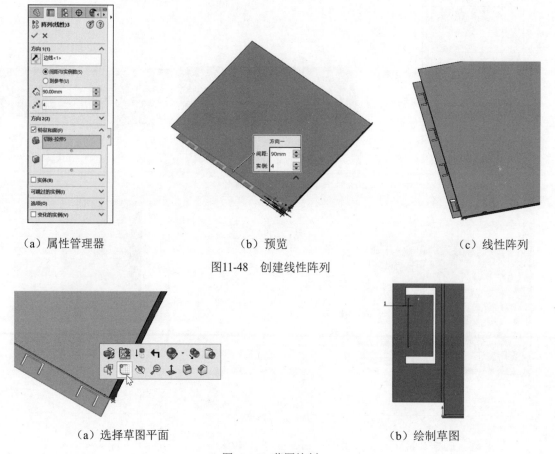

（a）属性管理器　　　　　　　（b）预览　　　　　　　（c）线性阵列

图11-48　创建线性阵列

（a）选择草图平面　　　　　　　　　（b）绘制草图

图11-49　草图绘制

18 单击钣金工具栏中的 （转折）按钮，将特征管理器切换到"转折"属性管理器。选择固定面为钣金基体平面；设置转折等距终止条件为"给定深度"、深度为5mm、尺寸位置为 （外部等距）；设置转折位置为 （材料在外）、转折角度为90度。

单击 （确定）按钮，生成转折，如图11-50所示。

（a）属性管理器　　　　　（b）预览　　　　　　（c）转折

图11-50　生成转折

[19] 重复[17]和[18]进行转折，如图11-51所示。

[20] 单击钣金工具栏中的 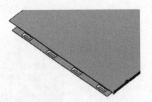 （折叠）按钮，将特征管理器切换到"折叠"属性管理器。选择基体平面作为固定面，选择要折叠的折弯为"褶边折弯1"。单击 ✓ （确定）按钮，完成折叠，如图11-52所示。

图11-51 所有转折

（a）属性管理器

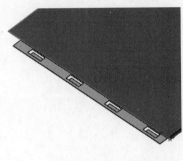

（b）预览

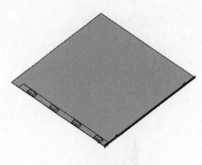

（c）折叠

图11-52 生成折叠

[21] 单击钣金工具栏中的 （褶边）按钮，将特征管理器切换到"褶边"属性管理器。单击"边线"列表框，选择基体边线，单击 （材料在内）按钮，设置褶边类型为 （闭合）、长度为25mm。单击 ✓ （确定）按钮，得到褶边，如图11-53所示。

（a）属性管理器

（b）预览

（c）褶边

图11-53 生成褶边

[22] 选择钣金平面，在快捷菜单中选择 （绘制草图）。按空格键，单击 （正视于）按钮，绘制草图，如图11-54所示。

[23] 单击钣金工具栏中的 （拉伸切除）按钮，将特征管理器切换到"切除-拉伸"属性管理器。在"从"下拉列表中选择"草图基准面"，在"方向1"下拉列表中选择"给定深度"，设置深度为0.6mm。单击 ✓ （确定）按钮，完成拉伸切除，如图11-55所示。

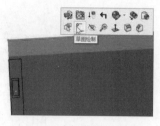

（a）选择草图平面

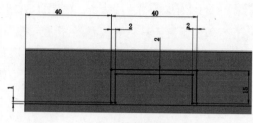

（b）绘制草图

图11-54 草图绘制

（a）属性管理器

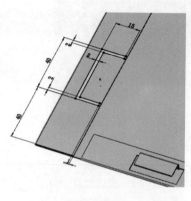

（b）预览

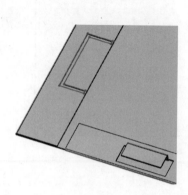

（c）拉伸切除效果

图11-55 创建拉伸切除特征

24 单击"特征"工具选项卡中的  （线性阵列）按钮，将特征管理器切换到"阵列（线性）"属性管理器。打开"方向1"组，单击阵列方向框，选择法兰边线；设置间距为90mm、实例数为4；将要阵列的特征设为"切除-拉伸6"。单击 ✅（确定）按钮，完成线性阵列，如图11-56所示。

（a）属性管理器

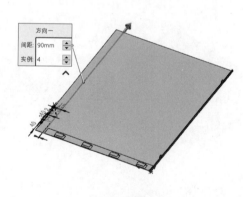

（b）预览

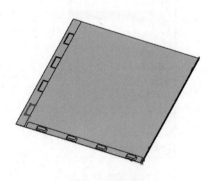

（c）线性阵列

图11-56 创建线性阵列

25 单击钣金工具栏中的 （展开）折弯为按钮，将特征管理器切换到"展开"属性管理器。选择钣金基体平面作为固定面，选择要展开的折弯为"褶边折弯2"。单击 ✅（确定）按钮，完成展开，如图11-57所示。

26 选择钣金平面，在快捷菜单中选择 （绘制草图）。按空格键，单击 （正视于）按钮，绘制一条直线，如图11-58所示。

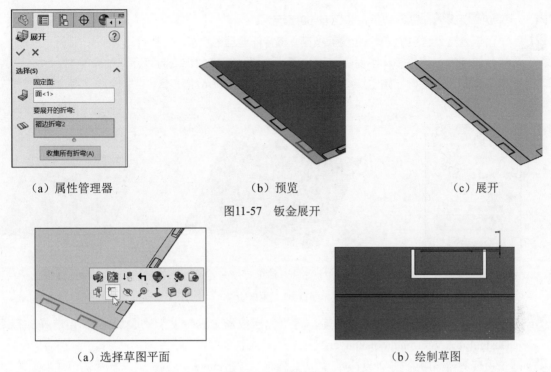

（a）属性管理器　　　　　　（b）预览　　　　　　　（c）展开

图11-57　钣金展开

（a）选择草图平面　　　　　　　　　　（b）绘制草图

图11-58　草图绘制

27 单击钣金工具栏中的 （转折）按钮，将特征管理器切换到"转折"属性管理器。选择固定面为钣金基体平面；设置转折等距终止条件为"给定深度"、深度为5mm、尺寸位置为 ⍋（外部等距）；再设置转折位置为 ⌊（材料在外）、转折角度为60度。单击 ✅（确定）按钮，生成转折，如图11-59所示。

（a）属性管理器　　　　　　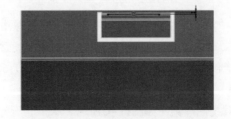（b）预览　　　　　　（c）转折

图11-59　生成转折

28 重复**26**和**27**，进行转折，如图11-60所示。

29 单击钣金工具栏中的 （折叠）按钮，将特征管理器切换到"折叠"属性管理器。选择基体平面作为固定面，选择要折叠的折弯为"褶边折弯2"。单击 ✅（确定）按钮，完成折叠，如图11-61所示。

图11-60　转折

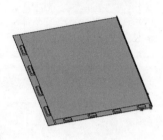

（a）属性管理器　　　　　　　　（b）预览　　　　　　　　（c）折叠

图11-61　生成折叠

30 参考前面章节中成形工具的创建，将"侧板成形工具"设为"添加到库"，选择保存路径为 DesignLibrary\formingtools\louvers\。

31 单击任务窗格中的 （设计库），在文件树中单击louvers文件夹。选择"侧板成形工具"，并按住鼠标左键将其拖动到钣金零件的面上，此时特征管理器切换到"库特征"属性管理器。
松开鼠标，此时特征管理器切换到"成形工具特征"属性管理器。选择方位面为基体平面，输入旋转角度为180度。

32 打开"位置"选项卡，使用草图对成形工具中心点进行定位。单击 ✅（确定）按钮，完成成形工具的添加，如图11-62所示。

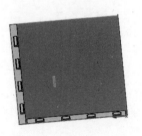

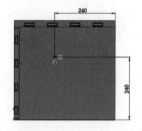

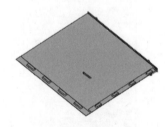

（a）属性管理器　　　（b）选择面　　　（c）对成形工具中心点定位　　　（d）完成成形工具

图11-62　成形

33 单击"特征"工具选项卡中的 （线性阵列）按钮，将特征管理器切换到"阵列（线性）"属性管理器。打开"方向1"组，单击阵列方向框，选择基体边线；设置间距为20mm、实例数为8。
打开"方向2"组，单击阵列方向框，选择法兰边线，设置间距为60mm、实例数为4；将要阵列的特征设为"侧板成形工具1"。
单击 ✅（确定）按钮，完成线性阵列，如图11-63所示。

34 单击标准工具栏中的 （保存）按钮，弹出"另存为"对话框，设置保存路径为"素材文件\Char11"、文件名为"机箱侧板"，单击"保存"按钮。

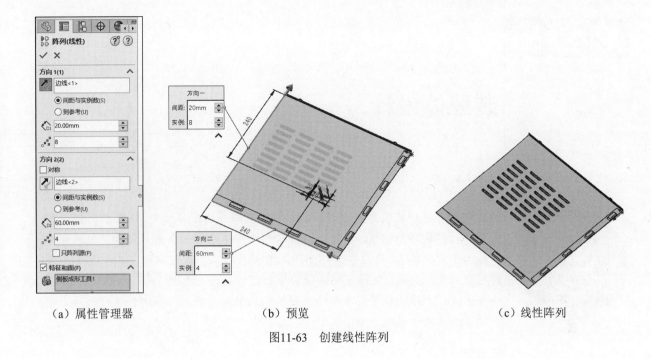

（a）属性管理器　　　　　　　　　（b）预览　　　　　　　　　（c）线性阵列

图11-63　创建线性阵列

11.4　本章小结

通过学习本章内容，读者将掌握使用SolidWorks创建钣金零件的两种主要方法。本章旨在指导读者熟练运用钣金特征来构建钣金零件，并通过具体实例深入理解钣金零件的设计流程。

11.5　自主练习

（1）使用钣金特征建立如图11-64所示的钣金零件。

（2）使用钣金特征建立如图11-65所示的钣金零件。

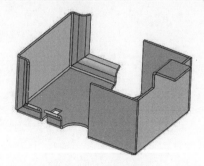

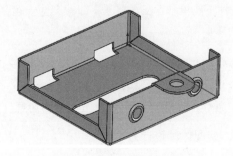

图 11-64　自主练习 1　　　　　　　　　　　图 11-65　自主练习 2

第 12 章

装配体设计

这里所讲的装配体是由许多零部件组合而成的虚拟模型，SolidWorks装配体文件的扩展名为.sldasm。装配体的零部件可以包括独立的零件和其他装配体（称为子装配体）。通过添加尺寸和几何关系约束，表达部件（或机器）的工作原理和装配关系，使得装配体能够模拟实际机构，进行仿真、计算质量特性、检查间隙、干涉检查等。零部件被链接到装配体文件，当零部件被修改后，相应的装配体文件也被更新。

学习目标

❖ 了解两种装配体的设计方法。

❖ 掌握装配零部件的添加、零部件间配合的建立和调用智能零部件。

❖ 能够熟练编辑和检测装配体，并能够创建爆炸视图。

12.1 装配概述

装配体文件中保存了两方面的内容：一是进入装配体中各零部件的路径；二是各零部件之间的配合关系。在打开装配体文件时，SolidWorks 要根据各零部件的存放路径找出零部件，并将其调入装配体环境。所以装配体文件不能单独存在，要和零部件文件一起存在才有意义。

1. "装配体"工具栏的显示

在装配模式下，SolidWorks 界面中的"装配体"工具选项卡如图 12-1 所示。默认 SolidWorks 界面不显示"装配体"工具栏，读者可以在功能区选项卡上右击，在弹出的快捷菜单中执行"工具栏"→"装配体"命令，这样"装配体"工具栏即可显示在界面中，如图 12-2 所示。

2. 装配体的设计方法

装配体的设计方法有自上而下和自下而上两种，也可以将两种方法结合起来。

1）自下而上设计方法

在自下而上设计方法中，首先生成零部件并将其插入装配体，然后根据设计要求配合零部件。

图12-1　"装配体"选项卡

图12-2　"装配体"工具栏

在自下而上的设计方法中，零部件是独立设计的，与自上而下设计方法相比，它们的相互关系及编辑修改更为简单。使用自下而上设计方法可以使用户专注于单个零部件的设计工作。

2）自上而下设计方法

自上而下设计方法从装配体中开始设计工作，设计时可以使用一个零部件的几何体来帮助定义另一个零部件，然后参考这些定义来设计零部件。

本章主要介绍使用自下而上设计方法建立装配体。

3．自下而上装配体建模流程

01 新建装配体文件。

02 向装配体中添加第一个已有的零部件，默认为固定。

03 添加其他已有的零部件或子装配体。

04 添加零部件之间的配合关系，使之符合实际工程的要求。

05 进行装配分析、检验干涉、获得质量参数等。

装配体的特征管理器显示包含的零部件和装配体的配合关系。单击零部件前的 ▶，可以显示零部件的特征；单击配合前的 ▶，可以显示各零部件之间的配合关系，如图12-3所示。

（a）装配体特征管理器

（b）装配体中的零部件特征

（c）装配体中零部件之间的配合关系

图12-3　特征管理器

12.2　添加零部件

12.2.1　插入零部件

可以从属性管理器中选择零部件或从Windows资源管理器中拖放零部件到装配体文件中。

【例12-1】插入零部件。操作步骤如下：

01 单击标准工具栏中的 □ ▾（新建）按钮，系统弹出"新建SolidWorks文件"对话框，选择 ▦（装配体）。单击"确定"按钮，进入装配体设计环境。

02 将特征管理器切换到"开始装配体"属性管理器。单击"浏览"按钮，在弹出的"打开"对话框中选择零部件（此处选择"后大齿轮"），单击"打开"按钮。

03 在图形区域中单击或者单击 ✅（确定）按钮，插入装配体的第一个零部件，如图12-4所示。

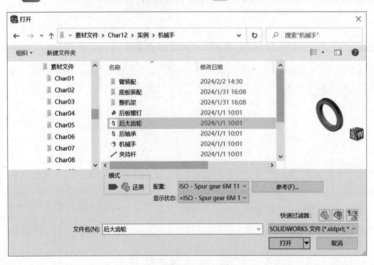

（a）"打开"对话框　　　　　　　　　　　　　　　　（b）插入的零部件

图12-4　插入第一个零部件

（1）插入第一个零部件时，直接单击 ✅（确定）按钮，零部件的原点固定在装配环境中的原点位置，作为其他零部件的参照。

（2）系统会自动将插入装配体的第一个零部件设为固定。

04 单击"装配体"选项卡中的 🗁（插入零部件）按钮，将特征管理器切换到"插入零部件"属性管理器。

05 单击"浏览"按钮，在弹出的"打开"对话框中选择其他零部件，单击"打开"按钮，将其他零部件插入装配体环境。这些零部件未指定装配关系，是浮动的，可以随意移动和转动。

选择零部件时，按住Ctrl键的同时单击，可以选择多个零部件。

06 单击 ✅（确定）按钮，完成零部件的插入。

12.2.2　插入子装配体

在SolidWorks装配环境中，既可以装配独立零部件，也可以装配子装配体。当以子装配体为操作对象时，子装配体将被视作一个整体，其大多数操作与独立零部件并无本质区别。

【例12-2】插入子装配体。操作步骤如下：

01 单击"装配体"选项卡中的 （插入零部件）按钮，将特征管理器切换到"插入零部件"属性管理器。

02 单击"浏览"按钮，在弹出的"打开"对话框中选择装配体（此处选择"液压缸"），单击"打开"按钮，在图形区域单击，将子装配体调入装配体环境。

03 单击 ✓ （确定）按钮，完成子装配体的插入，如图12-5所示。

> **注意**　插入的子装配体本身的零部件自由度为0。在特征管理器中，单击子装配体，在快捷菜单中选择 （使子装配体为柔性），如图12-6所示，可以还原子装配体中各零部件的自由度。

图 12-5　插入子装配体

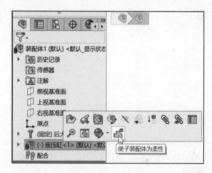

图 12-6　"使子装配体为柔性"选项

12.3　建立配合

在一个装配体中插入零部件后，需要考虑该零部件和其他零部件的装配关系。在SolidWorks中，使用"配合"功能可以确定零部件之间的相互位置。

添加配合关系后，可以在未受约束的自由度内拖动零部件。当选择需要的点、线、面或参考几何体时，经常需要改变零部件的位置显示，此时一般与旋转或移动零部件按钮配合使用。旋转/移动零部件按钮的使用方法如下：

- 单击装配体工具栏中的 （移动零部件）按钮，单击并拖动某个零部件。
- 单击装配体工具栏中的 （旋转零部件）按钮，单击并选装某个零部件。

> **注意**　读者在零部件上按住鼠标左键拖动也可以拖动该零部件，按住右键拖动可以旋转该零部件，按住中间键可以整体调整装配体的视角。

12.3.1 标准配合

单击"装配体"选项卡中的（配合）按钮，将特征管理器切换到"配合"属性管理器，其中包括"标准""高级""机械""分析"4 个选项卡，其中前 3 个选项卡如图 12-7 所示。

| （a）标准配合 | （b）高级配合 | （c）机械配合 |

图12-7　属性管理器

SolidWorks的标准配合类型包括重合、平行、垂直、相切、同轴心等，如表12-1所示。

表 12-1 标准配合类型

配合类型	按　　钮	功　　能
重合	⼈	用于使所选对象之间实现重合
平行	⧵	用于使所选对象之间实现平行
垂直	⊥	用于使所选对象之间实现相互垂直定位
相切	ⱶ	用于使所选对象之间实现相切
同轴心	◎	用于使所选对象之间实现同轴心
锁定	🔒	用于将现有两个零部件锁定，即使两个零部件之间位置固定，但与其他的零部件之间并不固定
距离	⟷	用于使所选对象之间实现距离定位
角度	⌐	用于使所选对象之间实现角度定位

【例12-3】装配体零部件标准配合。操作步骤如下：

01 进入装配体设计环境。通过"开始装配体"属性管理器的"浏览"工具导入QS01.舱体零部件（位于素材文件\腔室路径下），作为装配体的第一个零部件。

02 单击"装配体"选项卡中的（插入零部件）按钮，通过"插入零部件"属性管理器的"浏览"工具导入QS02.舱盖零部件，作为装配体的第二个零部件，如图12-8所示。

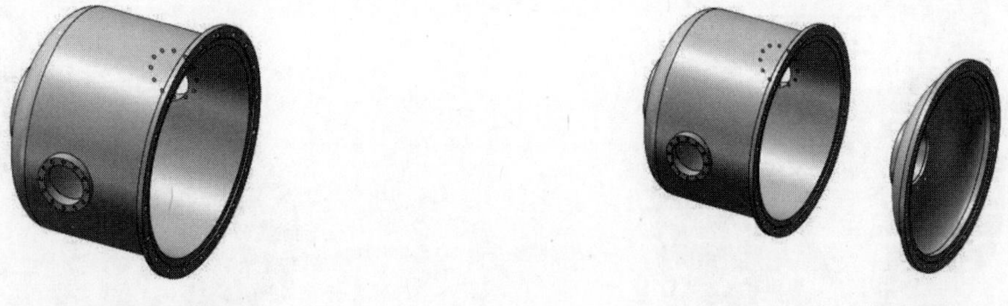

（a）插入第一个零部件　　　　（b）插入第二个零部件

图12-8　插入参与装配的零部件

03 单击“装配体”工具选项卡中的（配合）按钮，弹出“配合”属性管理器。

04 在要配合的实体列表框中选择两个零部件的端面，在快捷菜单中单击（重合）按钮及（翻转配合对齐）按钮。单击（确定）按钮，完成该配合，如图12-9所示。

> **注意** 读者可以在按住Ctrl键的同时选择两个零部件的点、线或面，添加配合关系，以提高装配效率。配合过程需要根据配合的真实情况选择是否翻转配合对齐。

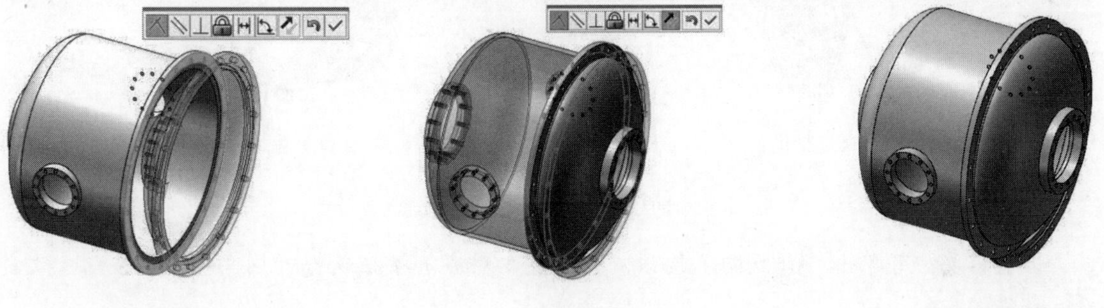

（a）配合预览（选择面）　　（b）翻转配合对齐　　（c）配合效果

图12-9　重合配合

05 继续在要配合的实体列表框中选择两个零部件的圆周面，在快捷菜单中默认选择（同心）配合。单击（确定）按钮，完成该配合，如图12-10所示。

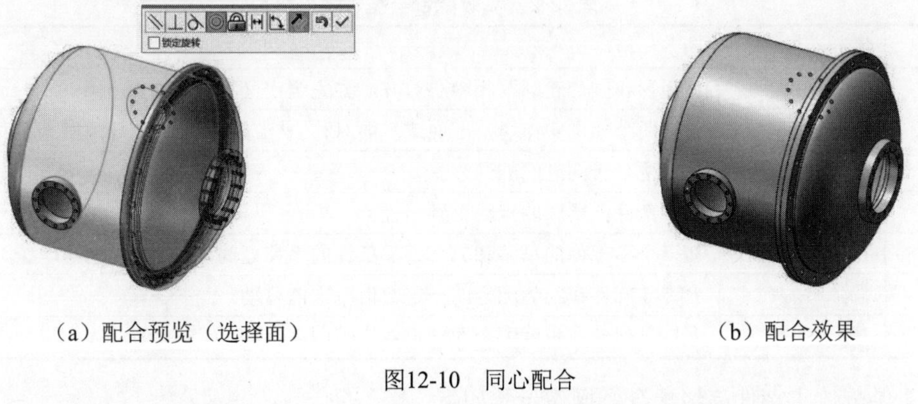

（a）配合预览（选择面）　　　　（b）配合效果

图12-10　同心配合

读者可尝试选择其他的配合方式查看配合效果。当选择（距离）配合，并输入距离数值时，配合效果如图12-11所示。当选择（平行）配合时，配合效果如图12-12所示。

（a）配合预览（选择面）

（b）配合效果

图12-11   距离配合

（a）配合预览（选择面）

（b）配合效果

图12-12   平行配合

若有需要，可单击 🡒（反向）按钮、🔧（反向对齐）按钮或 🔧（同向对齐）按钮，改变零部件的方向。

12.3.2   高级配合

SolidWorks 的高级配合下有对称、宽度、路径配合等，如表 12-2 所示。

表12-2   高级配合类型

配合类型	按　　钮	功　　能
轮廓中心	⊕	将矩形和圆形轮廓互相中心对齐，并完全定义组件
对称	⊘	迫使两个相同实体绕基准面或平面对称
宽度	𝄃𝄃	约束两个平面之间的薄片
路径配合	⌣	将零部件上所选的点约束到路径
线性/线性耦合	✎	在一个零部件的平移和另一个零部件的平移之间建立几何关系
限制距离	⟷	允许零部件在距离配合的一定数值范围内移动
限制角度	⟲	允许零部件在角度配合的一定数值范围内移动

【例12-4】装配体零部件高级配合。操作步骤如下：

01 进入装配体设计环境。通过"开始装配体"属性管理器的"浏览"工具导入轴零部件（位于素材文件\轴路径下），作为装配体的第一个零部件。

02 单击"装配体"选项卡中的 🖱 （插入零部件）按钮，通过"插入零部件"属性管理器的"浏览"工具导入键零部件，作为装配体的第二个零部件，如图12-13所示。

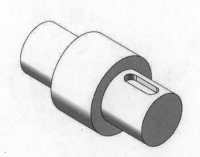

（a）插入第一个零部件

（b）插入第二个零部件

图12-13 插入参与装配的零部件

03 单击"装配体"工具选项卡中的 🖉 （配合）按钮，弹出"配合"属性管理器，分别进行如下操作并观察装配效果。

1. 对称

用于使一个零部件的两个侧面相对于另一个零部件的中心面（零部件平面或基准面）对称，实现对称配合。

打开"高级"选项卡，选择 ☑ （对称）。在要配合的实体列表框中选择键槽的两个侧面，在对称基准面列表框中选择平键的中心面。单击 ✅ （确定）按钮，完成该配合，如图12-14所示。

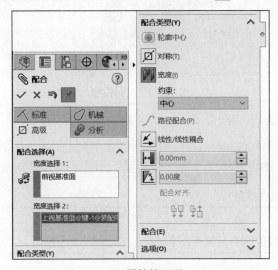

（a）属性管理器

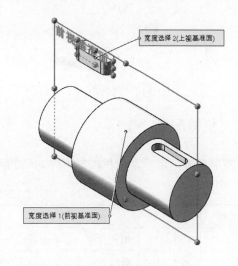

（b）配合预览

图12-14 对称配合

2. 宽度

用于使一个零部件的一个凸台中心面与另一个零部件的凹槽中心面重合，实现宽度配合。

打开"高级"选项卡，选择 🎚 （宽度）。在要配合的实体列表框中选择键槽的中心面和平键的中心面，如图12-15所示。

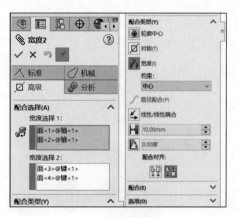
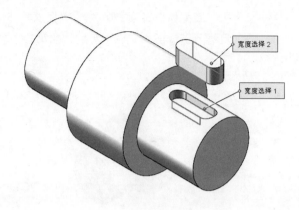

（a）属性管理器　　　　　　　　　　　　（b）配合预览

图12-15　宽度配合

3. 限制配合

用于实现零部件之间的距离或角度配合在一定数值范围内的变化。

在装配体设计环境中导入零部件。单击 （配合）按钮，打开"高级"选项卡，选择 （距离）。在要配合的实体列表框中选择两个零部件的侧面，输入距离的最大值和最小值，如图12-16所示。

单击 （配合）按钮，打开"高级"选项卡，选择 （角度）。在要配合的实体列表框中选择两个零部件的顶面，输入角度的最大值和最小值，如图12-17所示。

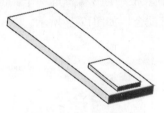

图 12-16　限制距离　　　　　　　　　　　图 12-17　限制角度

12.3.3　机械配合

机械配合专门用于常用机械零部件之间的配合，机械配合类型如表12-3所示。

表12-3　机械配合类型

配合类型	按　　钮	功　　能
凸轮		迫使圆柱、基准面或点与一系列相切的拉伸面重合或相切
槽口		将螺栓或槽口运动约束在槽口孔内
铰链		将两个零部件之间的移动限制在一定的旋转范围内
齿轮		强迫两个零部件绕所选轴彼此相对旋转
齿条小齿轮		一个零部件（齿条）的线性平移引起另一个零部件（齿轮）的周转，反之亦然
螺旋		将两个零部件约束为同心，并在一个零部件的旋转和另一个零部件的平移之间添加螺距几何关系
万向节		一个零部件（输出轴）绕自身轴的旋转是由另一个零部件（输入轴）绕其轴的旋转驱动的

1. 齿轮

用于齿轮之间的配合，实现齿轮之间的定比传动。

在装配体设计环境中导入零部件。单击 🖉（配合）按钮，打开"机械"选项卡，选择 ⚙（齿轮）。在要配合的实体列表框中选择两个齿轮的齿面，如图12-18所示。

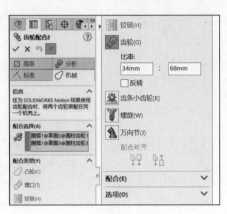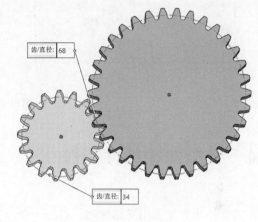

（a）属性管理器　　　　　　　　　　　　　　（b）配合预览

图12-18　齿轮配合

2. 齿条小齿轮

用于齿轮与齿条之间的配合，实现齿轮与齿条之间的定比传动。

在装配体设计环境中导入零部件。单击 🖉（配合）按钮，打开"机械"选项卡，选择 ❋（齿条小齿轮）。在要配合的齿条列表框中选择齿条边线，在小齿轮列表框中选择小齿轮边线，如图12-19所示。

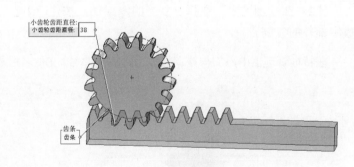

（a）属性管理器　　　　　　　　　　　　　　（b）配合预览

图12-19　齿轮齿条配合

3. 螺旋

用于螺杆与螺母之间的配合，实现螺杆与螺母之间的定比传动，即当螺杆旋转一周时，螺母轴移动一个螺距的距离。

在装配体设计环境中导入零部件。单击 🖉（配合）按钮，打开"机械"选项卡，选择 ❦（螺旋）按钮。在要配合的实体列表框中选择螺杆与螺母的圆柱面，设置"距离/圈数"为3mm，如图12-20所示。

（a）属性管理器

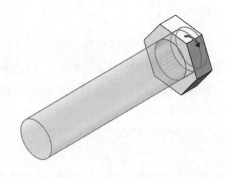

（b）配合预览

图12-20　螺旋配合

12.4　装配体零部件操作

在装配体中多次调用零部件时，不必一个一个地插入并添加装配关系，SolidWorks允许用户在装配体中对零部件进行复制、阵列和镜像操作，快速完成零部件的复制以及有序地布置规律性排列的零部件。在装配体中还可以修改零部件，改变零部件在装配体中的显示和压缩状态等。

12.4.1　零部件的复制

SolidWorks允许用户复制已经在装配体中存在的零部件。零部件的复制有两种方法：

（1）在特征管理器中，选择要复制的零部件的文件名，按住Ctrl键，拖动零部件至绘图区，释放鼠标，完成零部件的复制。

（2）在绘图区中，选择要复制的零部件，按住Ctrl键，拖动零部件至合适的位置，释放鼠标，完成零部件的复制。

在特征管理器中添加与该零部件相同的文件名，文件名后显示引用次数。零部件的复制如图12-21所示。

（a）复制前

（b）复制后

图12-21　零部件的复制

12.4.2　零部件的阵列

零部件的阵列分为线性阵列、圆周阵列和特征驱动阵列。如果装配体中具有相同的零部件，并且这些零部件按照某种阵列的方式排列，可以使用对应的命令进行操作。

1．线性阵列

【例12-5】零部件的线性阵列。操作步骤如下：

01　创建一个简单的装配体。

02　单击"装配体"选项卡中的 （线性零部件阵列）按钮，将特征管理器切换到"线性阵列"属性管理器。

03　设置属性管理器，打开"方向1"组，选择阵列方向为夹持杆边线，设置间距为100mm、实例数为8；选择要阵列的零部件为"小螺栓"。

04　单击 ✔ （确定）按钮，完成线性零部件阵列，如图12-22所示。

（a）简单装配体　　　　　　　　　　　　　　　　（b）属性管理器

（c）阵列预览　　　　　　　　　　　　　（d）完成线性零部件阵列

图12-22　零部件的线性阵列

> ⚠ **注意**　若有需要，可单击阵列方向前的 ⬀ （反向）按钮。

2．圆周阵列

【例12-6】零部件的圆周阵列。操作步骤如下：

01　在打开的装配体中单击"装配体"选项卡中的 💠 （圆周零部件阵列）按钮，将特征管理器切换到"圆周阵列"属性管理器。

02　设置属性管理器，选择阵列轴为圆柱的"基准轴"，设置角度为120度、实例数为3；选择要阵列的零部件为卡盘。

03 单击 ✅（确定）按钮，完成零部件圆周阵列，如图12-23所示。

（a）简单装配体　　　　（b）属性管理器　　　　（c）阵列预览　　　　（d）完成阵列

图12-23　零部件的圆周阵列

 在进行圆周阵列时，可单击"视图"→"隐藏/显示"→"临时轴"命令，为选择阵列所需的轴做准备。

3. 特征驱动阵列

【例12-7】零部件的特征驱动阵列。操作步骤如下：

01 在打开的装配体中单击"装配体"选项卡中的 🔲（阵列驱动零部件阵列）按钮，将特征管理器切换到"阵列驱动"属性管理器。

02 设置属性管理器，选择要阵列的零部件为"内六角圆柱头螺钉M4.5-20"，选择要驱动的特征为圆周阵列孔。

03 单击 ✅（确定）按钮，完成特征驱动阵列，如图12-24所示。

（a）简单装配体　　　　（b）属性管理器　　　　（c）阵列预览　　　　（d）完成阵列

图12-24　零部件的特征驱动阵列

🔲（草图驱动零部件阵列）和 🔲（曲线驱动零部件阵列）的操作步骤和特征编辑中的驱动阵列步骤类似，这里不再赘述。

4．链零部件阵列

在SolidWorks的装配体环境中，用户可以沿着开环或闭环路径阵列零部件，从而对滚子链、能量链和动力传动零部件进行仿真。可以创建3种类型的链阵列：距离、距离链接和相连链接。

【例12-8】链零部件阵列。操作步骤如下：

01 在打开的装配体中单击"装配体"选项卡中的　（链零部件阵列）按钮，将特征管理器切换到"链阵列"属性管理器。

02 设置属性管理器，搭接方式选择　（相连链接）；打开选择管理器，链路径选择闭合曲线，单击　（确定）按钮，完成路径的选择。

03 在链路径中，选择填充路径，将计算正确的实例数以填充链路径；要阵列的零部件为链结零部件。

04 路径链接1选择圆柱面，路径链接2选择圆柱孔面；位置基准面选择链结的前视基准面；选项组选择"动态"。

05 单击　（确定）按钮，完成链零部件阵列，如图12-25所示。

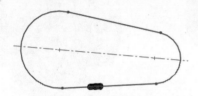

（a）打开装配体

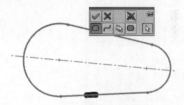

（b）选择闭合路径

（c）选择圆柱面

（d）选择圆柱孔面

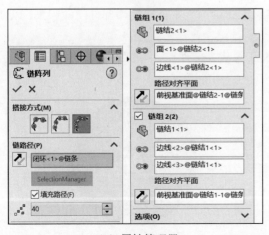

（e）属性管理器

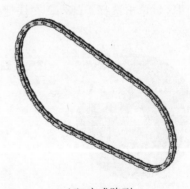

（f）完成阵列

图12-25　链零部件阵列

12.4.3　零部件的镜像

装配体环境下的镜像零部件操作与零部件设计环境下的镜像特征有些类似。

【例12-9】镜像零部件。操作步骤如下：

01 在打开的装配体中单击"装配体"选项卡中的 📖（镜像零部件）按钮，将特征管理器切换到"镜像零部件"属性管理器。

02 设置属性管理器，选择镜像基准面为"上视基准面"；选择要镜像的零部件为Z向丝杠螺母座。

03 单击 ✅（确定）按钮，完成零部件的镜像，如图12-26所示。

（a）属性管理器

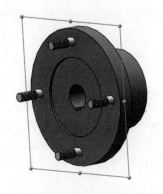
（b）选择要镜像的零部件

（c）完成镜像

图12-26　零部件的镜像

12.4.4　零部件显示状态的切换

零部件的显示状态有3种：隐藏、显示与透明。

1. 隐藏零部件

通过切换装配体中零部件的显示状态，可以暂时将装配体中一些不需要的零部件隐藏起来，以便于用户专心地处理当前未被隐藏的零部件。

在绘图区域单击选择零部件，在快捷菜单中选择 ✎（隐藏零部件），零部件将被隐藏，如图12-27所示。

（a）执行命令

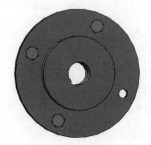
（b）隐藏后

图12-27　零部件的隐藏

用户也可以在特征管理器中单击零部件的文件名，选择 ✎ （隐藏零部件），如图12-28（a）所示。
隐藏后的零部件图标呈线架状。

2．显示零部件

在特征管理器上单击被隐藏的零部件的文件名，选择 👁 （显示零部件）。显示后的零部件图标恢
复正常。也可以单击"装配体"选项卡中的 🔧 （显示零部件）按钮，将所有隐藏的零部件显示出来，
如图12-28（b）所示。

（a）执行"隐藏零部件"命令　　　　　　　　　（b）执行"显示零部件"命令

图12-28　零部件的隐藏与显示

3．透明

可将一些零部件设置为透明状，以便用户观察和处理被该零部件遮挡的零部件。

在绘图区域单击选择零部件，在快捷菜单中选择 👁 （更改透明度），零部件将呈透明状，如图12-29
所示。

（a）执行命令　　　　　　　　　　　　　　　（b）零部件呈透明状

图12-29　更改透明度

　以上3种状态的切换对装配体及零部件本身并没有影响，只是用以改变显示效果。

12.4.5　零部件的压缩状态

压缩命令可使零部件暂时从装配体中消失。被压缩的零部件自身及相关特征、装配关系等不再装入

内存，所以装入速度、重建模型速度及显示性能均有提高。被压缩的零部件在还原之前与被删除后的零部件外在表现一样，但它的相关数据依然完整保留在内存中，不过不参与运算。

在绘图区域单击选择零部件，在快捷菜单中选择↓🗄（压缩），零部件将被压缩。压缩后的零部件图标呈灰色。

在特征管理器中单击被压缩的零部件的文件名，选择↑🗄（解除压缩）。解除压缩后的零部件图标恢复正常，如图12-30所示。

读者也可以通过"编辑"菜单选择压缩/解除压缩零部件指定的配置。

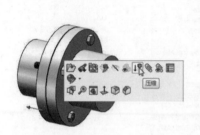

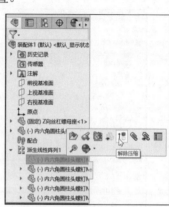

（a）执行命令 1　　　　　　（b）执行命令 2　　　　　　（c）解除压缩命令

图12-30　零部件的压缩

12.5　装配体特征

装配体特征只影响装配体，不会影响单个零部件文件。下面以切除特征为例介绍装配体特征的使用方法。

【例12-10】装配体特征。操作步骤如下：

01　打开装配体，在某个零部件的面上绘制切除的轮廓，如图12-31所示。

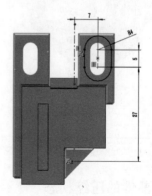

（a）装配体　　　　　　　　　　　　　（b）绘制草图

图12-31　在装配体中绘制草图

02 单击"装配体"选项卡中的 ▣（拉伸切除）按钮，将特征管理器切换到"切除-拉伸"属性管理器。在"从"下拉列表中选择"草图基准面"，在"方向1"下拉列表中选择"给定深度"，设置深度为3.5mm。

03 单击 ✔（确定）按钮，生成拉伸切除特征，如图12-32所示。

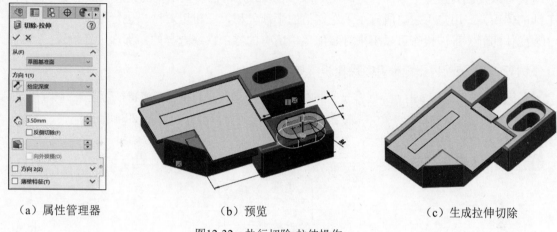

（a）属性管理器　　　　　　（b）预览　　　　　　（c）生成拉伸切除

图12-32　执行切除-拉伸操作

04 单击"装配体"选项卡中的 ▦（线性阵列）按钮，将特征管理器切换到"线性阵列"属性管理器。选择阵列方向为边线，设置间距为20mm、实例数为2，选择要阵列的特征为切除-拉伸。

05 单击 ✔（确定）按钮，完成线性阵列，如图12-33所示。

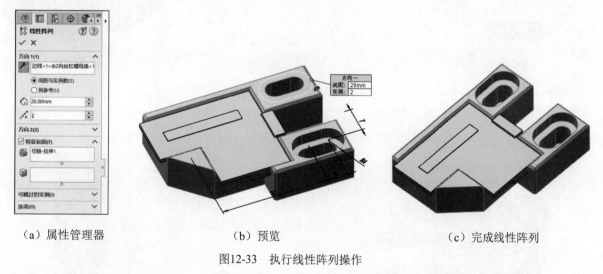

（a）属性管理器　　　　　　（b）预览　　　　　　（c）完成线性阵列

图12-33　执行线性阵列操作

读者也可以通过在生成特征时在属性管理器中设定特征范围来指定想要影响哪些零部件。

12.6　装配体检测

装配体完成后，可以使用检测工具检测装配体中各个零部件装配后的正确性和装配信息等。SolidWorks中，装配体的分析主要通过"装配体"选项卡和"装配体"工具栏中的命令进行。

12.6.1　干涉检查

在机械设计中，干涉检查是一个重要的环节，是避免设计失败的有效方法。在SolidWorks中，利用干涉检查可以发现装配体中零部件之间的干涉。干涉部分将在检查结果的列表中成对显示（干涉的位置和干涉的体积）。用户可忽略所有小于选定值的干涉体积，还可以对结果进行排序。

装配体的静态干涉检查可以用来对装配体中所有的零部件或选择的零部件进行检查。

【例12-11】装配体干涉检查。操作步骤如下：

01 打开装配体，单击"评估"选项卡中的 （干涉检查）按钮，将特征管理器切换到"干涉检查"属性管理器。单击"计算"按钮，结果栏中显示干涉项目，如图12-34所示。

02 选择要忽略的干涉项目后，单击"忽略"按钮。

03 结果表明部品和挡块发生干涉，需修改部品或挡块。

　　　（a）装配体　　　　　　　　　（b）属性管理器　　　　　　　（c）干涉预览

图12-34　干涉检查

04 编辑零部件。选择部品零部件，在快捷菜单中选择 （编辑）。进入编辑零部件环境，在零部件顶面上绘制草图，如图12-35所示。

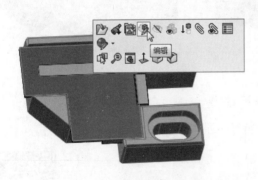
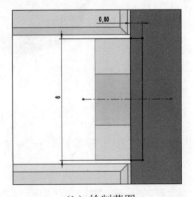

　　　　　（a）执行命令　　　　　　　　　　　　　　（b）绘制草图

图12-35　编辑装配体

05 单击"装配体"工具选项卡中的 （拉伸切除）按钮，将特征管理器切换到"切除-拉伸"属性管理器。

设置属性管理器，在"从"下拉列表中选择"草图基准面"，在"方向1"下拉列表中选择"完全贯穿"。

单击 ✅（确定）按钮，生成拉伸切除。

 在装配体环境下编辑零部件时，其他零部件呈透明状，作为参考，并不参与特征操作。

06　单击 🐛（退出编辑）按钮，完成零部件的编辑，如图12-36所示。

　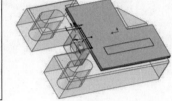　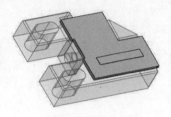　

（a）属性管理器　　　　（b）拉伸切除预览　　　　（c）生成拉伸切除　　　（d）完成零部件的编辑

图12-36　拉伸切除

07　单击"评估"选项卡中的 🔲（干涉检查）按钮，将特征管理器切换到"干涉检查"属性管理器。

08　单击"计算"按钮，除两个要忽略的干涉外，结果为无干涉，如图12-37所示。当结果为无干涉时，表示各个零部件被正确安装，可以正常工作。

（a）属性管理器　　　　　　　　　　　　　　　　　（b）干涉预览

图12-37　干涉检查

12.6.2　间隙验证

使用间隙验证可以检查装配体中所选零部件之间的间隙。SolidWorks可检查零部件之间的最小距离，显示不满足指定的"可接受的最小间隙"的间隙。

【例12-12】装配体间隙验证。操作步骤如下：

01　打开装配体，单击"评估"选项卡中的 ⬒（间隙验证）按钮，将特征管理器切换到"间隙验证"属性管理器。

02 设置属性管理器参数。在要检查的零部件列表中选择"挡块"零部件，设置检查间隙范围为"所选项"、可接受的最小间隙为0.1mm。

03 单击"计算"按钮，结果栏显示间隙项目。单击其中一个间隙项目，绘图区域中仅显示造成该间隙的零部件，如图12-38所示。

（a）属性管理器

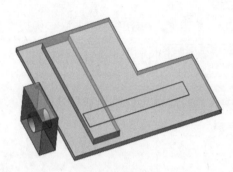

（b）显示零部件

图12-38　间隙验证

12.6.3　孔对齐

孔对齐检查装配体中是否存在未对齐的孔，检查异型孔、简单直孔和圆柱切除特征的对齐情况。

【例12-13】孔对齐检查。操作步骤如下：

01 打开装配体，单击"评估"选项卡中的  （孔对齐）按钮，将特征管理器切换到"孔对齐"属性管理器。

02 设置属性管理器参数。所选零部件默认为整个装配体，设置孔中心误差为2mm，单击"计算"按钮，将弹出结果栏显示误差项目，单击其中一个误差项目，绘图区域中高亮显示造成该误差的特征。

03 选择两个零部件的孔，在快捷菜单中选择◎（同轴心）配合，使存在误差的孔特征对齐，如图12-39所示。

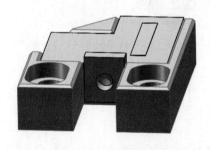

（a）装配体

（b）属性管理器

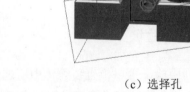

（c）选择孔

图12-39　孔对齐验证

12.6.4　计算质量特性

质量属性工具可以快速计算装配体和其中零部件的质量、体积、表面积和惯性矩等。

【例12-14】计算装配体的质量特性。操作步骤如下：

01 打开装配体，单击"评估"选项卡中的 （质量属性）按钮或者单击"工具"→"质量属性"命令，弹出"质量属性"对话框。

02 单击"选项"按钮，弹出"质量/剖面属性选项"对话框，按照输入的密度值进行分析计算，默认为0.001g/mm³，可以对其进行更改。

03 设置完材料属性后，"质量属性"对话框中出现统计数据，包括质量、体积、表面积、重心、惯性主轴、惯性主力矩和惯性张量等信息。

12.7 爆炸视图

创建装配体爆炸视图，可以直观地查看装配体内各零部件之间的相互关系。

12.7.1 生成装配体爆炸视图

【例12-15】生成装配体爆炸视图。操作步骤如下：

01 在打开的装配体中单击"装配体"选项卡中的 （爆炸视图）按钮，或执行菜单栏中的"插入"→"爆炸视图"命令，将特征管理器切换到"爆炸"属性管理器。

02 设置属性管理器参数。单击"爆炸步骤的零部件"列表框，在图形区中单击要爆炸的一个或一组零部件，出现一个临时的爆炸方向坐标系。

03 在图形区单击爆炸方向坐标系的Z轴，Z轴变为黄色，"内六角螺钉"可以沿Z轴方向移动。设置"爆炸距离"为50mm。

04 单击"应用"按钮，图形区中出现相应零部件爆炸视图的预览。

> ⚠️ **注意** 也可以使用直接拖动坐标轴的方法简单快捷地创建爆炸步骤，不过爆炸距离不精确。

05 使用同样的方法根据需要生成更多的爆炸步骤，单击"完成"按钮。

06 单击 ✅（确定）按钮，完成所有零部件的爆炸视图，如图12-40所示。

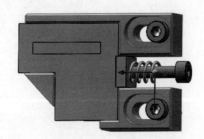

（a）临时爆炸方向坐标系

（b）属性管理器

图12-40 生成爆炸视图

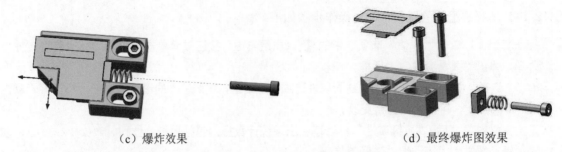

（c）爆炸效果 　　　　　　　　　（d）最终爆炸图效果

图12-40　生成爆炸视图（续）

12.7.2　编辑爆炸视图

爆炸视图建立后，如果对爆炸视图不满意，可以利用"爆炸"属性管理器进行编辑修改，也可以根据需要添加新的爆炸步骤。

【例12-16】生成爆炸视图。操作步骤如下：

01 打开生成爆炸视图后的"配置管理器"。在"爆炸视图"中的某一"爆炸步骤"上右击，在弹出的快捷菜单中选择"编辑爆炸步骤"选项。

02 将特征管理器再次切换到"爆炸"属性管理器。拖动该零部件的操纵杆控标，对爆炸距离进行编辑。

03 单击 ✔ （确定）按钮，完成爆炸视图的编辑，如图12-41所示。

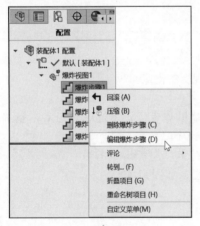

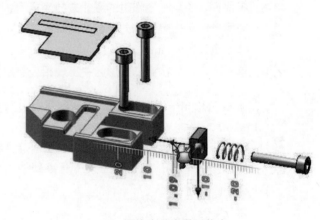

（a）执行命令 　　　　　　　　　（b）爆炸步骤为激活状态

图12-41　编辑爆炸视图

12.7.3　爆炸视图的显示

爆炸视图建立后，可以改变爆炸视图的显示状态。

1．解除爆炸

展开 🗂 （配置管理器），在"爆炸视图1"上右击，选择"解除爆炸"命令，图形区域中不显示装配体的爆炸视图，如图12-42所示。

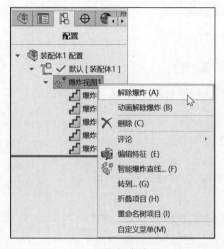

（a）执行命令

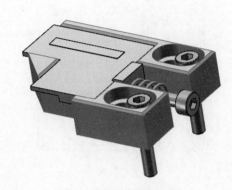

（b）解除爆炸视图效果

图12-42 解除爆炸

2. 爆炸

在"爆炸视图1"上右击，选择"爆炸"命令，可重新显示装配体的爆炸视图，如图12-43所示。

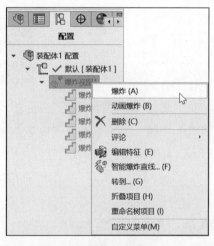

（a）执行命令

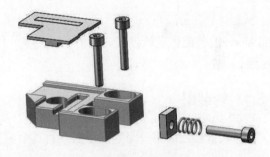

（b）爆炸视图效果

图12-43 爆炸视图

12.7.4 爆炸视图的动画演示

SolidWorks可以用动画的形式来表达爆炸过程，可以将其保存为动画文件，在其他计算机上播放。

【例12-17】爆炸视图的动画演示。操作步骤如下：

01 展开 ⚏（配置管理器），在"爆炸视图1"上右击，选择"动画解除爆炸"命令，系统弹出"动画控制器"工具。系统会按已设置的爆炸步骤以动画的形式表达爆炸过程。

02 单击"动画控制器"中的 ▦（保存动画）按钮，弹出"保存动画到文件"对话框，选择保存目录，输入文件名，单击"保存"按钮，如图12-44所示。

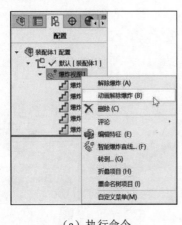

（a）执行命令

（b）动画控制器

（c）"保存动画到文件"对话框

图12-44 动画演示操作过程

12.8 装配体设计实例操作

本章对自下而上的装配体设计过程进行了详细介绍，本节通过介绍机械手的装配进一步介绍SolidWorks的装配体设计过程。限于篇幅，本节只是简单介绍装配思路，具体装配过程请观看配套的教学视频。

12.8.1 臂装配

在导入臂装配的第一个零部件后，将其余零部件导入装配体，并进行装配，如图12-45所示。

（a）插入第一个零部件

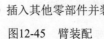

（b）插入其他零部件并装配

（c）完成臂装配体

图12-45 臂装配

12.8.2 底板装配

在导入底板装配的第一个零部件后，将其余零部件导入装配体，并进行装配，如图12-46所示。

 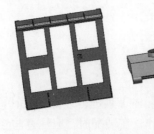 

（a）插入第一个零部件　　　　　（b）插入其他零部件并装配　　　　（c）完成底板装配体

图12-46　底板装配

12.8.3　整机架装配

在导入整机架装配的第一个零部件后，将其余零部件导入装配体，并进行装配，如图12-47所示。

 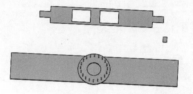 

（a）插入第一个零部件　　　　　（b）插入其他零部件并装配　　　　（c）完成整机架装配体

图12-47　整机架装配

12.8.4　总装配

在导入总装配的第一个零部件后，将其余零部件导入装配体，并进行装配，如图12-48所示。

 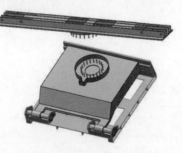 

（a）插入第一个零部件　　　　　（b）插入子装配体 1 并装配　　　　（c）插入子装配体 2 并装配

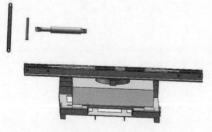  

（d）插入子装配体 3 并装配　　　　（e）插入子装配体 4 并装配　　　　（f）完成机械手的装配

图12-48　机械手总装配

12.9　本章小结

通过本章的学习，读者可以熟练应用装配体工具进行装配体设计，包括零部件的插入、装配体特征的创建、装配体的检测和创建爆炸视图等操作。在装配时，应注意与实际装配相结合，综合考虑安装干涉问题。

12.10　自主练习

（1）建立如图 12-49 所示的装配体——主副轴。
（2）建立如图 12-50 所示的装配体——Z 轴装配。

图 12-49　自主练习 1

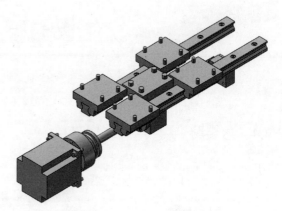

图 12-50　自主练习 2

第 13 章

工程图设计

工程图纸是指导生产的主要技术文件，主要由规定表达方法的二维视图、尺寸标注、表面粗糙度和公差配合等信息组成。在SolidWorks中，可以使用二维几何绘制生成工程图，也可将三维的零部件或装配体生成二维的工程图。零部件、装配体和工程图是互相链接的文件。本章介绍如何把三维模型转换成各种二维工程图，以及如何在图纸中插入各种必要的视图，以完整表达模型的形状。

学习目标

❖ 了解工程图文件的操作和图纸格式的设置。
❖ 掌握标准工程视图和派生视图的创建。
❖ 熟练编辑工程视图。

13.1 工程图概述

默认情况下，SolidWorks界面显示如图13-1所示的"工程图"选项卡，但不显示如图13-2所示的"工程图"工具栏。读者可以在功能区空白处右击，在弹出的快捷菜单中执行"工具栏"→"工程图"命令，这样"工程图"工具栏即可显示在界面中。

图13-1　"工程图"选项卡

图13-2　"工程图"工具栏

在SolidWorks中建立工程图的流程如下：

（1）新建工程图文件。
（2）调入零部件或装配件模型。
（3）生成各种标准视图和派生视图。
（4）标注尺寸。
（5）添加工程注解。
（6）其他的补充工作。

13.1.1　新建工程图

SolidWorks的工程图文件可以包含一张或者多张图纸，每张图纸中可以包含多个工程视图。工程图文件以调用的第一个模型名称命名，其对应的工程图文件使用相同名称并保存在同一目录下（后缀不同）。

【例13-1】新建工程图。操作步骤如下：

01 单击标准工具栏上的 🗋·（新建）按钮，弹出"新建SolidWorks文件"对话框，在模板中选择图纸格式，如 🗐（gb_a3）。

02 单击"确定"按钮，进入工程图环境，默认进入"模型视图"属性管理器，用以选择零部件/装配体。

> ⚠️ **注意**　模板中的图纸格式为系统自带的工程图模板，读者也可以自定义工程图模板，并将其加载到"模板"选项卡中。

1. 利用模型视图调入模型（零部件或装配体）

01 单击"工程图"选项卡中的 🖼（模型视图）按钮，将特征管理器切换到"模型视图"属性管理器。

02 单击"浏览"按钮，弹出"打开"对话框，选择零部件Ex13_A.sldprt，单击"打开"按钮。选择标准视图类型后，在绘图区域中单击即可放置视图。根据预览可以放置多个视图。

03 单击 ✔（确定）按钮，完成视图的放置，如图13-3所示。

（a）属性管理器 1

（b）属性管理器 2

（c）属性管理器 3

图13-3　调入模型

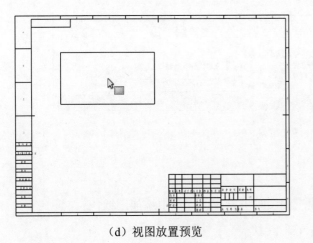
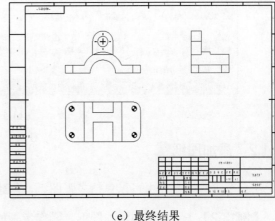

（d）视图放置预览　　　　　　　　　（e）最终结果

图13-3　调入模型（续）

04 单击标准工具栏中的 按钮，将文件保存为"Ex13_A.slddrw"。

2．利用视图调色板调入模型 1（零部件或装配体）

01 单击左侧任务窗格上的 按钮，打开"视图调色板"。

02 单击上方的 按钮，弹出"打开"对话框，选择零部件Ex13_A.sldprt后，弹出"视图调色板"对话框，如图13-4所示。

图13-4　"视图调色板"对话框

03 在"视图调色板"对话框中选择视图后，将其拖入绘图区即可。

3．利用视图调色板调入模型 2（零部件或装配体）

01 在模型文件打开的情况下，单击标准工具栏上的 按钮，如图13-5所示。

02 系统弹出"新建SolidWorks文件"对话框，在模板中选择图纸格式，如 。单击"确定"按钮，进入工程图环境，打开"视图调色板"对话框。

03 在"视图调色板"对话框中选择视图后，将其拖入绘图区即可。

图13-5　执行命令

13.1.2　添加图纸

在一个工程图文件中可以包括多张图纸，创建工程图时可以在工程图中添加图纸。

【例13-2】在工程图中添加图纸。操作步骤如下：

01　打开Ex13_A.slddrw文件。

02　在特征管理器中的图纸图标上右击，在快捷菜单中选择"添加图纸"命令，或执行菜单栏中的"插入"→"图纸"命令，弹出"图纸格式/大小"对话框。

03　在模板中选择图纸格式，如A3（GB）；或单击"浏览"按钮，查找用户所需的工程图模板。读者也可以自定义图纸大小，绘制工程图模板。

04　单击"确定"按钮，即可添加一张图纸。在特征管理器中多了一个图纸标签，如图13-6所示。

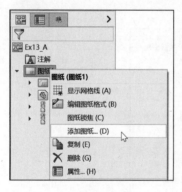
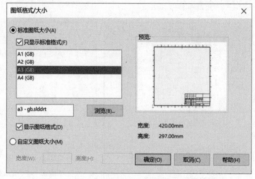

（a）快捷菜单　　　　　　　（b）"图纸格式/大小"对话框　　　　（c）添加的图纸标签

图13-6　添加图纸

13.1.3　打印工程图

在SolidWorks中，既可以打印整个工程图纸，也可以只打印图纸中所选的区域。使用彩色打印机时，可以打印彩色的工程图。打印图纸时，可以指定不同的设置，如选择打印机、打印范围、比例和线型等。

【例13-3】打印工程图纸。操作步骤如下：

01　在打开工程图的情况下，执行菜单栏中的"文件"→"打印"命令，弹出"打印"对话框。

02　在"打印"对话框中选择打印机，单击"页面设置"按钮，弹出"页面设置"对话框。

03　在"页面设置"对话框中输入合适的比例、工程图颜色、纸张大小和方向等。设置完成后单击"确定"按钮，返回"打印"对话框。

- 自动：SolidWorks 检测打印机能力，选择发送彩色信息或黑白信息。
- 颜色/灰度级：以彩色打印图形，若是黑白打印机，则以灰度级打印。
- 黑白：SolidWorks 将始终以黑白信息发送实体到打印机。

04 打印范围选择"所有图纸"，设置份数为1，单击"线粗"按钮，系统弹出"文档属性-线粗"对话框，根据需要设置线粗，如图13-7所示。单击"确定"按钮，返回"打印"对话框。

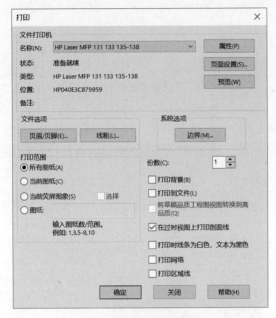

（a）"打印"对话框

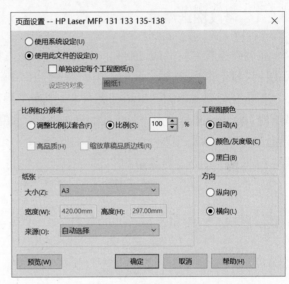

（b）"页面设置"对话框

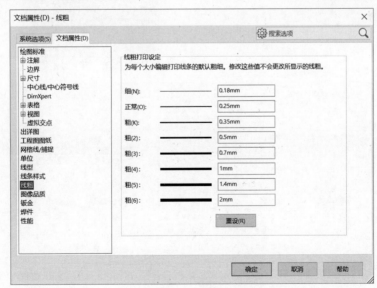

（c）"文档属性-线粗"对话框

图13-7　打印设置过程

05 单击"确定"按钮，即可进行打印。

13.2　图纸的设置

当系统提供的图纸格式不能满足要求时，读者可以修改或自定义图纸格式。图纸格式包括图框、标题栏和明细栏等。

13.2.1　修改图纸属性

在创建工程图时（或以后），图纸名称、图纸格式、比例、投影类型和图纸大小等信息可以在"图纸属性"对话框中更改。

在特征管理器中的图纸图标上右击，或在工程图图纸的空白区域上右击，在弹出的快捷菜单中执行"属性"命令，即可弹出"图纸属性"对话框，如图13-8所示。图纸属性修改完成后，单击"应用更改"按钮。

图13-8　"图纸属性"对话框

13.2.2　编辑图纸格式

在特征管理器中的图纸图标上右击，或在工程图图纸的空白区域上右击，在弹出的快捷菜单中执行"编辑图纸格式"命令。

此时会将工程图切换到草图环境，读者可以根据需要进行编辑。单击 （退出编辑）按钮，完成图纸格式的编辑。

13.2.3　工程图选项的设置

创建工程图时，可以进行工程图选项的设置。

【例13-4】工程图选项设置。操作步骤如下：

01 在SolidWorks中单击 ⚙（选项）按钮，在弹出的"系统选项-工程图"对话框中的"系统选项"选项卡下选择"工程图"，通过勾选对应的复选框可以对工程图选项进行设置。

02 在"显示类型"下可以对工程图显示类型选项进行设置。

03 在"区域剖面线/填充"下可以对工程图剖面线类型选项进行设置，如图13-9所示。

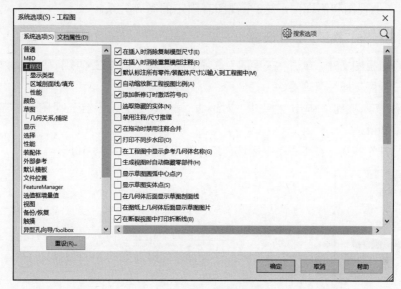

（a）显示工程图类型

（b）显示类型

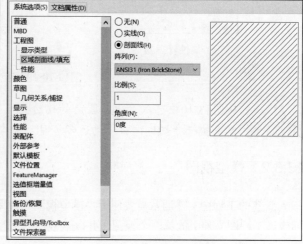

（c）区域剖面线/填充

图13-9　"系统选项-工程图"对话框

13.3 标准工程视图

在工程图文件中，通过零部件或装配体可以生成包括标准三视图、模型视图、相对视图、预定义的视图和空白视图在内的不同类型的视图。在生成工程视图前，必须先保存零部件或装配体文件。

13.3.1 标准三视图

"标准三视图"命令按照设置的投影类型，为所指定的零部件或装配体同时生成3个相关的默认正交视图，即前视图、上视图和侧视图，这3个视图有固定的对齐关系。

【例13-5】创建标准三视图。操作步骤如下：

01 新建一个工程图文件。单击"工程图"选项卡中的 品 （标准三视图）按钮，将特征管理器切换到"标准三视图"属性管理器。

02 单击"浏览"按钮，弹出"打开"对话框，选择要生成标准三视图的零部件或装配体，如 Ex13_A.sldprt。

03 单击"打开"按钮，在工程图纸区域创建标准三视图，如图13-10所示。

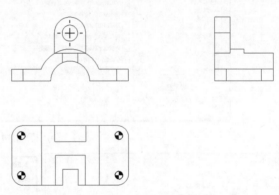

（a）属性管理器　　　　　　　　　　（b）标准三视图

图13-10　直接创建标准三视图

从图13-10中可以看出，圆角的切边也显示在视图中。选择该视图并右击，在弹出的快捷菜单中执行"切边"→"切边不可见"命令，可以隐藏圆角的投影线。

13.3.2 模型视图

新建的工程图文件通常需要使用"模型视图"命令将现有零部件或装配体的模型添加到工程图文件中，创建该工程图文件中的第一个视图，并以该视图为父视图，生成其他类型的视图。

【例13-6】创建模型视图。操作步骤如下：

01 新建一个工程图文件。单击"工程图"选项卡中的 （模型视图）按钮，将特征管理器切换到"模型视图"属性管理器。

02 单击"浏览"按钮，弹出"打开"对话框，选择要生成标准三视图的零部件或装配体，如 Ex13_A.sldprt。

03 单击"打开"按钮，在属性管理器中选择标准视图的方向，如"前视"。

04 在工程图纸区域中单击，创建模型视图，如图13-11所示。

（a）属性管理器1

（b）属性管理器2

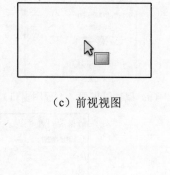

（c）前视视图

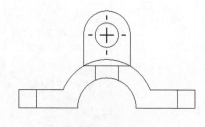

（d）模型视图

图13-11 创建模型视图

13.3.3 相对视图

相对视图是一个正交视图，由模型的两个正交面、基准面及各自的具体方位规格定义。

【例13-7】创建相对视图。操作步骤如下：

01 打开一个零部件（或装配体）Ex13_A.sldprt。单击标准工具栏上的 ⬚（从零部件/装配体制作工程图）按钮，新建工程图文件。

02 单击"工程图"选项卡中的 ⬚（相对视图）按钮，将特征管理器切换到"相对视图"属性管理器。

03 将界面切换到模型文件窗口，特征管理器将自动切换到"相对视图"属性管理器。在图形区域选择模型的一个平面作为第一方向，选择另一个平面作为第二方向。

 在工程图空白处右击，选择"从文件中插入"，也能切换到打开的模型窗口。

04 单击 ✔（确定）按钮，系统自动将界面切换到工程图文件中，在属性管理器中选择属性样式。

05 在图形区域空白处单击，创建相对视图，如图13-12所示。

（a）属性管理器（工程图窗口）

（b）属性管理器（模型窗口）

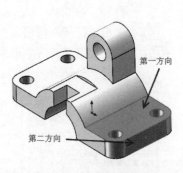

（c）选择方向

（d）属性管理器（选择面后）

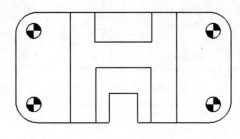

（e）相对视图

图13-12　创建相对视图

13.3.4　预定义的视图

在预定义的视图中可以添加视图的方向、模型和比例等。

【例13-8】创建预定义的视图。操作步骤如下：

01 在工程图模式下，单击"工程图"工具选项卡中的 📷（预定义的视图）按钮，此时鼠标指针的形状变为 📷，在图形区域空白处单击放置视图。

02 将特征管理器切换到"工程图视图"属性管理器，预定义视图的方向、模型和比例等。

03 在"插入模型"组中单击"浏览"按钮，弹出"打开"对话框，选择要生成视图的零部件（或装配体）Ex13_A.sldprt，单击"打开"按钮。

04 单击 ✅（确定）按钮，创建预定义的视图，如图13-13所示。

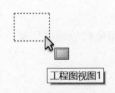
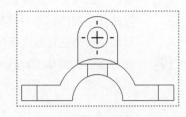

（a）属性管理器　　　　　　（b）预定义的视图　　　　　　（c）插入视图

图13-13　创建预定义的视图

13.3.5　空白视图

【例13-9】 添加用来绘制草图的视图。操作步骤如下：

01 在工程图模式下，单击"工程图"工具选项卡中的 ▢（空白视图）按钮。此时鼠标指针的形状变为 ▢，在图形区域中单击放置视图。

02 将特征管理器切换到"工程图视图"属性管理器，设置工程图比例。

03 单击 ✔（确定）按钮，创建空白视图，如图13-14所示。

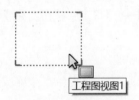

（a）属性管理器　　　　　　　　　　　　（b）空白视图

图13-14　创建的空白视图

04 将工程图切换到草图环境，可使用草图工具在该视图中绘制草图。

13.4　派生视图

通过激活图纸上的现有视图生成投影视图、辅助视图、剖面视图、局部视图、断裂视图、裁剪视图。

13.4.1　投影视图

投影视图是正交视图。参考现有的视图，沿正交方向可生成该父视图的投影视图。

【例13-10】创建投影视图。操作步骤如下：

01 单击"工程图"工具选项卡中的 （投影视图）按钮，在图形区域中选择要投影的视图后，根据鼠标指针所在位置决定投影方向。

02 在适当的位置单击，投影视图即可被放置在工程图中，如图13-15所示。

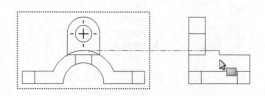

图13-15　投影视图

13.4.2　辅助视图

辅助视图类似于投影视图，垂直于现有视图中的参考边线来投影生成视图。参考边线可以是零部件的边线、侧影轮廓边线、轴线或草绘的直线。

> ⚠️ **注意**　将绘制的直线作为参考边线前，首先要单击生成辅助视图的父视图，将其激活，这条直线才能属于父视图的一部分。

【例13-11】创建辅助视图。操作步骤如下：

01 打开Ex13_A.slddrw工程图文件。单击"工程图"工具选项卡中的 （辅助视图）按钮，将特征管理器切换到"辅助视图"属性管理器。

02 选择父视图上的模型边线作为参考边线。

03 在垂直于参考边线的方向生成辅助视图，在属性管理器中设置辅助视图的标号、箭头方向、显示样式和比例。

04 单击鼠标，放置辅助视图。

05 单击 ✅（确定）按钮，完成辅助视图的创建，如图13-16所示。

 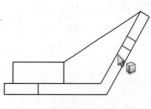  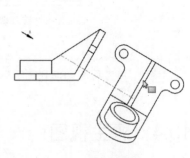

（a）属性管理器1　　　（b）选择边线　　　（c）属性管理器2　　　（d）辅助视图

图13-16　创建辅助视图

> ⚠️ **注意**　在剖面视图上右击，在弹出的快捷菜单中选择"视图对齐"→"解除对齐关系"，可以解除辅助视图和父视图的对齐关系。单击并拖动解除对齐关系后的辅助视图，可以将其移动到合适的位置。

13.4.3　剖面视图

剖面视图是通过使用一条剖切线来分割父视图而生成的,属于派生视图。剖切线是一条绘制的直线、折线或曲线。新建的剖面视图自动与其父视图对齐,是由原实体模型计算得来的,如果模型更改,此视图将随之更新。

 （1）在零部件工程图的剖面视图中可排除不用剖切的筋特征。

（2）生成装配体工程图的剖面视图时,可设定剖面视图切除的距离、排除所选零部件、排除扣件、控制自动打剖面线、将视图方向改为等轴测等。

1. 全剖视图

【例13-12】创建全剖视图。操作步骤如下:

01 打开Ex13_C.slddrw工程图文件。单击"工程图"工具选项卡中的（剖面视图）按钮,将特征管理器切换到"剖面视图辅助"属性管理器。

02 选择剖切线为"水平",在父视图的圆心位置单击放置剖切线。

03 在快捷工具栏中单击（确定）按钮,在垂直于剖切线的方向生成剖面视图。

04 单击鼠标,放置剖面视图。在属性管理器中设置剖面视图的标号、方向、剖面线等。

05 单击（确定）按钮,完成剖面视图的创建,如图13-17所示。

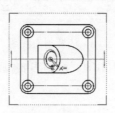

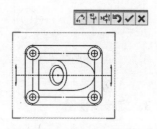

（a）属性管理器1　　　　（b）放置剖切线　　　　（c）快捷工具栏

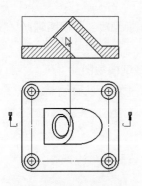

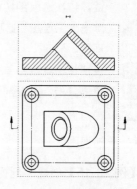

（d）放置剖面视图　　　　（e）属性管理器2　　　　（f）剖面视图

图13-17　生成剖面视图

2. 阶梯剖视图

【例 13-13】创建阶梯剖视图。操作步骤如下：

01 打开Ex13_C.slddrw工程图文件。单击"草图"工具选项卡中的 ∕ （直线）按钮，绘制连续直线段作为剖切线。按住Ctrl键，依次选取剖切线的各个直线段。

02 单击"工程图"选项卡中的 ⇆ （剖面视图）按钮，将特征管理器切换到"剖面视图辅助"属性管理器。

03 在快捷工具栏中单击 ✅ （确定）按钮，在垂直于剖切线的方向生成剖面视图。

04 单击鼠标，放置剖面视图。在属性管理器中设置剖面视图的标号、方向、剖面线等。

05 单击 ✅ （确定）按钮，完成阶梯剖面视图的创建，如图13-18所示。

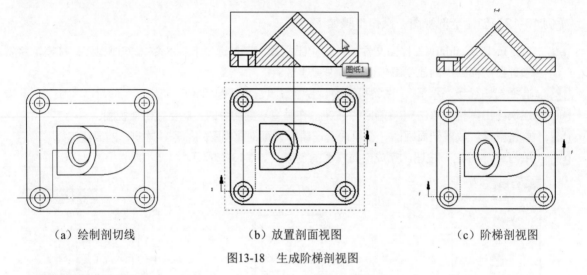

（a）绘制剖切线   （b）放置剖面视图   （c）阶梯剖视图

图13-18   生成阶梯剖视图

3. 旋转剖视图

要生成旋转剖视图，需要绘制两条呈一定角度且连续的直线段。

【例13-14】创建旋转剖视图。操作步骤如下：

01 单击"草图"工具选项卡中的 ∕ （直线）按钮，绘制两条连续的直线段作为剖切线。按住Ctrl键，依次选取剖切线的各个直线段。

02 单击"工程图"选项卡中的 ⇆ （剖面视图）按钮，将特征管理器切换到"剖面视图辅助"属性管理器。

03 在快捷工具栏中单击 ✅ （确定）按钮，在垂直于剖切线的方向生成剖面视图。

04 单击鼠标，放置剖面视图。在属性管理器中设置剖面视图的标号、方向、剖面线等。

05 单击 ✅ （确定）按钮，完成旋转剖面视图的创建，如图13-19所示。

4. 半剖视图

【例 13-15】创建半剖视图。操作步骤如下：

01 单击"工程图"选项卡中的 ⇆ （剖面视图）按钮，将特征管理器切换到"剖面视图辅助"属性管理器。

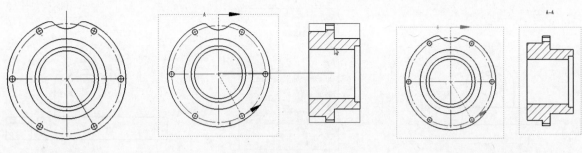

（a）绘制剖切线　　　　　　（b）放置剖面视图　　　　　　（c）旋转剖视图

图13-19　生成旋转剖视图

|02| 打开"半剖面"选项卡，选择"半剖面"类型，如"右侧向上"，在父视图上放置剖切线。

|03| 在快捷工具栏中单击 ✅（确定）按钮，在垂直于剖切线的方向生成半剖视图。

|04| 单击鼠标，放置剖面视图。在属性管理器中设置剖面视图的标号、方向、剖面线等。

|05| 单击 ✅（确定）按钮，完成剖面视图的创建，如图13-20所示。

　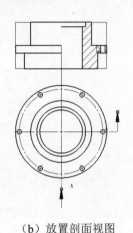　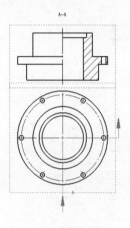

（a）属性管理器　　　　　　（b）放置剖面视图　　　　　　（c）半剖视图

图13-20　生成半剖视图

5. 断开的剖视图

断开的剖面视图即局部剖视图，是现有工程视图的一部分，而不是单独的视图。

【例13-16】创建断开的剖面视图。操作步骤如下：

|01| 单击"工程图"选项卡中的 ▨（断开的剖视图）按钮，用样条曲线绘制封闭的轮廓，作为剖切线。

|02| 将特征管理器切换到"断开的剖视图"属性管理器，设置深度为10mm。

|03| 单击 ✅（确定）按钮，完成断开的剖视图的创建，如图13-21所示。

6. 断面剖视图

【例13-17】创建断面剖视图。操作步骤如下：

|01| 单击"草图"工具选项卡中的 ╱（直线）按钮，绘制一条斜线作为剖切线。

|02| 选择剖切线，单击"工程图"选项卡中的 ⤢（剖面视图）按钮。将特征管理器切换到"剖面视图"属性管理器，在垂直于剖切线的方向生成断面剖视图。

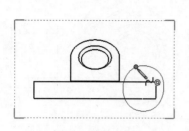
（a）绘制剖切线

（b）属性管理器

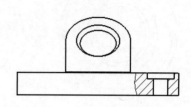
（c）断开的剖视图

图13-21　生成断开的剖视图

03 在合适的位置处单击，在属性管理器中设置剖面视图的标号、方向、剖面线等。

04 单击 ✅（确定）按钮，完成断面剖视图的创建，如图13-22所示。

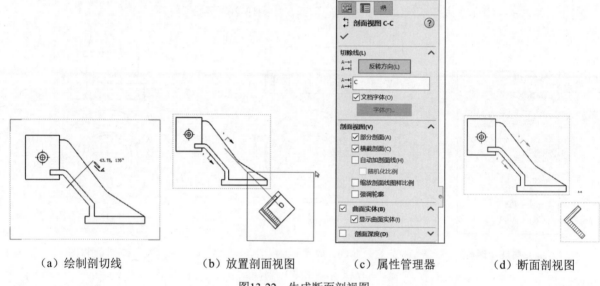

（a）绘制剖切线　　　　　（b）放置剖面视图　　　　　（c）属性管理器　　　　　（d）断面剖视图

图13-22　生成断面剖视图

13.4.4　局部视图

局部视图用来显示工程视图的某一部分（通常是放大显示）。读者需要在视图中绘制草图来包围所需放大的部分，通常使用圆来完成。

【例13-18】创建局部视图。操作步骤如下：

01 单击"工程图"选项卡中的 ⒶA（局部视图）按钮，用圆绘制封闭的轮廓。

02 在合适的位置处单击，将特征管理器切换到"局部视图"属性管理器。在属性管理器中设置局部视图的样式、标号等。

03 单击 ✅（确定）按钮，完成局部视图的创建，如图13-23所示。

读者也可以预选封闭的草图区域。

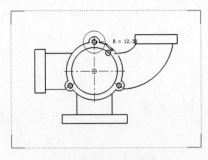

（a）绘制封闭的轮廓

（b）属性管理器

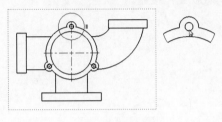

（c）放置视图

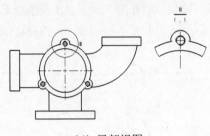

（d）局部视图

图13-23 生成局部视图

13.4.5 断裂视图

断裂视图通常用于长轴类或者管类零部件的工程图中，这类零部件的特点是一个方向的尺寸远大于另一个方向的尺寸，且包含一段线性的结构。

【例13-19】创建断裂视图。操作步骤如下：

01 选择需要断裂的视图，单击"工程图"选项卡中的 (断裂视图)按钮，将特征管理器切换到"断裂视图"属性管理器。

02 设置断裂样式为"竖直折断线"，设置缝隙大小为10mm、折断线样式为"曲线切断"，在父视图中放置两条折断线。

03 单击 (确定)按钮，完成断裂视图的创建，如图13-24所示。

（a）属性管理器

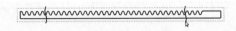
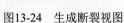

（b）放置剖面视图

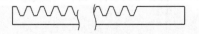

（c）断裂视图

图13-24 生成断裂视图

要断裂的工程视图不能是局部视图、剪裁视图或空白视图。

13.4.6 剪裁视图

对现有的视图进行剪裁，只保留其中所需要的部分，生成剪裁视图。

【例13-20】创建剪裁视图。操作步骤如下：

01 用样条曲线或者其他草图工具（如矩形、圆等）在父视图上绘制封闭的草图轮廓。

02 选择草图轮廓，单击"工程图"选项卡中的 📧（剪裁视图）按钮。

03 完成剪裁视图的创建，如图13-25所示。

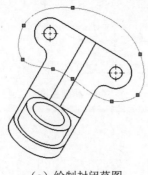

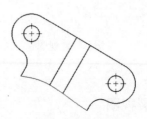

（a）绘制封闭草图　　　　　　　　　　　（b）剪裁视图

图13-25　生成剪裁视图

 不能剪裁局部视图、已用于生成局部视图的视图和爆炸视图。

13.5　工程视图生成实例操作

本章对工程视图的生成过程进行了详细介绍，下面通过实例进一步熟悉SolidWorks工程图中各个视图的生成过程。

13.5.1 实例1——底座

01 单击标准工具栏上的 📄 ·（新建）按钮，系统弹出"新建SolidWorks文件"对话框，在模板中选择 📧（gb_a3）图纸格式。单击"确定"按钮，进入工程图环境。

02 单击任务窗格上的 📧（视图调色板）按钮，打开视图调色板。单击 ⋯ 按钮，弹出"打开"对话框，选择本章素材文件下的"实例1"文件，单击"打开"按钮。

03 单击并拖动"视图调色板"内的视图，将其拖入绘图区，在合适的位置处松开鼠标，作为父视图，如图13-26所示。

04 选择视图，在快捷菜单中选择"切边"→"切边不可见"，可以隐藏视图中圆角的投影线，如图13-27所示。

（a）视图调色板

（b）父视图

图13-26 创建父视图

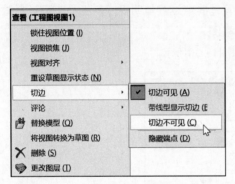

（a）切边不可见操作

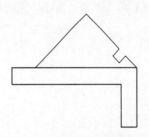

（b）隐藏圆角投影线效果

图13-27 隐藏圆角投影线

05 单击"工程图"选项卡中的 ⌗（投影视图）按钮，在图形区域中选择要投影的父视图，根据鼠标指针所在位置决定投影方向。

在适当的位置单击，则投影视图被放置在工程图中，如图13-28所示。

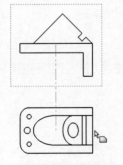

（a）选择要投影的父视图

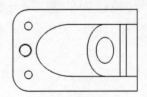

（b）投影视图1

图13-28 创建投影视图1

06 继续单击"工程图"选项卡中的 ⌗（投影视图）按钮，在图形区域中选择要投影的父视图，根据鼠标指针所在位置决定投影方向。

在适当的位置单击，则投影视图被放置在工程图中，如图13-29所示。

07 单击"工程图"选项卡中的 ⌖（辅助视图）按钮，将特征管理器切换到"辅助视图"属性管理器。

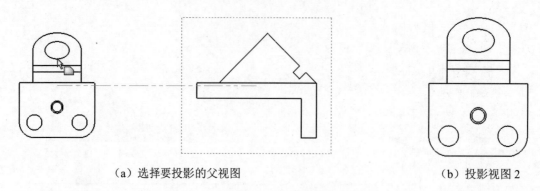

（a）选择要投影的父视图　　　　　　　　　　　　　（b）投影视图2

图13-29　创建投影视图2

选择父视图上的模型边线作为参考边线。

在垂直于参考边线的方向生成辅助视图，在属性管理器中设置辅助视图的标号、箭头方向、显示样式和比例。在适当的位置单击鼠标，放置辅助视图。

单击 ✅（确定）按钮，完成辅助视图的创建，如图13-30所示。

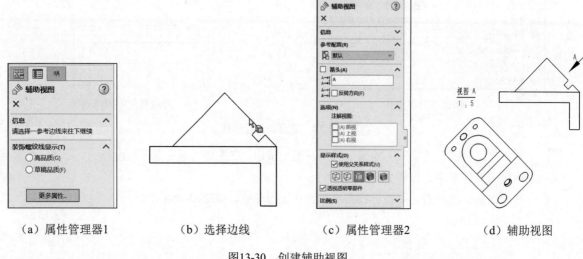

（a）属性管理器1　　　　（b）选择边线　　　　（c）属性管理器2　　　　（d）辅助视图

图13-30　创建辅助视图

08 用样条曲线在辅助视图上绘制封闭的草图轮廓。选择草图轮廓，单击"工程图"选项卡中的 ▣（剪裁视图）按钮，完成剪裁视图的创建，如图13-31所示。

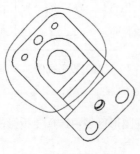
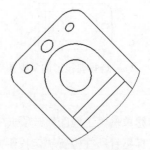

（a）绘制封闭的草图　　　　　　　　　　　（b）完成剪裁视图

图13-31　创建剪裁视图

09 单击"工程图"选项卡中的 ↳（剖面视图）按钮，将特征管理器切换到"剖面视图辅助"属性管理器。

选择切割线为"水平"，在父视图上放置剖切线，在垂直于剖切线的方向生成剖面视图。单击鼠标，放置剖面视图。在属性管理器中设置剖面视图的标号、方向、剖面线等。

单击 ✅（确定）按钮，完成剖面视图的创建，如图13-32所示。

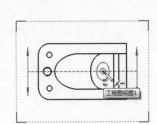
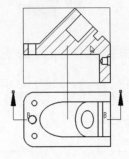
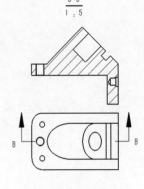

（a）属性管理器1　　（b）在父视图上放置剖切线　　（c）选择剖切线的方向　　（d）完成剖面视图

图13-32　创建剖面视图

10 在剖面视图上右击，在快捷菜单中选择"视图对齐"→"解除对齐关系"，如图13-33所示，可以解除剖面视图和父视图的对齐关系。单击并拖动解除对齐关系后的剖面视图，将其移动到合适的位置。

11 单击并拖动"视图调色板"内的等轴测视图，将其拖入绘图区，在合适的位置处松开鼠标，如图13-34所示。

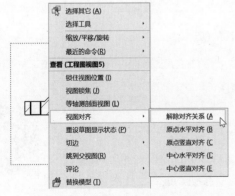
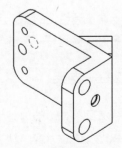

图 13-33　"解除对齐关系"选项　　　　　　图 13-34　等轴测视图

当等轴测视图不能很好地显示模型的特征时，可以使用当前视图。

（1）单击图形区域的任意视图，在快捷菜单中选择 ⬚（打开零部件），将系统界面切换到建模界面，调整模型的显示方向，如图13-35所示。

（2）手动将界面切换到工程图界面，单击任务窗格上的 ▦（视图调色板）按钮，打开"视图调色板"。单击 ⟳（刷新）按钮，即可将当前视图转换为调整方向后的模型视图。

（3）单击并拖动"视图调色板"内的当前视图，将其拖入绘图区，在合适的位置处松开鼠标，如图13-36所示。

图13-35　调整模型的显示方向

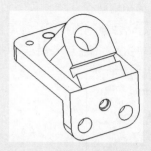
图13-36　当前视图

⑫　完成实例1工程视图的创建，如图13-37所示。

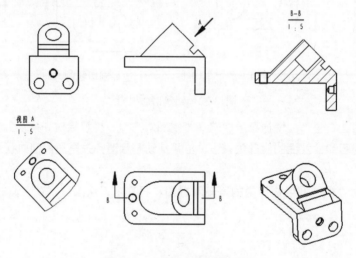

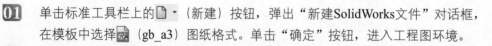

图13-37　完成工程视图的创建

⑬　单击标准工具栏上的 🖫（保存）按钮，弹出"另存为"对话框，设置保存路径为"素材文件\Char13"、文件名为"实例1"，单击"保存"按钮完成保存。

13.5.2　实例2——支架

① 单击标准工具栏上的 🗋 ▾（新建）按钮，弹出"新建SolidWorks文件"对话框，在模板中选择 🗐（gb_a3）图纸格式。单击"确定"按钮，进入工程图环境。

② 单击"工程图"选项卡中的 🗗（标准三视图）按钮，将特征管理器切换到"标准三视图"属性管理器。

③ 单击"浏览"按钮，弹出"打开"对话框，选择要生成标准三视图的"实例2"零部件。单击"打开"按钮，在工程图纸区域创建标准三视图。

④ 选择视图，在快捷菜单中选择"切边"→"切边不可见"，隐藏视图中的圆角投影线，如图13-38所示。

⑤ 单击"工程图"选项卡中的 🕸（辅助视图）按钮，将特征管理器切换到"辅助视图"属性管理器。

选择父视图上的模型边线作为参考边线，在垂直于参考边线的方向生成辅助视图。在属性管理器中设置辅助视图的标号、箭头方向、显示样式和比例。

（a）属性管理器　　　　　（b）标准三视图　　　　　（c）隐藏边线

图13-38　直接创建标准三视图

06 在适当的位置单击鼠标，放置辅助视图。单击 （确定）按钮，完成辅助视图的创建，如图13-39所示。

 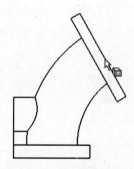  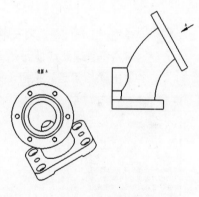

（a）属性管理器1　　　（b）选择边线　　　（c）属性管理器2　　　　（d）辅助视图

图13-39　创建辅助视图

07 用样条曲线在辅助视图上绘制封闭的草图轮廓。选择草图轮廓，单击"工程图"选项卡中的 （剪裁视图）按钮。完成剪裁视图的创建，如图13-40所示。

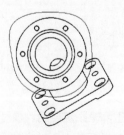 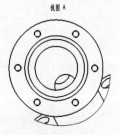

（a）绘制封闭的草图　　　　　　　（b）完成剪裁视图

图13-40　创建剪裁视图

08 在剪裁视图上右击，在快捷菜单中选择"视图对齐"→"解除对齐关系"，可以解除剖面视图和父视图的对齐关系。单击并拖动解除对齐关系后的剪裁视图，将其移动到合适的位置。

09 单击"工程图"选项卡中的 （断开的剖视图）按钮，用样条曲线绘制封闭的轮廓，作为剖切线。将特征管理器切换到"断开的剖视图"属性管理器，设置深度为60mm。
单击 ✅ （确定）按钮，完成断开的剖视图的创建，如图13-41所示。

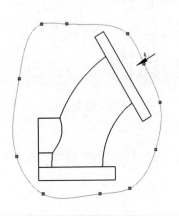

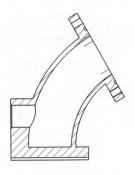

（a）绘制封闭的草图　　　　　（b）属性管理器　　　　（c）完成断开的剖视图

图13-41　创建断开的剖视图

10 单击"工程图"选项卡中的 Ⓐ （局部视图）按钮，用圆绘制封闭的轮廓。在合适的位置处单击，将特征管理器切换到"局部视图"属性管理器。在属性管理器中设置局部视图的样式、标号等。
单击 ✅ （确定）按钮，完成局部视图的创建，如图13-42所示。

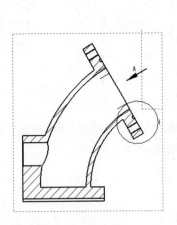

（a）属性管理器1　　（b）绘制封闭的轮廓　　（c）属性管理器2　　（d）局部视图效果

图13-42　创建局部视图

11 单击"工程图"选项卡中的 ⬙ （模型视图）按钮，将特征管理器切换到"模型视图"属性管理器。单击打开文档列表框中的"实例2"，在属性管理器中选择标准视图的方向，如"等轴测"。在工程图纸区域中单击，创建模型视图，如图13-43所示。

（a）属性管理器1

（b）属性管理器2

（c）等轴测视图

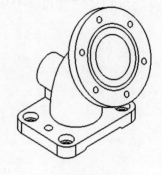

（d）模型视图效果

图13-43 创建模型视图

12 完成实例2工程视图的创建，如图13-44所示。

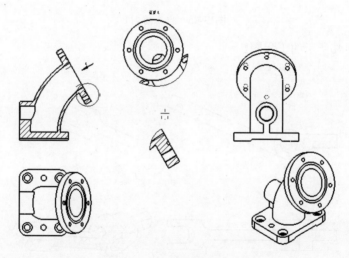

图13-44 完成实例2工程视图

13 单击标准工具栏上的 ▣（保存）按钮，弹出"另存为"对话框，设置保存路径为"素材文件\Char13"、文件名为"实例2"，单击"保存"按钮，完成文件的保存。

13.6 本章小结

通过本章的学习，读者可以了解到SolidWorks工程图的基本创建方法，理解SolidWorks的参数化设计，熟练创建工程视图，完成产品从三维模型到二维图纸的转换。创建的工程图可作为工程生产的指导文件。

13.7　自主练习

（1）建立如图13-45所示的工程图。

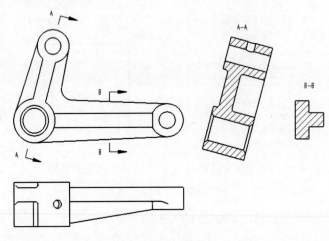

图13-45　自主练习1

（2）建立如图13-46所示的工程图。

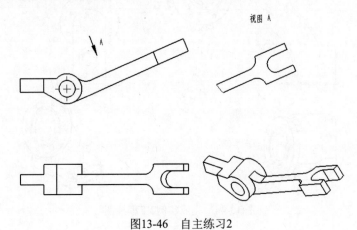

图13-46　自主练习2

第 14 章

出详图

14

在SolidWorks中，利用生成的三维零部件图和装配体生成工程图后，便可在图纸和视图中进行尺寸标注、添加表面粗糙度符号、形位公差及配合等。工程图和出详图共同完成产品的工程图纸建立。新工程图的名称使用所插入的第一个模型的名称，该名称出现在标题栏中。

学习目标

- ❖ 了解出详图项目的设置。
- ❖ 掌握标注尺寸、注解、焊接符号、块、表格的插入。
- ❖ 熟练创建模型的工程图。

14.1 出详图概述

1. 出详图选项

在SolidWorks中，读者可以设定出详图的各种选项，这些选项仅影响活动文档。设定选项的具体操作步骤如下：

01 单击 ⚙（选项）按钮，打开"文档属性"选项卡，如图14-1所示。

图14-1 "文档属性"选项卡

02 读者可以根据需要更改选项，部分选项的含义描述如表14-1所示。

表14-1　文档属性选项

属　　性	功　　能
绘图标准	设定出详图绘图标准，并重新命名、复制、删除、输出或装入保存的自定义绘图标准
注解	字体、依附位置、引头零值和尾随零值等
边界	设置边界的线条样式、线宽等
尺寸	文字对齐、字体、引线、箭头样式等
中心线/中心符号线	中心线、中心符号线、槽口中心符号线、中心线图层等
DimXpert	倒角、槽孔及圆角的尺寸标注方案和选项等结合DimXpert工具使用
表格	文字、单元格选项
视图	局部视图、剖面视图和辅助视图名称的标号内容及格式
虚拟交点	虚拟交点的显示样式
出详图	显示过滤器、文字比例等
网格线/捕捉	网格显示、间距等
单位	指定单位如何显示
线型	工程图文档中各种边线的样式和线粗
线条样式	生成、保存、装入或删除线条样式
线粗	根据打印机或绘图仪设置最佳的线粗
图像品质	HLR/HLV分辨率

03 单击"确定"按钮，以应用这些更改并关闭对话框。

2."注解"工具栏的显示

默认情况下，SolidWorks界面显示如图14-2所示的"注解"工具选项卡，但不显示"注解"工具栏。读者可以在功能区空白处右击，在弹出的快捷菜单中执行"工具栏"→"注解"命令，这样"注解"工具栏即可显示在界面中，如图14-3所示。

图14-2　"注解"工具选项卡

图14-3　"注解"工具栏

14.2　标注尺寸

在视图中通过标注尺寸来描述零部件或者装配体的大小和尺寸。工程图中的尺寸标注是与模型相关联的，而且模型中的变更会反映到工程图中。读者可以将模型文件（零部件或装配体）中的尺寸、注解以及参考几何体插入工程图中，也可以通过手动添加尺寸来标注工程图。

14.2.1　模型项目

1.插入模型项目

【例14-1】插入模型项目。操作步骤如下：

01　单击"注解"工具选项卡中的 （模型项目）按钮，将特征管理器切换到"模型项目"属性管理器。

02　选择要添加模型项目的视图、特征或零部件，或从图形区域选取特征或零部件，如选择"拉伸凸台"作为系统添加的模型项目。

03　单击 （确定）按钮，完成模型项目的插入，如图14-4所示。

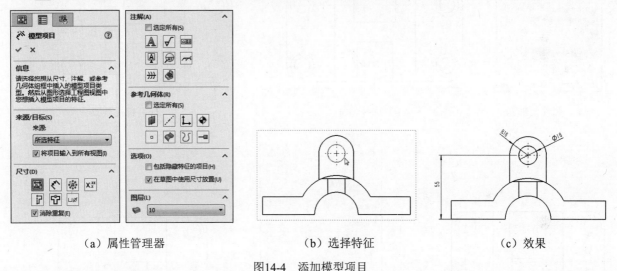

（a）属性管理器　　　　　　　　（b）选择特征　　　　　　　（c）效果

图14-4　添加模型项目

2.模型项目的操作

- 删除：选择模型项目，使用删除键来删除模型项目。
- 移动：按住 Shift 键，拖动模型项目到另一工程图视图中。
- 复制：按住 Ctrl 键，拖动模型项目复制到另一工程图视图中。

14.2.2　孔标注

孔标注工具将直径尺寸添加到由"异型孔向导"或圆形切割特征所生成的孔。若孔特征由线性或圆周阵列生成，则实例数包括在孔标注中。在JIS标准中，用户可将实例数标识更改为"×"或"–"。

【例14-2】孔标注。操作步骤如下：

01　单击"注解"工具选项卡中的 （孔标注）按钮，选择要添加孔标注的特征或从图形区域选取，如选择"拉伸切除"特征。

02　将特征管理器切换到"尺寸"属性管理器，在标注尺寸文字框中的文字最前方插入"4-"。

03 也可以给模型项目添加公差和精度。选择公差类型为"双边"，设置上偏差为+0.01、下偏差为−0.01，勾选"显示括号"复选框，如图14-5所示。

（a）属性管理器

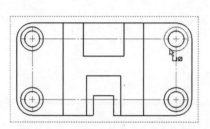

（b）选择特征

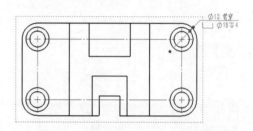

（c）标注效果

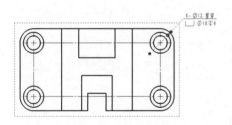

（d）在文字最前方插入"4-"

（e）添加公差和精度

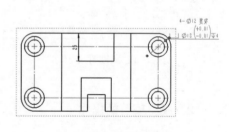

（f）孔标注最终效果

图14-5 孔标注

 孔的轴线必须与工程图纸正交。

04 单击 ✅（确定）按钮，完成孔标注的创建。

14.3 注解

在SolidWorks工程图中，一张完整的工程图除必要的工程视图、模型尺寸外，还可以通过注解来添加图纸中的文字说明、粗糙度符号、剖面线等。许多注解都有箭头、引线和文字。

　　读者还可以在零部件或装配体文档中添加注解，然后使用注解视图或模型项目将注解插入工程图中。在装配体中，读者可以以装配体级别从注解显示中显示或隐藏与零部件或子装配体相关的注解。

14.3.1　中心线/中心符号线

　　中心线和中心符号线用于在工程图中添加圆柱面、孔等的中心线。中心线和中心符号线在插入工程视图时自动添加。

1．自动添加中心线/中心符号线

　　单击 ⚙（选项）按钮，打开"文档属性"选项卡，勾选"视图生成时自动插入"选项卡下相关选项前的复选框即可。

2．手动添加

1）中心线

中心线是用来标识圆形几何中心的注解线，用于描述工程图上的几何体大小。

【例14-3】手动添加中心线。操作步骤如下：

01　单击"注解"工具选项卡中的 ⊟（中心线）按钮，将特征管理器切换到"中心线"属性管理器。

02　选择两条边线。

03　单击 ✅（确定）按钮，完成中心线的插入，如图14-6所示。

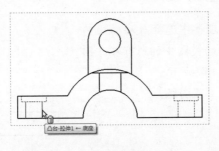

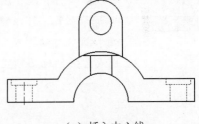

（a）属性管理器　　　　　　　　（b）选择线　　　　　　　　（c）插入中心线

图14-6　添加中心线

 在"中心线"属性管理器中勾选"选择视图"复选框，可以将选择视图中的所有中心线自动插入，如图14-7所示。

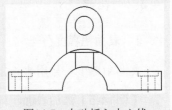

图14-7　自动插入中心线

2）中心符号线

　　中心符号线是用来标记圆或圆弧中心的注解线，可作为单一符号在线性阵列、圆周阵列、直槽口或圆弧槽口中使用。

【例14-4】手动添加中心符号线。操作步骤如下：

01 单击"注解"工具选项卡中的 ⊕（中心符号线）按钮，将特征管理器切换到"中心符号线"属性管理器，选择圆弧。

02 单击 ✔（确定）按钮，完成中心符号线的插入，如图14-8所示。

（a）属性管理器

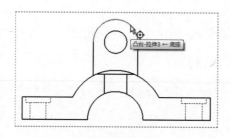

（b）选择圆弧

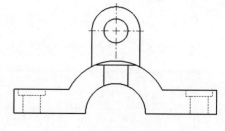

（c）插入中心符号线

图14-8   添加中心符号线

（1）在"中心符号线"属性管理器中选择自动插入中心符号项目，可以将选择的视图中的所有孔、圆角和槽口自动插入，如图14-9所示。

（2）圆或圆弧的轴必须正交于工程图纸。

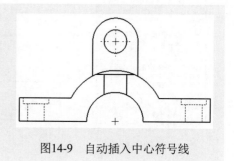

图14-9   自动插入中心符号线

14.3.2   符号

1. 表面粗糙度符号

表面粗糙度符号用来指定零部件的表面纹理。

【例14-5】添加表面粗糙度符号。操作步骤如下：

01 单击"注解"工具选项卡中的 √（表面粗糙度）按钮，将特征管理器切换到"表面粗糙度符号"属性管理器。

02 选择表面粗糙度的符号，如"☑（要切削加工）"，设置最小粗糙度值为6.3、角度为0度，选择引线为"智能引线"。在图形区域中单击，放置引线，再次单击放置表面粗糙度符号。

若选择引线为 （无引线），只需在图形区域单击一次，即可放置表面粗糙度符号。

03 可以放置多个同样的表面粗糙度符号到图形上。

04 单击 ✅ （确定）按钮，完成表面粗糙度的注解，如图14-10所示。

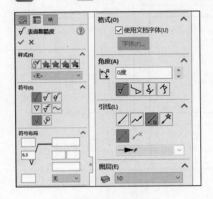

（a）属性管理器　　　　　（b）选择放置的引线　　　　　（c）表面粗糙度

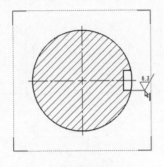
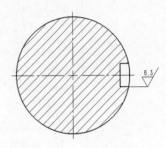

图14-10　添加表面粗糙度

 放置多引线的步骤如下：选择表面粗糙度的符号，如"✔"（要切削加工）"，设置最小粗糙度值为6.3、角度为0度，选择引线为"智能引线"。按住Ctrl键，单击放置第一条引线的位置，再次单击放置第二条引线的位置，根据需要单击多次以放置其他引线。释放Ctrl键，并单击以放置符号，多条引线粗糙度符号如图14-11所示。

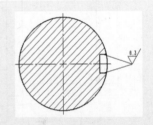

图14-11　多条引线粗糙度符号

2．基准特征符号

选择一个尺寸或形位公差符号以将基准特征符号附加到注解中。

【例14-6】 添加基准特征符号。操作步骤如下：

01 单击"注解"工具选项卡中的 🅰 （基准特征）按钮，将特征管理器切换到"基准特征"属性管理器。

02 标号设定为B，选择引线样式为 ✓ （垂直）。在图形区域中单击，放置引线，再次单击放置基准特征符号。

03 可以放置多个同样的基准特征符号到图形上，标号自动排序。

 不能采用E、I、J、M、O、L、R作为基准特征符号的标号。

04 单击 ✅ （确定）按钮，完成基准特征符号的注解，如图14-12所示。

3．形位公差

形位公差用来定义零部件上各部分的形状公差和各部分之间的相对位置及几何关系偏差，如同轴度、垂直度、跳度等。标注形位公差，通常需要参考基准。

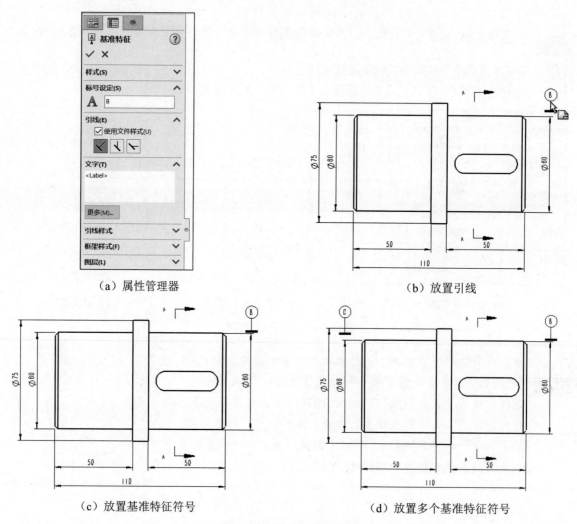

（a）属性管理器　　　　　　　　　　　　（b）放置引线

（c）放置基准特征符号　　　　　　　　（d）放置多个基准特征符号

图14-12　添加基准特征符号

【例14-7】添加形位公差。操作步骤如下：

01　单击"注解"工具选项卡中的 ⬭0.3 （形位公差）按钮，将特征管理器切换到"形位公差"属性管理器。

02　在"形位公差"属性管理器中，选择引线样式为 ◤（垂直引线），在图形区域鼠标指针形状变为 ▫ ，单击以放置形位公差。

03　单击确定形位公差的位置，弹出公差符号对话框，单击选择"平行度"，继而弹出"公差"对话框。

04　在对话框中设置公差为0.03。单击"添加基准"按钮，弹出Datum对话框。在文本框中输入主要基准A。

05　单击"完成"按钮完成形位公差的添加。读者可以将多个形位公差放到图形上。

06　单击 ✔（确定）按钮，完成形位公差的注解，如图14-13所示。

（a）属性管理器

（b）公差符号

（c）设置公差

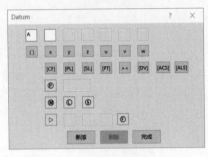
（d）添加基准

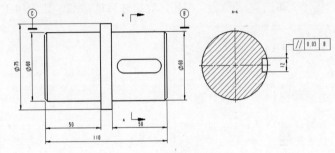
（e）放置形位公差

图14-13 添加形位公差

14.3.3 区域剖面线/填充

区域剖面线/填充可以对模型面、闭环草图轮廓或由模型边线和草图实体组合所邻接的区域进行填充。在各种剖面视图中，零部件的截面上需要绘制剖面线，这些剖面线在生成剖面视图时将自动添加。

对于已完成的剖面线，可以通过其属性管理器来更改剖面线的密度和角度，也可以通过"区域剖面线/填充"来添加区域剖面线。

【例14-8】添加区域剖面线。操作步骤如下：

01 单击"注解"工具选项卡中的 ▨（区域剖面线/填充）按钮，将特征管理器切换到"区域剖面线/填充"属性管理器。

02 选择属性为"剖面线"，输入剖面线图样角度为0度。在图形区域中单击选择区域。

03 单击 ✓（确定）按钮，完成区域剖面线的填充，如图14-14所示。

（a）属性管理器

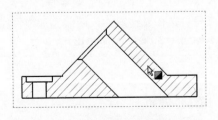
（b）选择放置区域

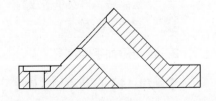
（c）剖面线

图14-14 添加剖面线

14.3.4 注释

注释命令通常用于在图纸中添加文字说明和标号。

【例14-9】添加注释。操作步骤如下：

01 单击"注解"工具栏上的 **A**（注释）按钮，将特征管理器切换到"注释"属性管理器。

02 在属性管理器中设置文字格式和引线样式，在图形区域中单击放置引线，再次单击放置文本框，输入注释文字。

03 单击 ✓（确定）按钮，完成注释的添加，如图14-15所示。

（a）属性管理器　　　　　　（b）输入文字　　　　　　（c）完成注释

图14-15　添加注释

 注释中还可以添加链接、符号、形位公差、粗糙度、基准特征等，可与工程图中的尺寸、零部件序号进行关联。

14.3.5 零件序号

在制作装配体的工程图的过程中，通常需要标注零件的序号。在SolidWorks工程图中，可以手动添加零件序号，也可以自动添加零件序号。

1. 插入零件序号

【例14-10】插入零件序号。操作步骤如下：

01 单击"注解"工具选项卡中的 ①（零件序号）按钮，将特征管理器切换到"零件序号"属性管理器。

02 设置零件序号样式为"下画线"、大小为"2个字符"、零件序号文字为"项目数"。在图形区域放置引线，再次单击放置零件序号。选择其他零件，继续添加零件序号。

03 单击 ✓（确定）按钮，完成零件序号的插入，如图14-16所示。

2. 自动添加零件序号

【例14-11】自动添加零件序号。操作步骤如下：

01 选择一个视图，单击"注解"工具选项卡中的 ➶（自动零件序号）按钮，系统将按装配顺序自动插入序号。

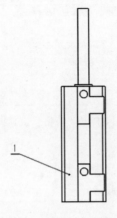
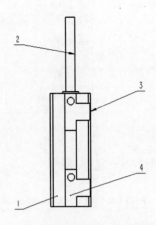

（a）属性管理器　　　　　　（b）单击添加第一个零件序号　　　（c）完成零件序号的插入

图14-16　添加零件序号

02 将特征管理器切换到"自动零件序号"属性管理器。设置零件序号样式为"下画线"、大小为"2 个字符"、零件序号文字为"项目数"。

03 单击 ✅ （确定）按钮，完成零件序号的插入，调整零件序号的位置，如图14-17所示。

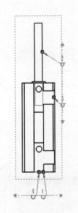
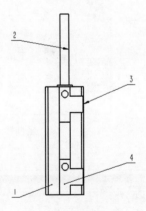

（a）属性管理器　　　　　　（b）单击添加序号　　　　　（c）调整序号位置

图14-17　自动添加零件序号

14.4　表格

可以使用表格向工程图和装配体添加注解。添加表格的工具位于"注解"选项卡下的"表格"中，如图14-18所示。

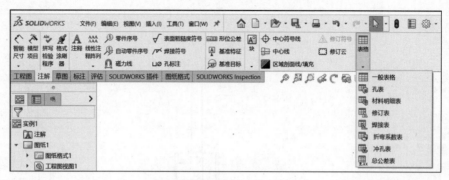

图14-18 "表格"工具按钮

14.4.1 一般表格

【例14-12】添加一般表格。操作步骤如下：

01 单击"注解"工具选项卡中的 ⊞ （一般表格）按钮，将特征管理器切换到"表格"属性管理器。

02 读者可以单击表格模板上的 ★ （浏览）按钮调入表格模板，也可以设置表格，设置列为3、行为5，并设置边界宽度。

03 单击 ✅ （确定）按钮，将表格放置在右上角。

04 双击单元格，打开文本框，输入文字。

05 在空白处单击完成表格的添加，如图14-19所示。

（a）属性管理器

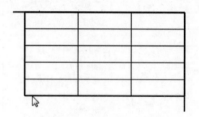

（b）拖动确定表格位置

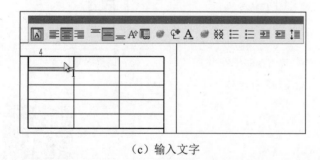

（c）输入文字

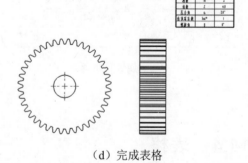

（d）完成表格

图14-19 添加表格

14.4.2 材料明细表

在工程图中，材料明细表用于添加装配体图纸的明细栏，可以在材料明细表中对文本或数字进行排序。

【例14-13】添加材料明细表。操作步骤如下：

01 单击"注解"工具栏上的 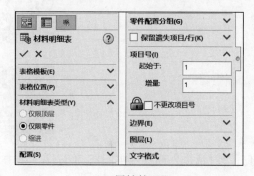 （材料明细表）按钮，选择主视图，打开"材料明细表"属性管理器。

02 设置表格模板，材料明细表类型选择"仅限零件"，项目号的起始值与增量值均为1。单击 ✅ （确定）按钮，填写表格参数，如图14-20所示。

项目号	零件号	说明	数量
1	缸体		1
2	缸轴		1
3	磁感应开关		1
4	CS1-1磁感应开关		1

（a）属性管理器　　　　　　　　　（b）材料明细表

图14-20　添加材料明细表

03 在"项目号"列上右击，在快捷菜单中选择"删除"→"列"命令。

04 在"说明"列上右击，在快捷菜单中选择 ⊞ （表格标题在上）命令。双击"项目号"单元格，将文本改为"序号"。

05 选择"序号"列并右击，在弹出的快捷菜单中选择"插入"→"右列"命令。设置列类型为"自定义属性"、属性名称为"代号"。

06 选择"数量"列并右击，在弹出的快捷菜单中选择"插入"→"右列"命令。设置列类型为"自定义属性"、属性名称为"材料"。

07 选择"材料"列并右击，在弹出的快捷菜单中选择"插入"→"右列"。设置列类型为"自定义属性"、属性名称为"备注"。

08 在"序号"列上右击，在弹出的快捷菜单中选择"格式化"→"列宽"命令，弹出"列宽"对话框，在文本框中输入8，单击"确定"按钮。

09 以同样的方式设置代号列宽为40、名称列宽为44、数量列宽为8、材料列宽为38、备注列宽为42。

10 设置好材料明细表的格式和样式的表格如图14-21所示。

4		CS1-1磁感应开关	1		
3		磁感应开关	1		
2		缸轴	1		
1		缸体	1		
序号	代号	零件号	数量	材料	备注

标记	处数	分区	更改文件号	签名	年 月 日	阶段标记	重量	比例
设计			标准化					1:1
校核			工艺					
主管设计			审核					
			批准			共 张 第 张 版本		替代

图14-21　材料明细表

⑪　将材料明细表保存为材料明细表模板。在材料明细表上右击，选择"另存为"命令，弹出"另存为"对话框，设置文件名为"材料明细表"、保存类型为".sldbomtbt"，单击"保存"按钮完成保存。

14.5　出详图实例操作

下面通过实例进一步熟悉SolidWorks出详图的运用。

14.5.1　实例1——底座工程图

1. 打开工程图

单击标准工具栏上的 按钮，系统弹出"打开"对话框，选择"实例1"工程图。单击"打开"按钮，打开"实例1"工程图，如图14-22所示。

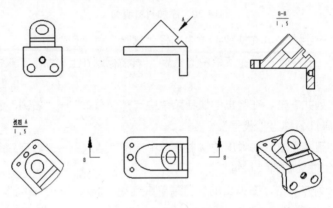

图14-22　实例1工程图

2. 插入中心线和中心符号线

①　单击"注解"工具选项卡中的 ![icon]（中心线）按钮，将特征管理器切换到"中心线"属性管理器，选中"选择视图"复选框。选择剖面视图，添加中心线，如图14-23所示。

②　继续选择工程图视图3，添加中心线后的效果如图14-24所示。

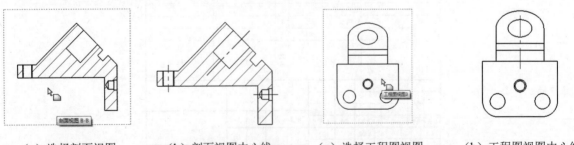

（a）选择剖面视图　　（b）剖面视图中心线　　　（a）选择工程图视图　　（b）工程图视图中心线

图 14-23　添加中心线 1　　　　　　　　　　图 14-24　添加中心线 2

如果对中心线长度不满意，可以选择中心线，通过拖动控点改变长度。

03 取消选中"选择视图"复选框，改为手动添加中心线。选择剪裁视图中凸台的边线，添加中心线，如图14-25所示。

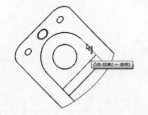
（a）选择边线 1

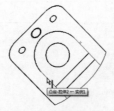
（b）选择边线 2

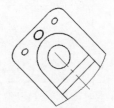
（c）中心线效果

图14-25　添加中心线3

04 单击"注解"工具选项卡中的⊕（中心符号线）按钮，将特征管理器切换到"中心符号线"属性管理器，选择工程图视图3中的圆。单击✅（确定）按钮，完成中心符号线的插入。

重复上面的操作，选择工程图视图2中的圆。单击✅（确定）按钮，完成中心符号线的插入。

重复上面的操作，选择剪裁视图中的圆弧。单击✅（确定）按钮，完成中心符号线的插入，如图14-26所示。

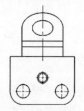
（a）插入中心符号线 1

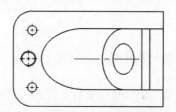
（b）插入中心符号线 2

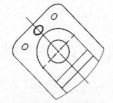
（c）插入中心符号线 3

图14-26　插入中心符号线

3. 标注尺寸

01 单击"注解"工具选项卡中的🔨（模型项目）按钮，将特征管理器切换到"模型项目"属性管理器，设置尺寸项目为🖼（工程图标注）。在工程图视图2中选择"拉伸凸台"特征，添加模型项目。

单击拖动尺寸项目调整位置，按住Shift键，拖动模型项目到另一工程图视图中，调整效果，如图14-27所示。

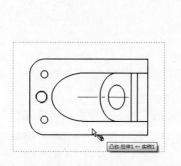
（a）选择"拉伸凸台"特征

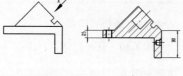
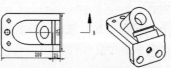
（b）系统添加的模型项目

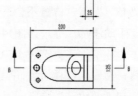
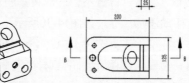
（c）移动尺寸

图14-27　添加模型项目

02 重复**01**，在工程图视图2中选择"简单直孔"特征，添加并调整模型项目。

03 选择"Φ12"的尺寸，将特征管理器切换到"尺寸"属性管理器。在标注尺寸文字框中的文字最前方插入"2-"，如图14-28所示。

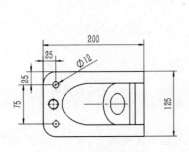

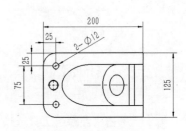

（a）条件孔标注　　　　　　　（b）属性管理器　　　　　　　（c）修改标注尺寸

图14-28　修改尺寸

04 单击"注解"工具选项卡中的 ⊔Ø（孔标注），在工程图视图2中选择螺纹孔特征，进行孔标注。

05 将特征管理器切换到"尺寸"属性管理器，删除标注尺寸文字框中"6H"后的信息。单击 ✓（确定）按钮，完成孔标注的创建，如图14-29所示。

 为了图形区域整洁，删除孔的深度信息，读者可根据信息的重要性而定。

06 单击"注解"工具选项卡中的 ⚒（模型项目）按钮，将特征管理器切换到"模型项目"属性管理器，设置尺寸项目为 ▦（工程图标注）。选择工程图视图1，添加并调整模型项目。

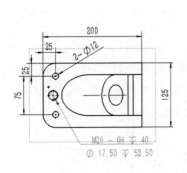
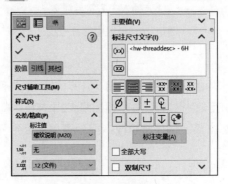
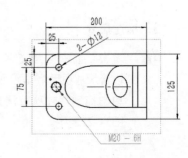

（a）螺纹孔标注　　　　　　　（b）属性管理器　　　　　　　（c）删除标注尺寸文字

图14-29　修改尺寸

07 因"45°"尺寸位置不合适，将其删除后，单击"工程图"工具选项卡中的 ✧（智能尺寸）按钮，手动添加尺寸，如图14-30所示。

08 单击"注解"工具选项卡中的 ⚒（模型项目）按钮，将特征管理器切换到"模型项目"属性管理器，设置尺寸项目为 ⯒（异型孔向导位置）和 ⊔Ø（孔标注）。在工程图视图1中选择"简单直孔"和"螺纹孔"特征，添加并调整模型项目。

09 选择"Φ25"的尺寸，将特征管理器切换到"尺寸"属性管理器。在标注尺寸文字框中的文字最前方插入"2-"，如图14-31所示。

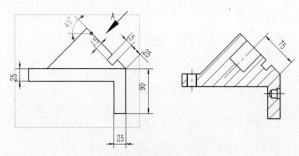

（a）添加并调整模型项目

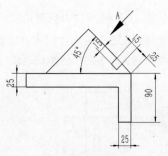

（b）手动添加尺寸

图14-30 添加尺寸

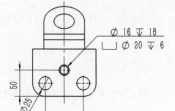

（a）孔标注

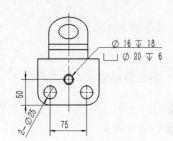

（b）在文字前插入"2-"

图14-31 添加修改尺寸

10 单击"注解"工具选项卡中的 ✎（模型项目）按钮，将特征管理器切换到"模型项目"属性管理器，设置尺寸项目为 ▦（工程图标注）。选择剪裁视图的"拉伸凸台"特征，添加并调整模型项目，如图14-32所示。

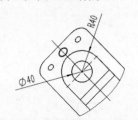

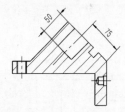

图14-32 为"拉伸凸台"添加模型项目

11 单击"工程图"工具栏上的 ✎（智能尺寸）按钮，手动添加圆角尺寸。

12 选择"R25"的尺寸，将特征管理器切换到"尺寸"属性管理器。在标注尺寸文字框中的文字最前方插入"2-"，如图14-33所示。

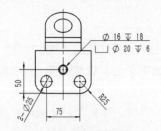

（a）手动添加圆角尺寸

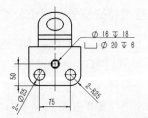

（b）在文字最前方插入"2-"

图14-33 添加修改尺寸

13　删除工程图视图2中对圆角的标注，手动添加圆角尺寸。

14　选择"R25"的尺寸，将特征管理器切换到"尺寸"属性管理器。在标注尺寸文字框中的文字最前方插入"2-"，如图14-34所示。

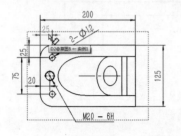
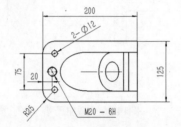
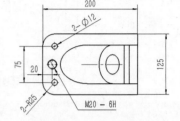

　（a）删除圆角的标注　　　　　（b）手动添加圆角尺寸　　　　（c）在文字前插入"2-"

图14-34　添加修改尺寸

4．插入表面粗糙度

01　单击"注解"工具选项卡中的 ✓（表面粗糙度）按钮，将特征管理器切换到"表面粗糙度符号"属性管理器。

02　选择表面粗糙度的符号，如"✓（要切削加工）"，设置最小粗糙度值为6.3、角度为0度，选择引线为"无引线"。在图形区域中单击，放置表面粗糙符号。

输入角度"-45°"，单击放置表面粗糙符号。
输入角度"-90°"，单击放置表面粗糙符号。

03　单击 ✓（确定）按钮，完成表面粗糙度的注解，如图14-35所示。

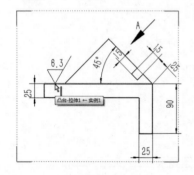
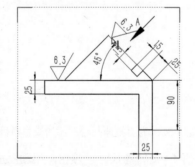

　（a）放置表面粗糙符号1　　　　（b）放置表面粗糙符号2　　　　（c）放置表面粗糙符号3

图14-35　放置表面粗糙符号

5．插入基准特征符号和形位公差

01　单击"注解"工具选项卡中的 A（基准特征）按钮，将特征管理器切换到"基准特征"属性管理器。

02　标号设定为C，选择引线样式为 ✓（垂直）。在图形区域中单击，放置引线，再次单击放置基准特征符号。

03　单击"注解"工具选项卡中的 ⬠0.3（形位公差）按钮，系统会弹出"形位公差"属性管理器，在需要标注公差的位置处单击，在弹出的公差符号对话框中选择"垂直度"，继而弹出"公差"对话框，设置公差为0.06。单击"添加基准"按钮，在弹出的Datum中设置主要基准为C。

04 在"形位公差"属性管理器中选择引线样式为 （直引线），在图形区域中单击，以放置形位公差。单击 ✅（确定）按钮，完成形位公差的标注，如图14-36所示。

（a）属性管理器　　　　（b）公差符号　　　　（c）设置公差

（d）添加基准　　　　　　　　　　（e）放置形位公差

图14-36　添加形位公差

05 最终完成出详图，如图14-37所示。单击标准工具栏中的 🖫（保存）按钮，保存文件。

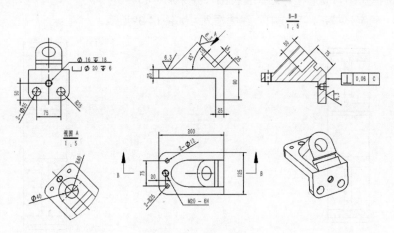

图14-37　完成出详图

14.5.2　实例2——齿轮工程图

1. 打开工程图

单击标准工具栏上的 ⬚（打开）按钮，系统弹出"打开"对话框，选择"实例2"工程图，单击"打开"按钮，打开"实例2"工程图，如图14-38所示。

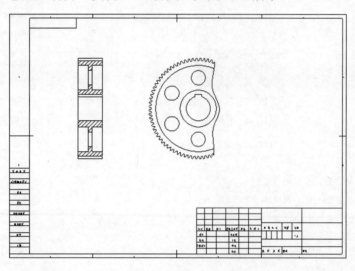

图14-38　"实例2"工程图

2. 插入中心线和中心符号线

01　单击"注解"工具选项卡中的 ⬚（中心线）按钮，将特征管理器切换到"中心线"属性管理器，勾选"选择视图"复选框。选择主视图，并添加中心线。

单击 ✓（确定）按钮，完成中心线的插入，如图14-39所示。

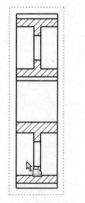 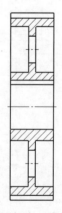

（a）选择主视图　　　　　　　　　　　　　　（b）添加中心线效果

图14-39　添加中心线

02　单击"注解"工具选项卡中的 ⊕（中心符号线）按钮，将特征管理器切换到"中心符号线"属性管理器。手动插入选项组中，选择 ⊕（圆形中心符号线），选择视图中的圆周阵列圆。单击 ✓（确定）按钮，完成中心符号线的插入，如图14-40所示。

（a）属性管理器

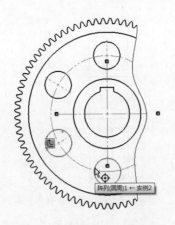

（b）选择视图中的圆周阵列圆

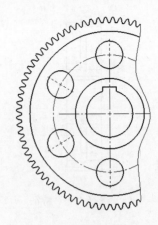

（c）完成中心符号线的插入

图14-40　添加中心符号线

3. 绘制草图

01 单击草图工具栏上的 📏（圆心/起/终点圆弧）按钮，绘制半径为120mm的圆弧。

02 在绘制的圆弧上右击，在快捷菜单中执行"构造几何线"命令，将实线转换为中心线。

03 单击草图工具栏上的 📏（中心线）按钮，在主视图中绘制分度圆的投影线，如图14-41所示。

4. 标注尺寸

01 单击"注解"工具选项卡中的 🔨（模型项目）按钮，将特征管理器切换到"模型项目"属性管理器，设置尺寸项目为 🖼（工程图标注）。在主视图中选择"孔"特征，添加并调整模型项目。

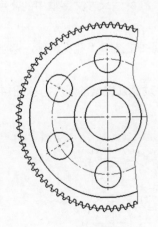

（a）绘制圆弧

（b）将实线转换为中心线

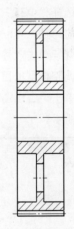

（c）绘制分度圆的投影线

图14-41　添加中心符号线

02 删除尺寸项目25，单击"工程图"工具栏上的 📐（智能尺寸）按钮，手动添加尺寸，如图14-42所示。

03 继续单击"注解"工具选项卡中的 🔨（模型项目）按钮，在左视图中选择"孔"特征，添加并调整模型项目，如图14-43所示。

按住Shift键，拖动模型项目到主视图中，调整效果如图14-44所示。

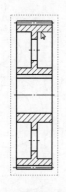
（a）选择"孔"特征

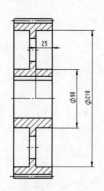
（b）添加并调整模型项目

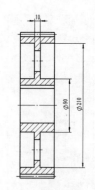
（c）手动添加尺寸

图14-42　添加尺寸

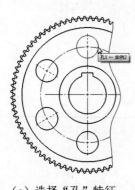
（a）选择"孔"特征

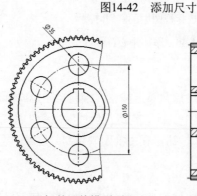
（b）添加并调整模型项目

图 14-43　添加模型项目

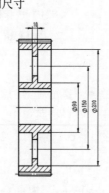
图 14-44　移动尺寸

04 选择"Φ35"的尺寸，将特征管理器切换到"尺寸"属性管理器。在标注尺寸文字框中的文字最前方插入"6-"，如图14-45所示。

05 继续单击"注解"工具选项卡中的 🔧（模型项目）按钮，在主视图中选择"孔"特征，添加并调整模型项目。

06 单击"工程图"工具栏上的 ✎（智能尺寸）按钮，在左视图中手动添加键槽的尺寸，如图14-46所示。

（a）属性管理器

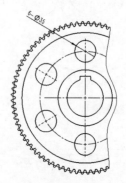
（b）修改尺寸效果

图14-45　修改尺寸

07 在主视图中手动添加齿宽和分度圆直径。

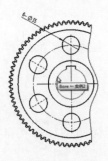

（a）选择"孔"特征

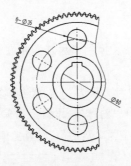

（b）添加并调整模型项目

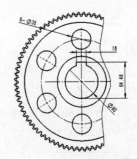

（c）手动添加键槽的尺寸

图14-46 添加并修改尺寸

08 选择240mm的尺寸，将特征管理器切换到"尺寸"属性管理器。在"标注尺寸文字"框中的文字最前方插入"Φ"，单击 ✅ （确定）按钮，如图14-47所示。

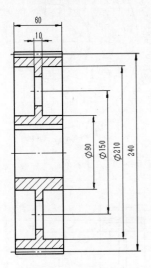

（a）手动添加尺寸

（b）属性管理器

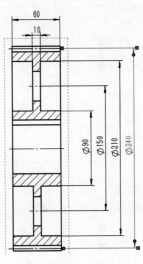

（c）在文字最前方插入"Φ"

图14-47 添加并修改尺寸

09 在左视图中，手动添加齿顶圆直径。按住Shift键，拖动模型项目到主视图中，并对其进行调整，如图14-48所示。

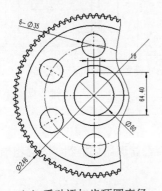

（a）手动添加齿顶圆直径

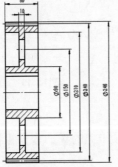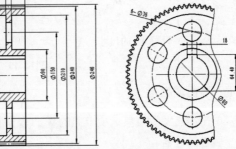

（b）尺寸调整效果

图14-48 添加并修改尺寸

5．公差

01 选择Φ60的尺寸，将特征管理器切换到"尺寸"属性管理器。选择公差类型为"双边"，设置上偏差为0、下偏差为−0.03。

02 选择64.4的尺寸，选择公差类型为"双边"，设置上偏差为0、下偏差为−0.2。

03 选择18的尺寸，选择公差类型为"对称"，设置上下偏差为0.0135。

04 选择Φ246的尺寸，选择公差类型为"双边"，设置上偏差为0、下偏差为−0.072，如图14-49所示。

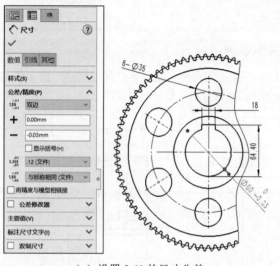

（a）设置Φ60的尺寸公差

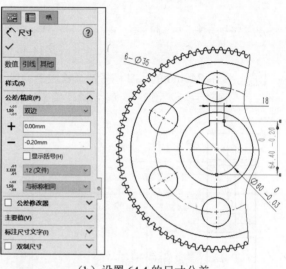

（b）设置64.4的尺寸公差

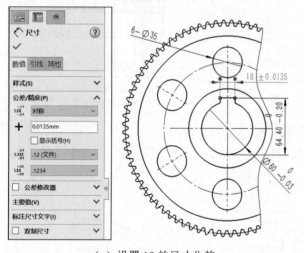

（c）设置18的尺寸公差

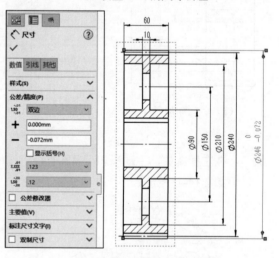

（d）设置Φ246的尺寸公差

图14-49　设置尺寸公差

6．插入表面粗糙度

01 单击"注解"工具选项卡中的 ✔（表面粗糙度）按钮，将特征管理器切换到"表面粗糙度符号"属性管理器。

02 选择表面粗糙度的符号，如" ✔（要切削加工）"，设置最小粗糙度值为3.2、角度为0度，选择引线为"无引线"。在图形区域中单击，放置表面粗糙符号。

03 设置角度为180度，选择引线为"无引线"。在图形区域中单击，放置表面粗糙符号，如图14-50所示。

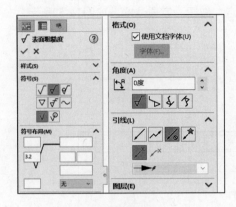

（a）属性管理器

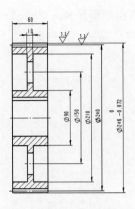

（b）放置表面粗糙符号 1

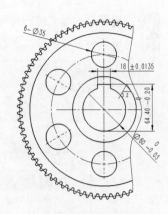

（c）放置表面粗糙符号 2

图14-50　放置表面粗糙符号

7. 表格

01 单击"注解"工具选项卡中的 ⊞（一般表格）按钮，将特征管理器切换到"表格"属性管理器。

02 用户可以单击表格模板上的 ★（浏览）按钮，调入表格模板，也可以设置表格，设置列为3、行为7，并设置边界宽度。

单击 ✓（确定）按钮，将表格放置在右上角。

03 在第一列上右击，在弹出的快捷菜单中选择"格式化"→"列宽"。弹出"列宽"对话框，在文本框中输入为20，单击"确定"按钮。

04 以同样的方式设置第二列的列宽为16、第三列的列宽为24、所有单元格的行高为7，完成表格设置，如图14-51所示。

（a）设置表格参数

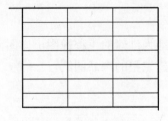

（b）放置表格

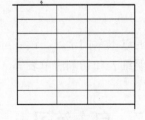

（c）设置表格

图14-51　插入表格

8. 注释

01 单击"注解"工具栏上的 A（注释）按钮，将特征管理器切换到"注释"属性管理器。

02 在"注释"属性管理器中设置文字格式和引线样式，在图形区域中单击放置文本框，输入注释文字。单击 ✅（确定）按钮，完成注释。

03 用同样的方式进行注释，插入粗糙度符号。单击 ✅（确定）按钮，完成注释，如图14-52所示。

04 单击标准工具栏上的 🖬（保存）按钮，保存文件。

（a）属性管理器

（b）输入注释文字

模数	m	3
齿数	Z	80
压力角	α	20°
变位系数	X	0
精度等级		877HK
（检验项目）		

（c）完成注释

（d）插入粗糙度符号

图14-52　注释

14.6　本章小结

通过本章的学习，读者可以熟练地为创建的工程视图出详图，如标注尺寸、添加注解、插入表格、生成明细表和切割清单表等，从而创建完整的产品图纸。

14.7　自主练习

（1）为第13章自主练习1的工程图出详图，如图14-53所示。

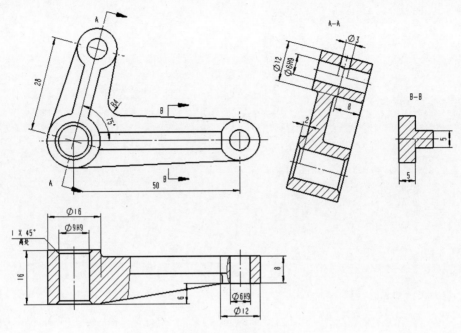

图14-53 自主练习1

（2）为第13章自主练习2的工程图出详图，工程图出详图练习2如图14-54所示。

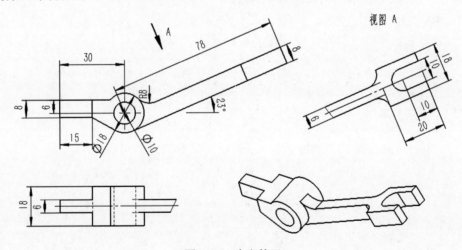

图14-54 自主练习2

  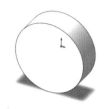  

| 模型效果 | 转换实体引用 | 凸台 - 拉伸 | 控标 | 向外拔模 | 薄壁特征 |

| 所选轮廓 | 切除 - 拉伸 | 旋转特征 | 旋转切除 | 拉伸特征实体 | 凸台 - 拉伸 |

| 切除 - 拉伸 | 特征实体 | 凸台 - 拉伸 | 旋转 | 切除 - 拉伸 | "扫描" 特征 |

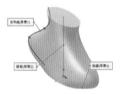     

| 扫描特征 | 扫描特征 | 绘制草图 | 创建螺旋线 | 切除 - 扫描 | 放样 |

 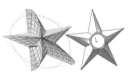   

| 放样对比 | 放样约束 | 使用引导线放样 | 放样 | 螺旋线 / 涡状线 | 切除 - 放样 |

| 扫描特征 | 草图 | 凸台 - 拉伸 | 螺旋线 | 切除 - 扫描特征 | 特征实体 |

通过曲面切平面
方式建立基准面

圆柱 / 圆锥面方式
创建基准轴

建立拉伸切除特征

零件模型

建立拉伸特征

建立拉伸特征

创建拉伸特征

创建圆角特征

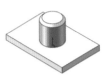

"角度 - 距离"倒角

变半径圆角

拉伸特征

完整圆角

简单直孔

抽壳特征

圆顶特征

筋特征

编辑草图

异型孔特征

旋转

凸台 - 拉伸特征

抽壳特征

圆周阵列特征

填充阵列

镜像特征

镜像实体

倒角

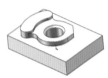

切除 - 旋转

凸台 - 拉伸

凸台 - 拉伸

凸台 - 拉伸

简单直孔

切除 - 拉伸

镜像

创建投影分割线

创建交叉点分割线

创建投影曲线

创建旋转曲面

创建扫描曲面

创建放样曲面

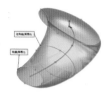
创建放样曲面

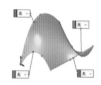
创建边界曲面

放样曲面

灯泡实体

扫描曲面

放样曲面

创建填充曲面

创建曲面

曲面替换

曲面延展

曲面剪裁

解除剪裁曲面

曲面加厚

切除实体

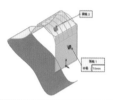
创建曲面圆角

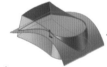
创建剪裁曲面

创建曲面圆角

创建剪裁曲面

创建剪裁曲面

缝合曲面

编辑曲面

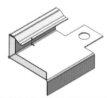
创建斜接法兰

创建放样折弯

生成转折

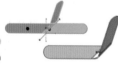
生成折弯

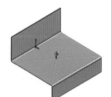
生成交叉折断

生成断开的边角

百叶窗生成过程

为切除面添加颜色

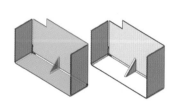
生成钣金角撑板

生成切口

完成钣金折弯的切除

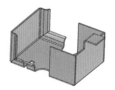
钣金零件

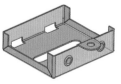
钣金零件

插入子装配体

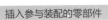
插入参与装配的零部件

插入参与装配的零部件

限制角度

螺旋配合

创建相对视图

零部件的复制

零部件的线性阵列

零部件的圆周阵列

零部件的特征驱动阵列

链零部件阵列

零部件的镜像

更改透明度

在装配体中绘制草图

执行线性阵列操作

干涉检查

孔对齐验证

生成爆炸视图

生成爆炸视图

解除爆炸

臂装配

底板装配

主副轴装配

Z轴（导轨）装配

插入第一个零部件

插入子装配体1并装配

插入子装配体2并装配

插入子装配体3并装配

插入子装配体4并装配

完成机械手的装配

机械手总装配